电子技术基础实验与仿真

主　编　孟丽囡　王亚君
副主编　关维国　王景利　李光林
　　　　吕　娓　王　宇　张　勇

北京理工大学出版社
BEIJING INSTITUTE OF TECHNOLOGY PRESS

内容简介

本书是与模拟电子技术、数字电子技术两门基础课程紧密配合的实验教材，主要内容包括电子电路检测的基本知识、电路仿真技术、模拟电子技术实验、数字电子技术实验和电子技术基础综合设计性实验，附录中还介绍了常用仪器、仪表及实验设备的使用方法、基本元器件的命名及识别方法、部分集成电路的参数表和引脚图等。通过对本书的学习，学生可以提升实验技能和应用创新能力，并进一步理解和消化理论知识。

本书可以作为高等院校的电子信息工程、通信工程、自动化等相关专业的实验教材，也可以作为从事电子产品开发相关领域的工程技术人员的参考用书。

图书在版编目（CIP）数据

电子技术基础实验与仿真 / 孟丽囡，王亚君主编.
北京：北京理工大学出版社，2025.1.
ISBN 978-7-5763-5001-2

Ⅰ. TN

中国国家版本馆 CIP 数据核字第 2025Z6M884 号

责任编辑：张　瑾　　**文案编辑**：李　硕
责任校对：刘亚男　　**责任印制**：李志强

出版发行 / 北京理工大学出版社有限责任公司
社　　址 / 北京市丰台区四合庄路 6 号
邮　　编 / 100070
电　　话 / (010) 68914026（教材售后服务热线）
(010) 63726648（课件资源服务热线）
网　　址 / http://www.bitpress.com.cn

版 印 次 / 2025 年 1 月第 1 版第 1 次印刷
印　　刷 / 河北盛世彩捷印刷有限公司
开　　本 / 787 mm×1092 mm　1/16
印　　张 / 16.5
字　　数 / 378 千字
定　　价 / 95.00 元

前　言

本书是辽宁工业大学的立项教材，并由辽宁工业大学资助出版。

电子技术基础是电类各专业的一门重要基础课程，实践性很强，占有重要地位。编者总结多年实践教学经验后，编写了这本《电子技术基础实验与仿真》。党的二十大报告明确指出，创新是第一动力，因此，本书在基础性、验证性实验的基础上，增加了设计性和综合性实验，以提升学生的实践能力和创新能力。

本书紧密结合 Multisim 软件并增加了仿真环节，此软件适用于模拟、数字电路的仿真分析和设计工作，具有强大的仿真分析能力。学生可以使用 Multisim 搭建电路原理图，并对实验电路进行仿真，通过仿真电路的调试及元器件参数的调整，可以更好地理解和消化理论知识，解决实验操作过程中出现的各种问题，以提高工作效率，降低成本。

本书主要包括以下内容。

（1）电子电路检测的基本知识，包括电量及参数的基本测量方法、电子元器件性能的基本判别、实验电路的安装调试及故障排查、实验数据的正确处理及误差分析。

（2）电路仿真技术，包括电路的建立、虚拟仪器的正确使用、电路的运行及性能分析。

（3）模拟电子技术实验，包括通用电子仪器的使用及其基本测试方法、放大电路等各种模拟电路的性能分析与设计。

（4）数字电子技术实验，包括各种数字集成电路的功能测试、计数器等各种数字电路的功能分析与设计。

（5）电子技术基础综合设计性实验，针对具体设计功能要求，综合运用理论知识分析实验原理、拟定实验方案、设计实验步骤、安装和调试实验装置并进行性能分析。根据实验内容需要，附录 A、附录 B 简单介绍了常用仪器的功能及参数指标、实验装置的配置和功能及部分元器件的引脚功能和性能参数等。

本书的宗旨是：使学生通过系统的、科学的实验基础训练课程，加深、提高对理论知识的理解和掌握程度，学习并掌握科学的实验研究方法，理论与实践相结合地去分析和解决实际问题，培养综合运用知识的能力、实践能力、创新思维能力。

在实验前，要求学生写出实验预习报告，包括回答预习要求中的思考题、是非题或设计题，以便教师检查学生预习的情况。实验完毕后，学生应写出完整的实验报告。除实验预习报告外，一般还应要求学生回答实验中提出的一些思考题，以加深对实验结果的理解。

本书的编写人员分工如下：孟丽囡编写内容简介、前言、第 3 章并负责本书的统稿；王亚君编写第 4 章；关维国编写第 1 章；王景利编写第 2 章；李光林、吕娓编写第 5 章并负责本书的校对；王宇、张勇编写附录 A、附录 B。

在本书的编写过程中，辽宁工业大学电子信息与工程学院的研究生等相关人员都付出了辛勤劳动，在此表示衷心的感谢。

由于电子技术基础课程的系统性和复杂性，书中难免存在有待商榷之处，欢迎广大读者批评指正，并将意见反馈给我们，在此谨向热情的读者致以诚挚的谢意。

编　者

2025 年 3 月

目 录

第 1 章 电子电路检测的基本知识

1.1 电子电路的基本测试技术

1. 电压的测量

电压的测量方法主要有电压表测量法和示波器测量法两种。

(1)电压表测量法。

1)直读测量法。

将电压表并联于被测电路两端，直接由电压表的读数得到测量结果(电压值)的测量方法称为电压表的直读测量法。这种测量方法简便直观，是测量电压的最基本方法。

用电压表测量法进行测量时，对于电压表的选择问题，通常需要掌握被测电压的特点(如频率的高低、幅度的大小等)和被测电路的状态(如内阻的数值等)。一般以电压表的使用频率范围、测量电压的范围和输入阻抗的高低作为选择电压表的依据，对电压表的基本要求包括以下几点。

①输入阻抗高。在测量电压时，电压表并联在被测电路两端，故对被测电路有影响。当被测电路的阻抗与测量用电压表的输入阻抗比较接近时，就会造成较大的测量误差。因此，为了减小测量用电压表对被测电路的影响，要求电压表的输入阻抗尽可能高。一般来说，MF20 万用表的输入阻抗比较低，在直流(DC)条件下为 20 kΩ，在交流(AC)条件下为 333 kΩ；数字万用表的输入阻抗较高，可达 10 MΩ 或更高。

②测量交流电压时，电压表有一定的使用频率范围，这个频率范围应与所测电压的频率相适应。一般来说，交流电表如万用表的交流挡只适用于测量几十赫兹到几千赫兹的交流电压，毫伏表能测量 1Hz~2 MHz 的交流电压。

③有较高的精度。指针式仪表的精度按仪表满度相对误差等级分成 0.05、0.1、0.2、0.5、1.5、2.5、5.0 等。例如，2.5 级精度的满度相对误差为±2.5%。在电压测量中，直流电压的测量精度一般比交流电压的测量精度高。在较高精度的电压测量中，通常采用数字式电压表。一般直流数字式电压表的测量精度在 10^{-4}~10^{-8}数量级，交流数字式电压表的测量精度在 10^{-2}~10^{-4}数量级。

2)补偿法。

用这种方法测量电压时，可以消除电压表内阻对测量结果的影响。补偿法测量线路如图 1.1 所示。

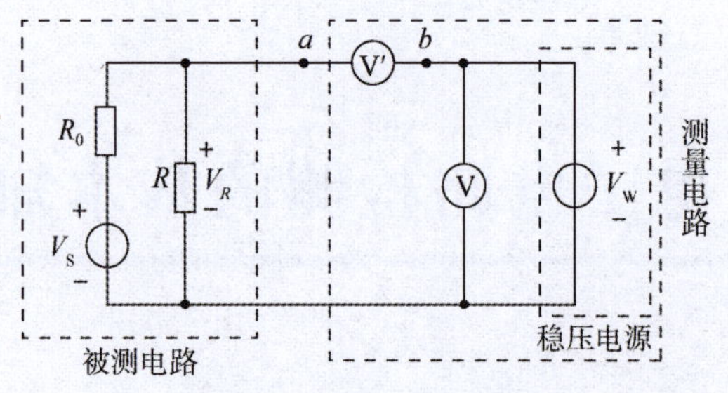

图 1.1　补偿法测量线路

图中，R 两端的电压是待测的。当电压表 V 的内阻不够高时，会给电压的测量带来误差。例如，按图 1.1 接入内阻很低的稳压电源，尽管电压表 V 的内阻不够高，但用它来测量稳压电源的输出电压 V_W 是不会有问题的。

为了确定 R 两端的电压，先调节 V_W 使之与 V_R 接近，然后在 ab 间接入高阻抗的电压表 V′。调节 V_W 使 V′的读数为 0，这时 $V_R = V_W$，电压表 V 的读数就是 V_R 的值。

由以上分析可知，当电压表 V′的读数为 0 时，测量电路不从被测电路中吸取电流，所以对被测电路无影响。

3)微差法。

用这种方法可以测出叠加在大电压上的微小变化电压。例如，某稳压电源的输出电压为 V，由于负载变化或电网电压波动，其输出电压变为 $V+\Delta V$，通常 ΔV 是很小的。直接将电压表接于稳压电源输出端进行测量时，由于电压表的量程大于 V，因此 ΔV 只能使电压表指针产生极小的偏转，可能难以觉察。

采用微差法容易测量 ΔV，其测量线路如图 1.2 所示。若图中被测电路的输出电压原来为 V，现外接一辅助稳压电源，将其输出电压也调为 V，则两个电压互相抵消，使电压表 V 的读数为 0。若被测电路的电压由于某种原因发生变化，变为 $V+\Delta V$，那么作用在电压表 V 上的电压就是 ΔV。用这种方法测量电压的微小变化时，电压表的量程不必太大，与电压变化量 ΔV 相适应即可。这种测量方法不仅易于读出电压变化量，而且测量误差也很小。

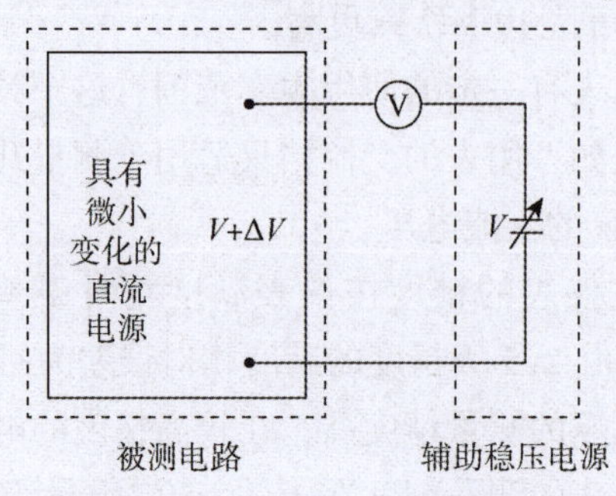

图 1.2　微差法测量线路

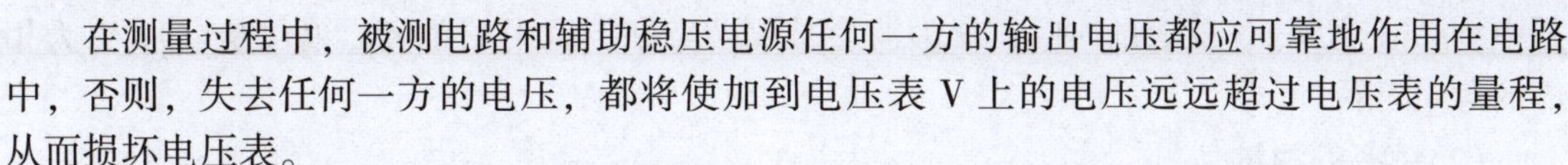

在测量过程中，被测电路和辅助稳压电源任何一方的输出电压都应可靠地作用在电路中，否则，失去任何一方的电压，都将使加到电压表 V 上的电压远远超过电压表的量程，从而损坏电压表。

(2)示波器测量法。

用示波器测量电压最主要的特点是能够正确测定波形的峰值及波形各部分的大小，因此，在需要测量某些非正弦波的峰值或某部分波形的大小时，用示波器进行测量便成为常用的方法了。

在使用双踪示波器前，要用校准信号校准各挡灵敏度。然后，将被测信号加于示波器输入端，从屏幕上直接读出被测电压波形的高度(div)，则

$$被测电压幅值=灵敏度(V/div 或 mV/div)\times高度(div)$$

该测量方法会由于双踪示波器中 Y 轴放大器增益的不稳定性而产生测量误差，但数字示波器能直接给出电压的测量值。

2. 电流的测量

测量直流电流通常采用磁电系电流表。由于在测量时，电流表是串联在被测电路中的，所以为了减小电流表对被测电路工作状态的影响，要求电流表的内阻越小越好，否则，将产生较大的测量误差。

测量交流电流通常采用电磁系电流表。由于交流电流的分流与各支路的阻抗有关，而且阻抗分流很难做得精确，所以通常使用电流互感器来扩大电流表的量程。钳形电流表就是用电流互感器扩大电流表量程的实例。钳形电流表使用起来非常方便，但准确度不高。

实际操作中要特别注意，电流表(钳形电流表除外)是串联在被测电路中的，绝不能和被测电路并联。否则，由于其内阻很小，因此将有很大的电流流经电流表从而损坏电流表。

用示波器也可以测量电流的波形。这时，在被测电流支路中串入一只小电阻，被测电流在该电阻上产生电压，用示波器测量这个电压(图 1.3)，便得到电流的波形。图中串联电阻 R 的选择应考虑以下两方面：R 的值应足够小，当它串入被测电路时，应对被测电路无影响；R 的值也不能过小，否则，被测电流在其上产生的电压太小，会使示波器输出的结果不明显，影响用示波器测量电流的准确度。

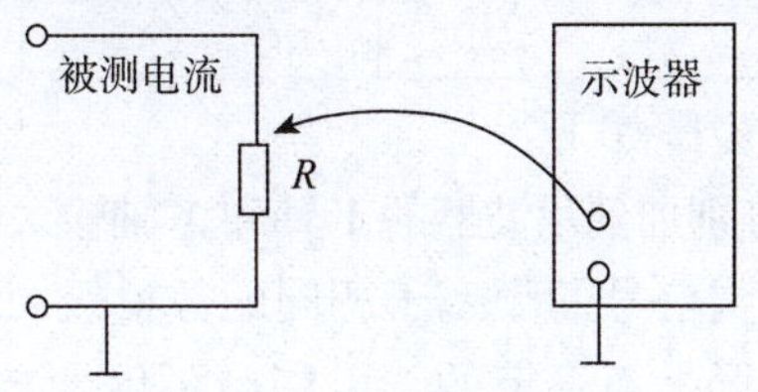

图 1.3　用示波器测量电流

3. 时间、频率和相位的测量

(1)时间的测量。

时间的测量指的是对信号的时间参数进行测量，如周期性信号的周期、脉冲信号的宽度、时间间隔、上升时间、下降时间等。下面介绍用示波器测量时间的方法。

示波器的时基电压是线性变化的锯齿波，这时，示波器屏幕上的 X 轴代表时间轴。许多示波器的时基系统都是经定量校准的，可以直接用来测量时间。将示波器的 X 轴扫速微调旋钮置于“校准”位置时，屏幕上波形的时间可用下式计算：

$$T = t/\mathrm{div} \times D$$

式中，t/div 为每 div 代表的时间；D 为波形被测两点在屏幕上的距离，单位是 div；T 为相应的时间间隔。

(2)频率的测量。

1)通过测量周期来测量频率。

周期可以通过前文所述测量时间的办法来测出，而频率为周期的倒数。

可以用示波器调试电路的办法测量频率。用这种办法测出的频率与用示波器测量时间时所达到的准确度相同。

2)用李沙育图形测量频率。

将示波器内部的扫描电路断开，除了被测频率的正弦信号，还需要一个频率可调、准确度较高的正弦信号源。这个信号源所产生正弦信号的频率应该比较精准，它决定着所测信号频率的准确度。将被测频率的正弦信号和来自标准信号源的正弦信号源的正弦信号分别加到示波器的 Y 轴和 X 轴输入端。当两个电压的频率、相位和振幅各不相同时，示波器屏幕上显示的图形是不规律、不稳定的。当被测信号频率 f_Y 与标准信号频率 f_X 之间为整数倍关系时，示波器屏幕上显示的图形是静止的，并具有特定的形状。表 1.1 给出了 f_Y 与 f_X 不同比值和不同相位差 φ 时出现在示波器屏幕上的图形，这些图形称为李沙育图形。

表 1.1　李沙育图形

频率比	φ				
	0°	45°	90°	135°	180°
$\frac{f_Y}{f_X}=1$					
$\frac{f_Y}{f_X}=\frac{2}{1}$					
$\frac{f_Y}{f_X}=\frac{3}{1}$	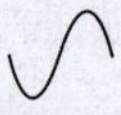	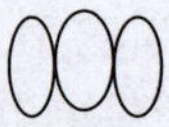	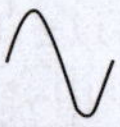		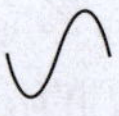
$\frac{f_Y}{f_X}=\frac{3}{2}$	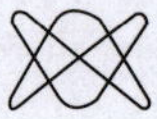		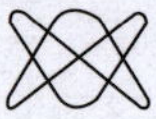		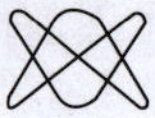

用李沙育图形测量频率的步骤如下：

①将被测信号和标准信号分别加到示波器的 Y 轴和 X 轴输入端，将示波器的扫描电压断开；

②取标准信号的频率与被测信号的频率于相同的数量级，这时，由于两者的频率不完全成比例，所以屏幕上显示的图形是不稳定的，可能会不停地转动。频率相差很大时转得快，频率接近倍数关系时转得慢；

③调整标准信号的频率使屏幕上显示的图形完全静止下来，这时，可以读取标准信号的频率；

④从屏幕上显示的图形确定被测信号频率 f_Y 与标准信号频率 f_X 的比值。

具体做法是：在屏幕显示的图形上作一条水平线，使此线与图形有最多的交点；在图形上再作一条垂直线，使此线与图形也有最多的交点。那么，这两组交点数之比，即为 f_Y 和 f_X 之比，即

$$\frac{f_Y}{f_X}=\frac{\text{水平线与图形之最多交点个数}}{\text{垂直线与图形之最多交点个数}}$$

在进行具体测量时，建议采用频率比为1∶1的图形，因为此时比较容易调节且便于读数。

用示波器测量频率的精确度低、测量速度慢。有条件的可以采用数字频率计测量频率，它的优点是可以直接读数、速度快、精度可高达10^{-10}数量级，数字示波器能直接给出周期和频率的测量值。

(3)相位的测量。

1)用双踪示波器测量相位差。

测量的方法是把两个需要比较相位的信号分别加到双踪示波器的两个Y轴通道。用超前的那个电压作为触发信号，或者采用外触发。测量两个同频率的正弦波的相位差时，应把内触发开关拉出，或者采用外触发。调整扫速微调旋钮的位置，以能充分利用屏幕的有效面积和能准确读数为准。利用双踪示波器按前述的方法测出两路信号的周期T和其时间间隔Δt，如图1.4所示，利用下式即可求出其相位差φ。

$$\varphi = \Delta t \cdot 2\pi / T$$

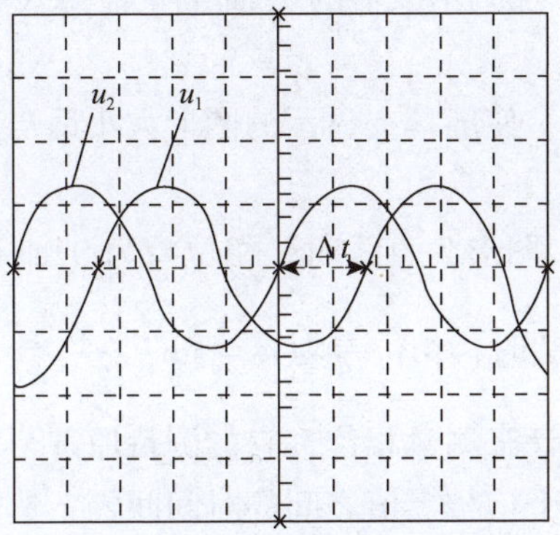

图1.4 用双踪示波器测量相位差

2)用李沙育图形测量相位差。

从表1.1中第一行的李沙育图形可以看出，当加到示波器X轴和Y轴的两个信号的频率相等，但相位不同时，所得到的李沙育图形的形状不同，可以是直线、正椭圆或斜椭圆等。反之，从显示在示波器屏幕上的图形也能确定加在示波器X轴和Y轴的两个电压之间的相位差。

图1.5显示为李沙育图形测量相位差的原理。电压$V_1 = V_{M_1}\sin(\omega t + \varphi)$为加在示波器的$Y$轴输入，$V_2 = V_{M_2}\sin \omega t$为加在示波器的$X$轴输入，它们是同频率的(即$f_Y/f_X = 1$)，现在对其相位差进行测量，如果在测量中，调节示波器的水平位移和垂直位移旋钮使李沙育图形的中心位于屏幕的中心，则从图中可以看出，当$t = 0$时，$V_1 = V_{M_1}\sin \varphi = Y_1$(李沙育图形点1到中心的垂直距离)。因此

$$V_2 = 0$$

$$\sin \varphi = \frac{V_1}{V_{M_1}} = \frac{Y_1}{Y_M}$$

Y_M为李沙育图形最高点M到横轴的垂直距离。从李沙育图形上得出距离Y_1和Y_M，代入上式即能确定相位差φ。

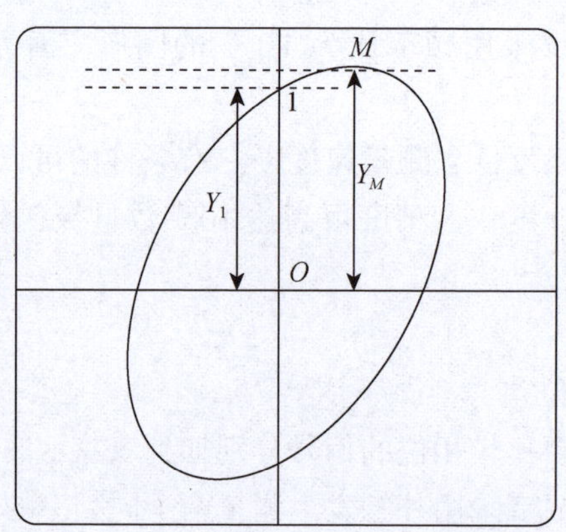

图 1.5　李沙育图形测量相位差的原理

用李沙育图形测量相位差的步骤如下。

①断掉示波器的扫描电压。

②将被测信号 V_1和 V_2分别加到示波器的 Y 轴和 X 轴输入端，在示波器的屏幕上将显示稳定的图形(椭圆或直线)。

③调节示波器的挡位旋钮，使屏幕上显示的图形大小适当。调节位移旋钮，使图形处在屏幕中央。

④确定 V_1和 V_2的相位差。图形为直线时，相位差为 0°或 180°；图形为正椭圆时，相位差为 90°或 270°；图形为斜椭圆时，相位差为 $\varphi = \sin^{-1}\dfrac{Y_1}{Y_M}$。

此外，还可以用数字相位计来测量相位，它的测量原理与利用示波器测量相位的原理相同。首先，采用比较法测出两个信号零值之间的时间间隔，然后，根据被测信号的周期转换成相位差，并以数字形式显示出来。BX-13 数字相位计可测频率范围为 20~200 kHz，相位差为 0°~360°。利用 HP 示波器的光标测量功能，可以很方便地测得两信号的相位差。

4. 电阻、电感和电容的测量

(1)电阻的测量。

电阻的数值一般分为低值(小于 1Ω)、中值(1~10^6Ω)和高值(大于 10^6Ω)。为了保证测量准确，对不同数值的电阻所使用的测量方法也不同，这里主要介绍中值电阻的测量方法。

1)欧姆表法测量电阻。

欧姆表法是电阻的直接测量方法。用这种方法测量电阻很方便，但不够准确。在测量时，被测电阻不能带电，倍率的选择要使指针偏转到容易读数的中段，每次测量前要调好零点。

用数字万用表的欧姆挡来测量电阻时，其测量准确度较高，精度可达 0.1%，电阻的测量范围也较宽，为 10^{-2} Ω~20 MΩ。

测量高值电阻时，可采用兆欧表，它可测 0.1 MΩ 及 0.1 MΩ 以上的高电阻，如电动机绕组的绝缘电阻。

2)伏安法测量电阻。

伏安法是指用电压表和电流表分别测出被测电阻两端电压和流过电阻的电流，然后用公式 $R=U/I$ 计算出被测电阻的数值，属于间接测量方法。其所测结果的准确度，除了取决于所用电压表和电流表的准确度，还与测量仪表在电路中的接法有关。

(2)电感的测量。

1)谐振法测量电感。

图1.6为并联谐振法测量电感的电路，其中，C为标准电容，L为被测电感，C_0为被测电感的分布电容。测量时，调节信号源频率，使电路谐振，即电压表指示最大，记下此时的信号源频率f，则

$$L=\frac{1}{(2\pi f)^2(C+C_0)}$$

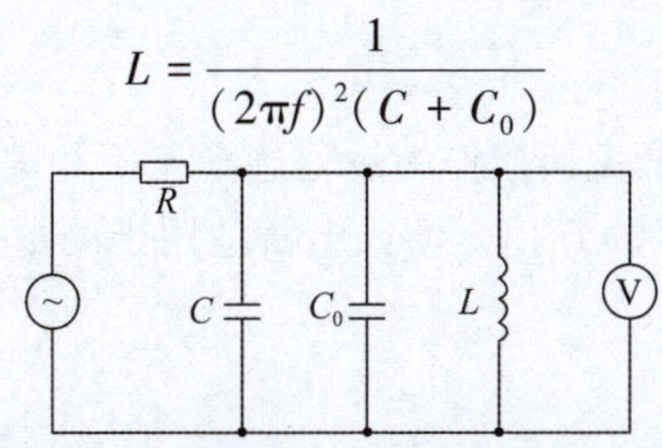

图1.6　并联谐振法测量电感的电路

由此可见，还需要测出分布电容C_0，测量电路如图1.6所示，只是不接标准电容C。调节信号源频率，使电路自然谐振。设此频率为f_1，则

$$C_0=\frac{f^2}{f_1^2-f^2}C$$

由上面两式可得

$$L=\frac{1}{(2\pi f_1)^2C_0}$$

将C_0代入L的表达式，即可得到被测电感的电感量。

2)交流电桥法测量电感。

测量电感的交流电桥有图1.7(a)所示的马氏电桥和图1.7(b)所示的海氏电桥两种电桥，分别适用于测量品质因数Q不同的电感。

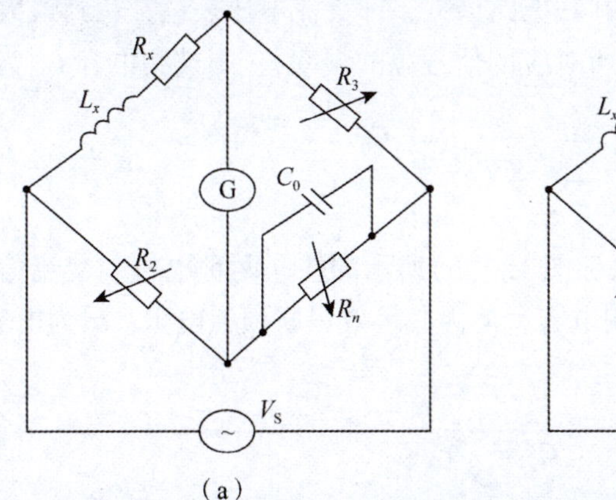

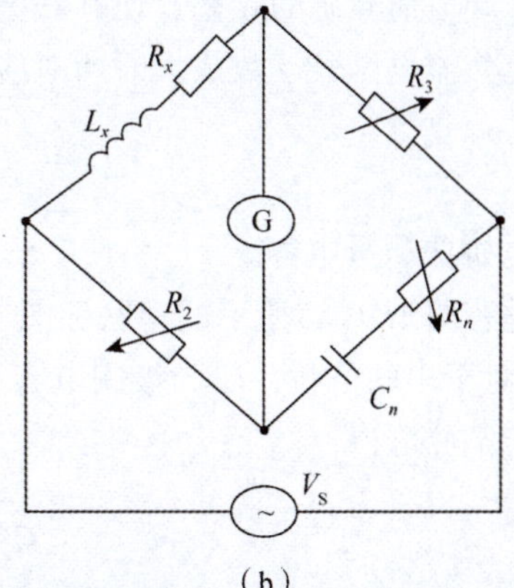

图1.7　交流电桥法测量电感

(a)马氏电桥；(b)海氏电桥

马氏电桥适用于测量$Q<10$的电感，图中，L_x为被测电感，R_x为被测电感损耗电阻。

马氏电桥由电桥平衡条件可得

$$L_x = \frac{R_2R_3C_n}{1 + \frac{1}{Q_n^2}}$$

$$R_x = \frac{R_2R_3}{R_n}(\frac{1}{1 + Q_n^2})$$

$$Q_x = \frac{1}{\omega R_n C_n} = Q_n$$

一般在马氏电桥中，R_3用开关换接作为量程选择，R_2和 R_n为可调元件，由 R_2的刻度可直接读 L_x，由 R_n 的刻度可直接读 Q 值。海氏电桥适用于测量 $Q>10$ 的电感，测量方法和结论与马氏电桥相同。

(3)电容的测量。

电容的主要作用是储存电能，它由两片金属中间夹绝缘介质构成。由于存在绝缘电阻(绝缘介质的损耗)和引线电感，而引线电感在工作频率较低时，可以忽略其影响。因此，电容的测量主要包括电容量值与电容器损耗(通常用损耗因数 D 表示)两部分内容，有时也需要测量电容的分布电感。

1)谐振法测量电容。

将交流信号源、交流电压表、标准电感 L 和被测电容 C_x 连成图 1.8 所示的并联电路，其中，C_0 为标准电感的分布电容。

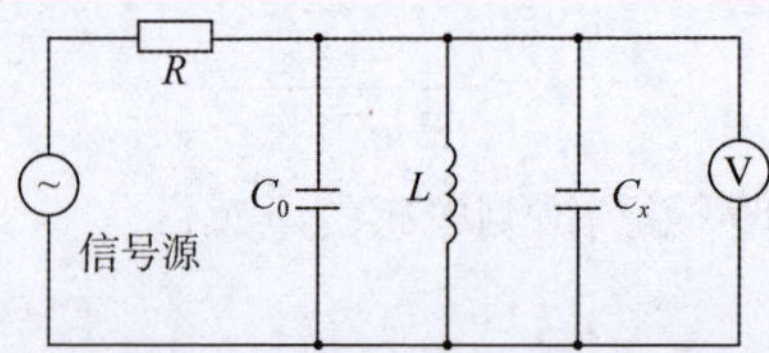

图 1.8　并联谐振法测量电容量

测量时，调节信号源的频率，使并联电路谐振，即交流电压表读数达到最大值，反复调节几次，确定交流电压表读数最大时所对应的信号源的频率 f，则被测电容 C_x 为

$$C_x = \frac{1}{(2\pi f)^2 L} - C_0$$

2)交流电桥法测量电容。

交流电桥有图 1.9(a)所示的串联和图 1.9(b)所示的并联两种电桥。交流信号源输出信号频率为 f，对于串联电桥，C_x为被测电容，R_x为其等效串联损耗电阻，σ 为电容的损耗角，由电桥的平衡条件可得

$$C_x = \frac{R_4}{R_3}C_n$$

$$R_x = \frac{R_3}{R_4}R_n$$

$$D_x = \frac{1}{Q} = \tan\sigma = 2\pi f R_n C_n$$

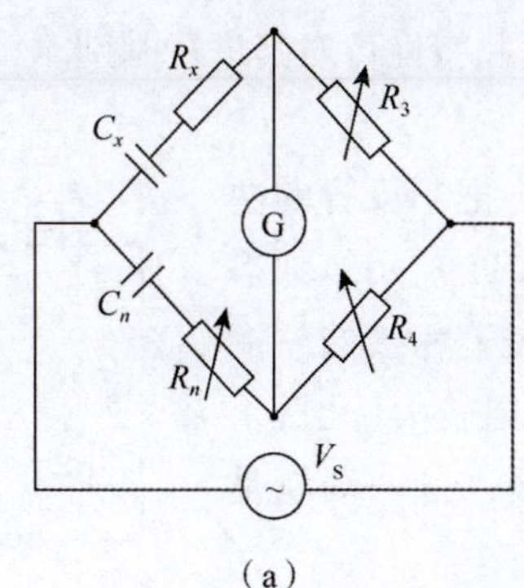

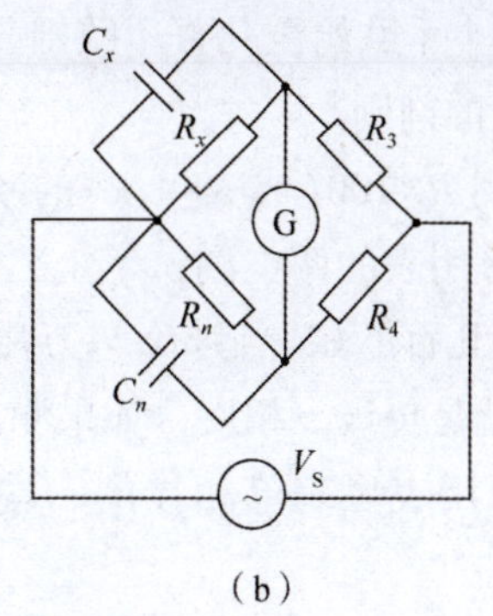

图 1.9　测量电容的交流电桥

(a)串联电桥；(b)并联电桥

测量时，先根据被测电容的范围，通过改变 R_3 来选取一定的量程，然后反复调节 R_4 和 R_n 使电桥平衡，即检流计的读数最小，从 R_4 和 R_n 刻度读 C_x 和 D_x 的值。这种电桥适用于测量损耗较小的电容。

对于并联电桥，C_x 为被测电容，R_x 为其等效并联损耗电阻，测量时，调节 R_n 和 C_n 使电桥平衡，此时

$$C_x = \frac{R_4}{R_3} C_n$$

$$R_x = \frac{R_3}{R_4} R_n$$

$$D_x = \tan \sigma = \frac{1}{2\pi f R_n C_n}$$

这种电桥适用于测量损耗较大的电容。

1.2　基本电子元器件的初步检测

在实验过程中，可以用万用表对基本电子元器件，如二极管、三极管、电阻、电容等进行初步检测和判断。万用表欧姆挡等值电路如图 1.10 所示，其中，R_0 为等效电阻，E_0 为表内电池。当万用表处于 $R\times1$、$R\times100$、$R\times1$ k 挡时，一般，$E_0 = 1.5$ V，而处于 $R\times10$ k 挡时，$E_0 = 15$ V。测试电阻时，红表笔接在表内电池负极(表笔插孔标“+”)，而黑表笔接在表内电池正极(表笔插孔标以“−”)。

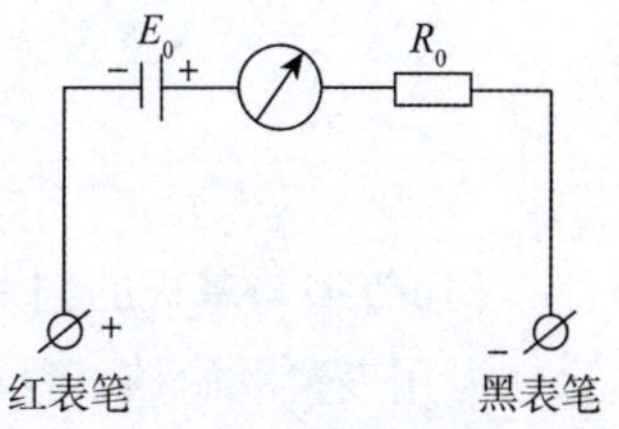

图 1.10　万用表欧姆挡等值电路

1. 二极管引脚极性、质量的判别

二极管由一个 PN 结组成，具有单向导电性，其正向电阻小(一般为几百欧姆)，而反向

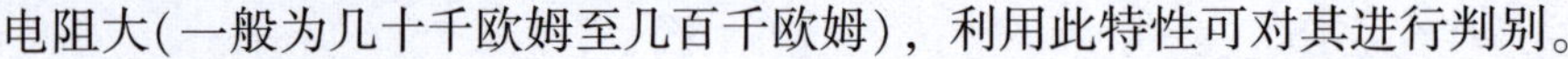

电阻大(一般为几十千欧姆至几百千欧姆)，利用此特性可对其进行判别。

(1)引脚极性的判别。

将万用表拨到 $R\times100$(或 $R\times1$ k)的欧姆挡，把二极管的两个引脚分别接到万用表的两支测试笔上，如图 1.11 所示。如果测出的电阻较小(几百欧姆)，那么与万用表黑表笔相接的一端是正极，另一端就是负极。相反，如果测出的电阻较大(几百千欧姆)，那么与万用表黑表笔相接的一端是负极，另一端就是正极。

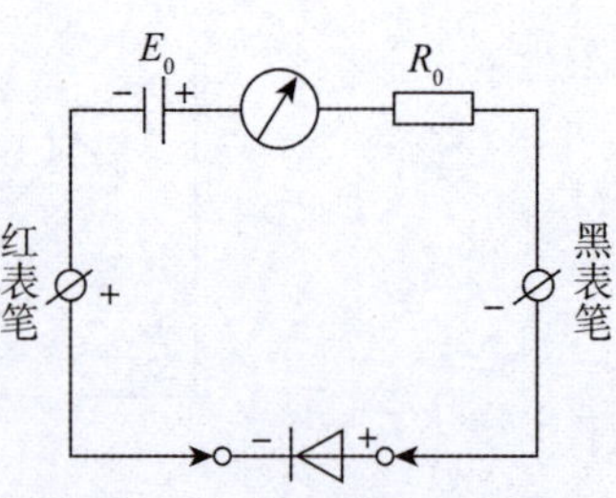

图 1.11　判断二极管极性

(2)质量的判别。

一只二极管的正、反向电阻差别越大，其性能就越好。如果双向电阻值都较小，则说明二极管质量差，不能使用；如果双向电阻值都为无穷大，则说明二极管处于断路状态；如果双向阻值均为 0，则说明二极管已被击穿。

利用数字万用表的二极管挡也可以判别二极管的正、负极，此时，红表笔(插在“V · Ω”插孔)带正电，黑表笔(插在“COM”插孔)带负电。用两支表笔分别接触二极管两个电极，若显示值在 1 V 以下，则说明二极管处于正向导通状态，红表笔接的是正极，黑表笔接的是负极；若显示结果非常大，则表明二极管处于反向截止状态，黑表笔接的是正极，红表笔接的是负极。

2. 三极管引脚极性、质量的判别

可以把三极管的结构看作两个背靠背的 PN 结，对 NPN 型管来说，基极是两个 PN 结的公共正极，如图 1.12(a)所示；对 PNP 型管来说，基极是两个 PN 结的公共负极，如图 1.12(b)所示。

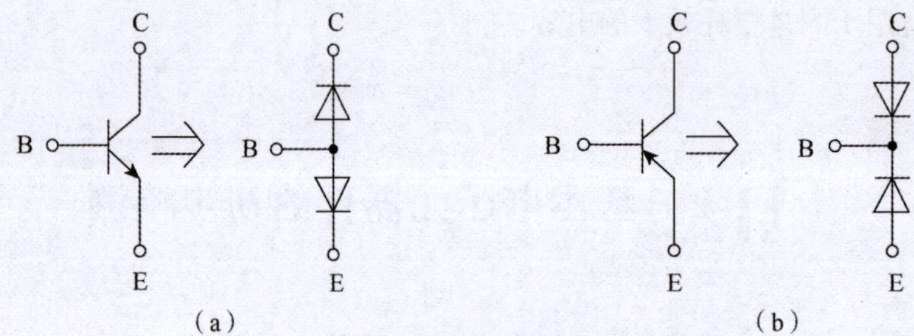

图 1.12　三极管结构示意

(a)NPN 型；(b)PNP 型

(1)管型与基极的判别。

万用表置欧姆挡，量程选 $R\times100$(或 $R\times1$ k)，将万用表任一表笔先接触某一个电极(假定的基极)，另一表笔分别接触其他两个电极，若两次测得的电阻均很小(或均很大)，则前者所接电极就是基极；若两次测得的阻值一大、一小，相差很多，则前者假定的基极有错，应更换其他电极重测。

根据上述方法，可以找出公共极，该公共极就是基极 B，若公共极是正极，则该管属于 NPN 型，反之则属于 PNP 型。

(2)发射极与集电极的判别。

为使三极管具有电流放大作用，发射结需加正偏置，集电结需加反偏置，如图 1.13 所示。

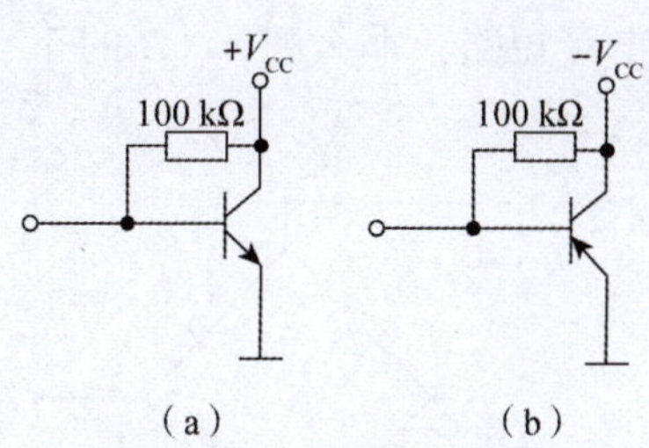

图 1.13　三极管的偏置情况

(a) NPN 型；(b) PNP 型

当三极管基极 B 确定后，便可判别集电极 C 和发射极 E，同时，可以大致了解穿透电流 I_{CEO} 和电流放大系数 β 的大小。

以 PNP 型管为例，若用红表笔(对应表内电池的负极)接集电极 C，黑表笔接发射极 E，(相当于 C、E 间电源正确接法)，如图 1.14 所示。这时，万用表指针摆动很小，它所指示的电阻值反映三级管穿透电流 I_{CEO} 的大小(电阻值大，表示 I_{CEO} 小)。如果在 C、B 间跨接一只 $R_B = 100$ kΩ 电阻，此时，万用表指针将有较大摆动，它指示的电阻值较小，反映了集电极电流 $I_C = I_{CEO} + \beta I_B$ 的大小，并且电阻值减小得越多表示 β 越大。如果 C、E 接反(相当于 C、E 间电源极性反接)，则三极管处于倒置工作状态，此时，电流放大系数很小(一般<1)，于是万用表指针摆动很小。因此，比较 C、E 间两种不同电源极性接法，便可判断 C 和 E 了。同时可大致了解穿透电流 I_{CEO} 和电流放大系数 β 的大小，如果万用表上有 h_{FE} 插孔，则可利用 h_{FE} 来测量电流放大系数 β。

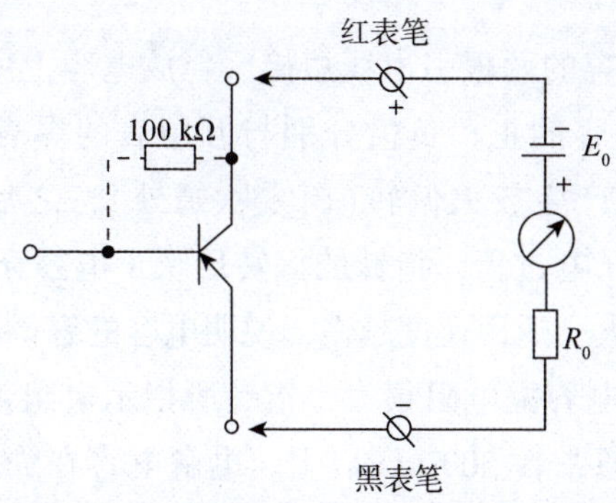

图 1.14　三极管集电极 C、发射极 E 的判别

3. 整流桥引脚极性及质量的判别

整流桥是把四只硅整流二极管接成桥式电路，再用环氧树脂(或绝缘塑料)封装而成的半导体器件。整流桥有交流输入端 A、B 和直流输出端 C、D，如图 1.15 所示。采用判定二极管的方法可以判别整流桥的质量。从图中可看出，交流输入端 A、B 之间总会有一

只二极管处于截止状态使 A、B 间总电阻趋于无穷大。直流输出端 C、D 间的正向压降则等于两只二极管的压降之和。因此，用数字万用表的二极管挡测 A、B 的正、反向电压时均显示溢出，而测 C、D 的正、反向电压时显示 1 V 左右，即可证明整流桥内部无短路现象。如果有一只二极管已经被击穿短路，那么测 A、B 的正、反向电压时，必定有一次显示 0.5 V 左右。

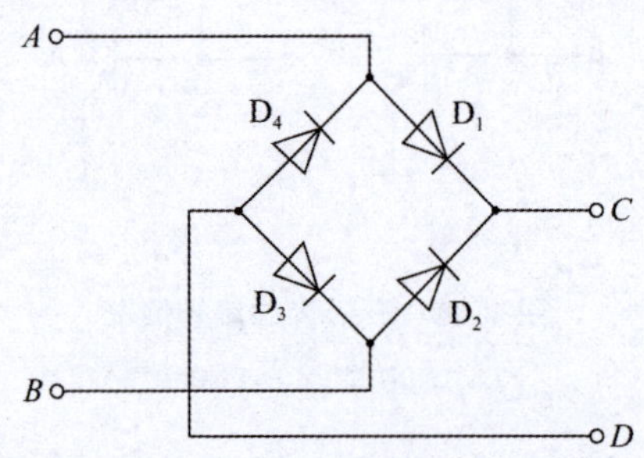

图 1.15　整流桥引脚及质量的判别

4. 电解电容的测量

电容的测量一般应借助专门的测试量器，通常用电桥测量。而用万用表仅能粗略检查出电解电容是否失效或漏电的情况。电解电容的测量线路如图 1.16 所示。

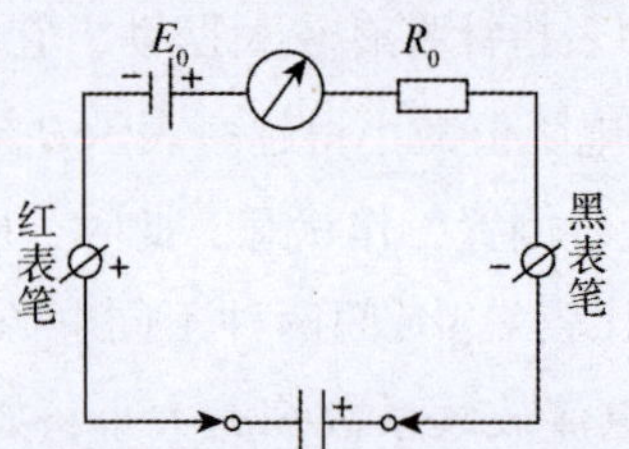

图 1.16　电解电容的测量线路

测量前，应先将电解电容的两根引出线短接，释放电容上所充的电荷。然后将万用表置于 $R\times1$ k 挡，并将电解电容的正、负极分别与万用表的黑表笔、红表笔接触。在正常情况下，可以看到指针先是产生较大偏转(向零欧姆处)，之后逐渐向起始零位(高阻值处)返回。这反映了电容的充电过程，指针的偏转反映了电容充电电流的变化情况。

一般来说，指针偏转越大，返回速度越慢，说明电容的容量越大。若指针返回到接近起始零位(高阻值处)，则说明电容漏电阻很大，指针所指示电阻值即为该电容的漏电阻。对于合格的电解电容，该阻值通常在 500 kΩ 以上。电解电容在失效时(电解液干涸，容量大幅度下降)，指针就偏转得很小，甚至不偏转。已被击穿的电容，其阻值接近于 0。

对于容量较小的电容(如云母、瓷质电容等)，原则上也可以用上述方法进行检查，但由于其容量较小，指针偏转得也很小，返回速度又很快，因此实际上难以对它们的容量和性能进行鉴别，仅能检查它们是否短路或断路。这时应选用 $R\times10$ k 挡测量。

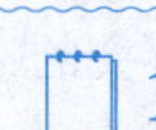1.3　实验电路的安装与调试

在根据工作原理完成电子实验电路设计后，要按照电路原理图将所选元器件组装成一个整体实验电路，或者先分装成多个子系统电路，再通过一定的调试手段来发现问题，分析和排除故障，并验证电路的工作原理，必要时可以修改原先的设计，以完善电路的功能，满足预定的设计要求。有时还需最后组装成一个实用的电子设备。可见，安装与调试是从电路设计到实用电子设备的必经阶段，是实验中重要的实践环节。本节将重点讨论电子实验电路的安装与调试的一般方法，以及检测电子电路故障的实用技巧，同时，将对实用电子设备的布线原则进行介绍。

1. 实验电路的布线

在实验室做实验时，通常采用在接插式底板(面包板)上用接插元器件的方法。在面包板上安装实验电路时，布线是一个主要问题。实践证明，实验故障绝大部分是由布线错误导致的。元器件合理的布局、导线整齐而清晰的排列、接点良好而可靠的接触，完全可以使设计正确的电路一次调试成功。下面是关于布线的一些要点。

(1)合理布局。

在面包板上合理布局元器件是十分重要的，尤其是在电路复杂、元器件较多时。在面包板上布局元器件一般要考虑以下几点。

1)按信号流向、自输入级到输出级、从左至右或从上至下布置电路。一般将显示器件及驱动电路置于上方，将操作元件如开关等置于下方。

2)接线尽可能短，彼此连线多的元器件尽量相邻布置。

3)尽量避免输出级对输入级的反馈。

4)振荡器布置于电路一角，避免与其他信号，尤其是弱信号的相互干扰。

(2)插置元器件。

在面包板上插入双列直插式集成电路时，要认清方向，切勿倒插。要使集成电路的每个引脚对准插孔，用力要轻、要均匀，防止个别引脚弯曲而造成故障隐患。常用集成电路的引脚排列顺序见附录 B。大多数数字集成电路的左上脚接电源，右下脚接地。实际使用时，应查看手册确定。

拔下集成电路时，应使用专用 U 型夹或小螺丝刀夹住组件的两端，不要用手去拔，以免损坏引脚。

插入标有极性或方向的元器件时，应注意不要插反，如电解电容、二极管、三极管、发光二极管等。

(3)布线技巧。

1)导线准备。布线用的导线一般选用直径为 0.5 mm 或 0.6 mm 的单股硬线，过细的导线将造成接触不良，而过粗的导线将损坏多孔接插板。最好用有色线区别不同用途，一般来说，

电源用红线，地线用黑线。导线截取长度要适当，剥离绝缘皮的引线头长度在 5 mm 左右为宜，不应有刀痕或弯曲。

2）布线顺序。布线时应先布置电源线和地线，再处理固定不变的输入端（如空头、异步置 0 端、置 1 端，预置端等），最后按信号流向依次连接控制线和输出线。

3）布线要求。布线要整齐、清晰、可靠，以便于查找故障和更换元器件。布线时，导线要贴近底板的表面。在组件周围走线时，尽量不要覆盖不用的插孔，切忌将导线跨越组件上空或交错连接。最好用小镊子将导线插入底板，深度要适宜，以保证接触可靠。

4）布线检查。布线检查最好在布线过程中分阶段进行，布好电源线和地线后立即进行检查，以便及时发现和排除故障。查线时应用三用表直接测量引脚之间是否连通，不能简单地采用目测的方法，以便准确而迅速地发现漏接、错接，尤其是接触不良的故障。必须说明的是，除了在多孔插板上安装实验电路，还可以在通用印制电路板上焊接实验电路。多孔插板与通用印制电路板相比，前者可多次使用，无须焊接，但易产生接触不良的故障；后者需要焊接，触点可靠，但仅能一次性使用，成本高。

2. 实验电路的工程布线

为了完成实际的电子设备制作，必须将实验电路制成印制电路板电路，对于高速数字系统，其难以在逻辑箱上进行模拟实验，因此必须首先设计印制电路板。有时往往会遇到这样的情况：逻辑电路的设计是正确的，模拟实验也没问题，但在实际工程应用中却会出现故障。其主要原因是抗干扰能力差，因此，电路设计人员在选择集成电路时，必须充分考虑元器件的抗干扰能力，并在布线时遵循以下原则，尽可能减少由布线不慎而产生的干扰。

（1）合理布置地线。

地线就是电路的公共参考点，地线的合理布置是十分重要的，它直接影响到电路的工作性能，尤其是在既有模拟信号又有数字信号、既有强信号又有弱信号的电路中。地线的布置是一个相当复杂的技术问题，在很多情况下，要进行多次实验才能确定正确、合理的接地点。这个问题在小型实验中不是很突出。

布置地线时一般遵循如下原则。

1）一点接地。在既有模拟信号又有数字信号的电路中，应将模拟地点和数字地点分别连在一起，然后将这两个公共点在电路的某一点就近相连。图 1.17（a）是正确的接法，图 1.17（b）是不正确的接法。在既有强信号和又有弱信号的电路中，输入信号的地线应与输入级的地线直接相连，而不要接在输出级的地端。

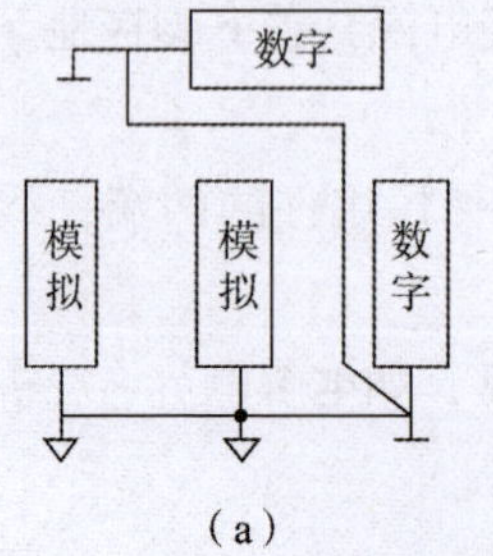

（a）

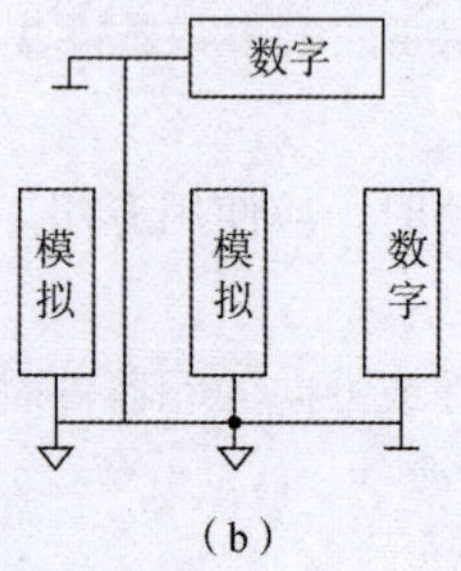

（b）

图 1.17　电子线路不同的接地方法

（a）正确的接法；（b）不正确的接法

2)外缘布线。地线要布置在印制电路板的最外缘，且尽可能加粗，可起到一定的屏蔽作用。当系统工作频率较高时，最好用金属裸线来包围印制电路板，可有效防止干扰信号。直流电源线布置在地线的内侧，比地线要细，但宽于电路引线。

3)弱信号(如采样、保持器的输入信号)的地线面积可大一些，或者可采用地线包围输入信号的方法。

(2)去耦。

在电源进入底板的入口处，每根电源线都要接旁路电容去耦，电容容量一般为10~100 μF，最好再并联一只0.01 μF的电容，以消除旁路电源中的高次谐波。每一排集成电路都要加旁路电容，最好每满6~12片增加一只电容。电容与集成电路电源引脚的距离尽可能近。对于高速电路，最好在每片电源引脚处都加高频去耦，如图1.18所示。

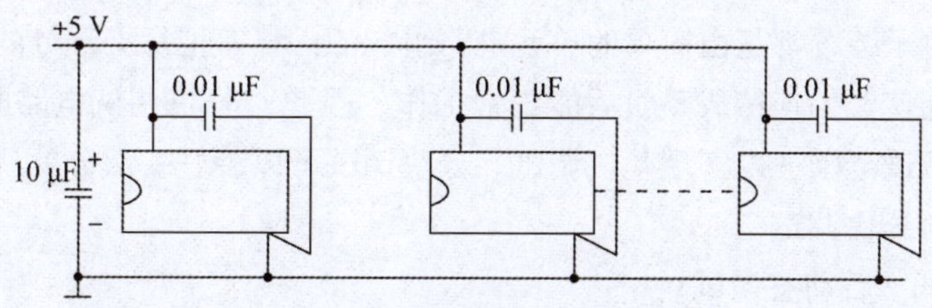

图1.18　高频线去耦方法

(3)引线尽量短，并尽可能避免输出级对输入级的反馈。

在高速电路中，缩短引线就是缩短信号的传输时间。20 cm长的导线将使脉冲信号产生1 ns的边沿失真。

时钟信号线不要与其他信号线并行紧靠布置。长信号线不要同时送至几个门的输入端，必要时可增加驱动门。

3. 焊接工艺

焊接电子元器件一般选用20 W内热式电烙铁，对于焊接金属-氧化物-半导体(Metal-Oxide-Semiconductor，MOS)电路，电烙铁外壳要良好接地，使用电烙铁时，要防止“烧死”。对于新电烙铁，要将烙铁头锉成细长斜面或楔形，通电加热后，先上一层松香，再挂锡；对于长时间烧用的电烙铁，最好采取调温措施，不焊时将电源电压降低。焊接电子元器件时，不要用酸性助焊剂，如焊油等，最好选用带焊剂的焊锡，也可采用松香液(松香加酒精)作中性助焊剂，以免腐蚀电子元器件。

决定焊接质量最重要的是不能有虚焊，在焊接前必须刮去引线头的氧化层，控制好焊接温度和时间，在焊接时不要晃动元器件。焊接完后，要检查元器件有无松动。

焊接集成电路插座时，注意插座的方向要与集成电路的方向一致，检查好所有的引脚都已正确插入后再焊接。焊接电子元器件时要注意电解电容的极性，二极管的方向和三极管的引脚不要接错。

需要注意的是，在焊接印制电路板上的元器件前，最好先检查金属化孔是否相通、印制电路板引线有无断裂或碰线，以及时排除故障隐患。否则，焊上元器件后，再来查找这些故障是十分困难的。

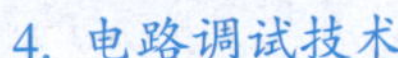

4. 电路调试技术

对于电路调试技术，要求掌握常用仪器设备的使用方法和一般的实验测试技能，在调试中，要求理论和实际相结合，既要掌握理论知识，又要有科学的实验方法，这样才能顺利进行调试工作。

(1)实验电路一般调试方法。

实验电路安装完毕后，一般按以下步骤进行调试。

1)检查电路。

对照电路图检查电路元器件是否连接正确，器件引脚、二极管方向、电容极性、电源线、地线是否连接正确，连接或焊接是否牢固，电源电压的数值和方向是否符合设计要求等。

2)按功能块分别调试。

任何复杂的电子装置都是由简单的单元电路组成的，只有把每一部分的单元电路调试得能正常工作，才能使它们连接成整机后能正常工作。因此，分块调试电路既容易排除故障，又可以逐步扩大调试范围，以实现整机调试。分块调试可以装好一部分就调试一部分，也可以整机装好后，再分块调试。

3)先静态调试，后动态调试。

调试电路不宜一次性加电源和信号进行电路实验。由于电路安装完毕之后，未知因素太多，如接线是否正确无误、元器件是否完好无损、参数是否合适、分布参数影响如何等，都需从最简单的工作状态开始观察、测试。因此，一般是先加电源不加信号进行调试，即静态调试，待工作状态正确后再加信号进行动态调试。

4)整机联调。

每一部分单元电路或功能块都能正常工作后，再联机进行整机调试。调试重点应放在关键单元电路或采用新电路、新技术的部位。调试顺序可以按信息传递的方向或路径，一级一级地进行调试，逐步完成全电路的调试工作。

5)指标测试。

电路能正常工作后，应立即进行技术指标的测试工作。根据设计要求，逐个检测指标完成情况。如未能达到指标要求，则需分析原因并找出改进电路的措施。有时需要用实验凑试的办法来达到指标要求。

(2)数字电路调试中的特殊问题。

数字电路中的信号关系多数是逻辑关系，集成电路的功能一般比较定型，通常在调试步骤和方法上有其特殊规律。

1)调整定时电路，以便为数字电路提供标准的时钟脉冲和各种定时信号，它包括脉冲振荡器、脉冲变换电路，如单稳态触发器、施密特触发器等。

2)调整控制电路部分，控制电路产生数字电路所需的各种控制信号，使数字电路能正常、有序地工作，它包括顺序脉冲分配器、分频器等。

3)调整信号处理电路，如寄存器，计数器，选择、编码和译码电路等。这些部分都能正常工作之后，再相互连接检查电路的逻辑功能。

4)调整模拟电路，它用来放大模拟信号，或者进行模拟信号、数字信号间的转换，如运算放大器、比较器、模数转换器(Analog-to-Digital Converter，ADC)、数模转换器(Digital-to-Analog Converter，DAC)等。

5)调整接口电路、驱动电路、输出电路及各种执行元件或机构，保证能实现正常的功能。

6)系统连调。数字电路集成器件引脚密集、连线较多、各单元之间时序关系严格、出现故障后不易查找原因。因此，调试中应注意以下问题。

①注意元件类型。如果既有电话(TEL)电路，又有互补金属-氧化物-半导体(Complementary Metal-Oxide-Semiconductor，CMOS)电路，还有分立元件，那么需要注意检查电源电压是否合适、电平转换及带负载能力是否符合要求。

②注意时序电路的初始状态，检查其能否自启动，各集成电路辅助引脚、多余引脚是否处理得当等。

③注意检查容易出现故障的环节，掌握排除故障的方法。出现故障时，可以从简单部分逐级查找，逐步缩小故障点的范围，也可以从某些预知点的特性进行静态或动态测试，判断故障部位。

④注意各部分的时序关系。对各单元电路的输入和输出波形的时间关系要十分熟悉。应对照时序图，检查各点波形，弄清哪些是上升沿触发、哪些是下降沿触发，以及它和时钟信号的关系。

(3)模拟电路调试需注意的问题。

1)静态调试。

模拟电路加上电源电压后，元器件的工作状态是电路能否正常工作的基础。因此，在调试时一般不接输入信号，首先进行静态调试。有振荡电路时，也暂不接通。测试电路中各主要部位的静态电压，检查元器件是否完好、是否处于正常的工作状态。若不符合要求，一定要先找出原因并排除故障。

2)动态调试。

静态调试完成后，再接上输入信号或让振荡电路工作，各级电路的输出端应有相应的信号输出。线性放大电路不应有波形失真，波形发生和变换电路的输出波形应符合设计要求。调试时，一般是由前级开始逐级向后检测，这样比较容易找出故障点并及时调整改进。如果有很强的寄生振荡，则应及时关闭电源并采取消振措施。

1.4　实验故障的查找和排除

1. 实验故障查找和排除的基本条件

实验故障的排查是学生在做实验时的一项基本技能。实际上，如果具备了查找故障和排除故障的基本条件，加上缜密的逻辑思维，那么任何人都可以迅速提高自己的查、排故障能力，保证实验的顺利进行。

查、排故障需要具备以下基本条件。

(1)要足够熟悉待查电路。

通过认真预习，达到熟悉实验电路和工作原理的目的，这样在实验电路出现故障时，就可以明确电路各个关键点出现故障的可能性，并重点排查可能的关键点。熟悉电路工作原理，结合示波器及万用表等其他测试工具，根据故障波形或故障电流、电压，分析判断故障关键点波形，从而判别是哪部分电路出现了问题，直至找到故障原因。

(2)掌握较为全面的基础知识。

实验故障的排查需要对基础知识有全面的了解。这个要求不是短时间就可以达到的，需要在学习过程中，抓住每一个知识点，尽量融会贯通。

(3)会熟练使用仪器设备。

熟练使用仪器设备是查、排故障的必需技能，根据仪器设备确定故障现象和故障波形及量值，并分析其可能产生的原因。在查、排故障时，使用的主要仪器设备有示波器、万用表、图示仪、毫伏表等。

(4)有缜密的逻辑思维。

在查、排故障时，缜密的逻辑思维是必不可少的。一个故障的出现，通常会有多种原因，而每一种原因都可能造成不同的结果。例如，造成 A 现象的原因可能有 m、n 两种，n 原因可能造成 A、B 两种共存现象，m 原因可能造成 A、C 两种共存现象。现在已经发现了 A 现象，那么到底是 m 和 n 哪种原因造成的呢？只要查看 B、C 现象是否存在，就可以说明问题了。

对于哪种原因会造成哪种结果，需要熟悉电路、有全面的基础知识，这样才能准确判别。而对结论的分析，则需要缜密的思维。这种思维能力看似简单，但很多人不具备，尤其是初学者。他们一方面是缺乏经验，另一方面是缺乏连续思考的能力。

(5)熟悉一些常见的排查方法。

首先，需要确定故障位置。确定故障位置的方法有两种：正查和反查。其次，需要确定故障原因，这依赖对现象及其成因的足够了解。什么原因可能造成什么样的现象，要有累积的知识作保障。最后，利用逻辑思维，一步一步地排查。

2. 使用示波器排查实验故障

示波器是排查故障时最为得力的工具之一。熟练、正确地使用示波器，将大大提高对故障的排查能力。下面对常用的示波器操作技巧进行总结。

(1)使用示波器前的准备工作。

1)打开电源，检查灰度和聚焦。

2)将示波器的一根探头地线与电路地线连接好。

3)同时将两个探头接信号源，让示波器双踪显示，检查屏幕上显示的波形是否正确。

4)在两个探头上都夹上一根短硬导线，导线头裸露 1 cm 左右。

5)将其中通道“1”的探头信号端拿在手上(含硬导线)，注意不要让导线脱离示波器探头。有些同学习惯用示波器的夹子，这不好，应该习惯用导线。

6)最终的工作状态是：示波器的两个通道都正常，通道“1”的地线与电路地线牢靠接

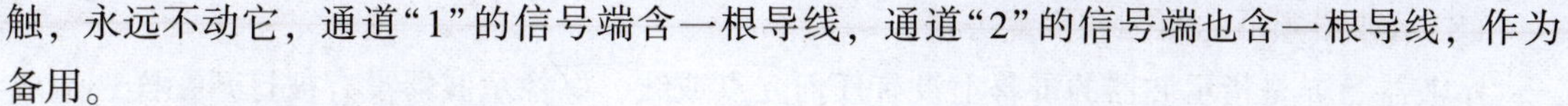

触，永远不动它，通道“1”的信号端含一根导线，通道“2”的信号端也含一根导线，作为备用。

(2)用示波器粗略观察点电压。

调整示波器的 Y 轴挡位旋钮，使在屏幕上可以看到电路的整个电源范围，例如电源为±12 V，可以调整为 5 V/div，零线居中，DC 挡。这样，屏幕上可以看到±20 V 的电压。在这种状态下，用示波器可以对电路内所用点进行粗略观测。例如观察电源电压是否正确、观察输出点是否有直流分量等。通过这种粗略观察，可以发现绝大多数故障。

(3)用示波器细致观察点交流分量。

当发现某一点电压上既有直流分量，又有交流分量，而又关心其中交流分量的大小时，可以将输入耦合开关置于 AC 挡，并降低 Y 轴挡位旋钮位置，将交流分量放大显示。

(4)通过扫速调整发现地线故障。

有时，观察到输出波形是一个正弦波，可是后级表现又表明这一级存在问题。此时，可以调整 X 轴扫速开关，让扫速变慢，在屏幕内包含更多时间的波形。这时候，就像站得更远看波形一样，可能会发现原先的正弦波是在一个更慢的正弦波上进行叠加。这样就发现了一个故障：原来输出波形上存在工频干扰，这种干扰多数是因为地线不牢靠造成的。

因此，在 Y 轴、X 轴都存在“站远”观察的可能，也就是让有限的屏幕包含更多的信息，而实现的方法就是让扫速变慢，让 Y 轴每格显示更大的电压。当然，这个信息比较粗略。但是，它有助于发现更多的故障。

(5)用示波器直接观察地线。

对于运算放大器或比较器电路，由于输出很容易饱和达到电源电压，因此，很多工频干扰会被淹没。地线是否牢靠，除了直接用万用表测量地线电阻，还可以直接用示波器观察。当示波器地线牢靠，用它测量地线时，将在示波器屏幕上显示一条稳定的平直线；而用它测量浮空点(原本是地线，但是没有接上，是地线故障)时，虽然示波器屏幕上同样显示一条平直线，但是，仔细观察就会发现，很多示波器都可以区分测量的结果是地线还是浮空点。一般情况下，地线显示的直线很实很平，浮空点显示的直线则显得有些虚。据此可以轻易地发现地线故障。

(6)示波器是否正常工作的简单测试。

在测试中，有时还会出现示波器突然无法正常工作的情况。检查示波器是否正常工作的简单方法是：手里拿着示波器探头，用手指轻触探头前面裸露的导线，如果示波器屏幕立即显示一些噪声，则说明示波器还在正常工作。

(7)检验示波器两个通道的一致性。

当需要对示波器两个通道的输入信号进行大小比较时，要求示波器两个通道的放大倍数必须一致。示波器有一种减法功能，当给示波器的两个通道引入不同的信号时，将输入选择开关置于 AB 状态，显示的是两个通道的差值，如果两个信号相同，则差值为 0，显示一条平直线。将 Y 轴挡位旋钮置于最小，这个差值将被放大，其中的差异就显现出来了。此时，质量好的示波器显示线很平直，只有微小的波动，而质量不好的示波器就会显示出一个较大的怪异波形。用这个差值波形的大小可以表现该示波器两个通道放大性能的一致性。

(8)示波器黑屏的原因和恢复方法。

示波器黑屏是指示波器的屏幕上没有任何光点或线，好像示波器没有被打开一样。造成示波器黑屏的原因有很多，多数是使用不恰当引起的。下面列举一些会造成示波器黑屏的原因及恢复方法。

1)电源没有打开。

2)示波器损坏。

3)灰度不够。处理方法是调整灰度旋钮到最大。

4)无扫描信号且初始位置不合适。

无扫描信号时，示波器的电子枪只发出一束不变的电子束，它将只会引起示波器屏幕上某个点被点亮，如果这个点的位置(即初始位置)超出了示波器屏幕的范围，则会出现这种现象。

初始位置通过 X-Position 和 Y-Position 两个旋钮调节。可以想象，如果一个点在屏幕之外，单纯通过 X 轴和 Y 轴方向的平移将点拉回到屏幕之内，并不是一件容易的事情。使用以下方法可以顺利找回这个光点：将触发选择设为自动，并将输入选择设为 GND，使示波器长期处于扫描状态，并有一条表示零线的亮线出现。先单独调节 Y-Position 旋钮，将 Y 轴位置调整合适，然后，调节 X-Position 旋钮，左、右移动亮线，将 X 轴位置也调整合适，这样黑屏就消失了。

5)有扫描信号但被显示信号在 Y 轴上超限。

利用上述原理，只需调整 Y-Position 旋钮即可。

6)有扫描信号但被测信号上升沿太陡。

如果波形高电平和低电平都不在示波器屏幕 Y 轴界内，则一定有一条或多条很陡的线从示波器屏幕下方飞向上方，在扫速很高且信号上升沿很陡时，这条穿越线可能非常淡，在示波器屏幕上不被人注意，以为是黑屏。此时，将扫速变慢，就可以看到该条线了。

上述多种原因都可能造成示波器黑屏或黑屏假象。遇到示波器黑屏时，按照上面介绍的方法进行处理一般就可以解决问题。如果按照上面方法进行处理后，还是黑屏，大概就是示波器损坏，或者电源没有打开。

3. 故障查找顺序

在输出不满足设计要求的情况下，可以确认电路出现了故障。在此情况下，不同的实验者有不同的查找故障的顺序。有些人习惯立即从输入端入手向后查，正确—正确—直到不正确，这称为正查或顺查。有些人则习惯从输出端向前查，错误—错误—直到正确，这称为反查或逆查。

无论是正查还是反查，都是将整个电路拆分成了若干个部分的串联，因此，在使用这种查找故障的方法时，要习惯将电路分成若干部分。例如，一个单级晶体管放大器，就可以分成输入耦合电容、晶体管、输出耦合电容等部分。

对于多级放大电路，应该先进行大块划分，后进行细致划分。例如，对于三级放大电路，先将整个电路分为三级，使用正查或反查，确定故障在第二级，然后将第二级分为输入耦合电容、晶体管、输出耦合电容等部分，最后就可以准确确定故障位置。

对于闭环电路，整个电路没有明确的输入点，同学们可能会感觉无从下手。实际上，只需要画出信号流向，依据信号流向仍然可以使用正查和反查两种方法。

4. 故障现场保护

遇到故障时，需要保护故障现场，使故障可以得到重现。否则，故障无法被重现，就表示破坏了故障现场。有些故障有一定的发生概率，若故障概率没有发生明显改变，则说明故障现场得到了保护。

保护故障现场的目的是查找故障。因为，故障消失并不表示故障被根本消除，不进行故障排查会给后期工作埋下隐患。只有准确找到故障原因，并且做到在消除故障后，仍可按照故障原因重现出故障，这样才表明故障被彻底消除了。如果故障现场被破坏，这个要求就难以满足了。

保护故障现场需要注意以下几点。

(1) 对供电电源的处理。

故障种类有很多，根据危险性可以将其分为有危险故障和无危险故障两类。有危险故障又可以分为人身危险故障和设备器件危险故障两种。在不同的故障情况下，对供电电源的处理不同。

人身危险故障是指通电后，整个实验系统会造成人身伤害或存在造成人身伤害的可能。例如，较大的电解电容被反接，存在爆炸的可能；不正确的连接，存在燃烧的可能。对于这种故障，一旦明确发现，应立即切断电源。但是，发现它们是不容易的，多数都是在危险发生后才被发现。然而，保持敏锐的观察，采用眼睛看（打火、冒烟、明显的爆裂）、鼻子嗅（焦糊味）、耳朵听（异常的声音）、手摸（明显的温度上升）等方法，都有助于故障的及早发现。

设备器件危险故障是指通电后，整个实验系统的一部分或全部存在被损坏的可能。例如，输出短接、电源和地的短接、器件反接、仪器使用不当、实际功率大于设计功率等故障，这种故障一般不会造成人身伤害，但是可能造成设备和元器件的损坏。对于这种故障，一旦明确发现，应立即切断电源。但是，发现它们也是不容易的，仔细观察也是必要的。

有些设备具有自保护功能和警示功能，例如，意外的电源短接，可能立即引起电源的自保护，并在电压显示表上显示出来。一方面，可以保护电源不被烧坏；另一方面，提醒实验者已经出现设备危险故障。但是，也有一些设备缺乏这样的功能，还需要实验者仔细观察。

有些器件的损坏是瞬间的，一旦发生便不可挽回，如器件反接。多数情况下器件将立即损坏，也有一些器件的损坏是积累的，例如，当实际功率大于设计功率时，需要足够长的时间才会引起器件损坏。因此，仔细观察，可能会及早发现故障，能挽回一些损失。

无危险故障是指系统实际功能、性能没有满足设计要求或不能正常工作，但是既不会给人身带来伤害，也不会损毁设备和元器件。确认是这类故障时，可以不切断电源。例如，对于一般的晶体管放大电路，当确认电容没有反接、电源没有断路、输出没有断路，而工作又不正常时，一般可以认为属于这类故障。

(2) 不能使电路受到突变的冲击，不能随意按压、拨动元器件和导线。

发生故障后，有的实验者习惯随意按压、拨动元器件和导线，甚至拿起印制电路板在桌子上敲打，有可能故障就消失了。如果故障依然存在，但故障现场没有被破坏；如果故障消失了，可能还会侥幸通过验收。但是，这样做，隐患是存在的。

首先，没有找到故障原因，排查故障的能力就没有丝毫提高。其次，印制电路板仍存在巨大隐患，如果是正式产品，那么这样的产品将可能随时发生故障。那么，在排查故障过程中能否不触碰印制电路板呢？答案是否。按压、拨动都属于排查故障的手段，在排查故障过程中可以做，但必须在有逻辑推理结论、有步骤、有次序、有记录的情况下谨慎进行，而不是随意进行。特别是突变的冲击，即敲打印制电路板，可能使很多电路连接状态无规则地发生改变，这样是决不允许的。

(3)不要轻易更换元器件。

一般需要在证据确凿的情况下更换元器件。如果轻易更换元器件，那么有可能带来以下问题。

1)原本元器件良好，只是存在接触问题，更换后，必然要重新插接。如果插接良好，故障消失，可能得出原本元器件损坏的错误结论。如果故障依然存在，则可能得出不是此处问题的错误结论。

2)原本元器件良好，只是存在接触问题，更换的元器件有可能是一个损坏的元器件，会引出更多问题，使思路混乱。

3)元器件外围电路发生断路故障，导致元器件损坏。在未查明原因前更换元器件，可能换一个，坏一个，造成更大的损失。

(4)不能一次改变两个以上的电路状态。

排查故障中，有3种主要行为：探测、思考、试探性改变电路状态。试探性改变电路状态包括更换元器件、改变输入信号、改变电源电压、改变接触状况、改变电路连接方式等。一般来说，试探性改变电路状态都是经过探测、思考后作出的试探性决策。例如经过思考，怀疑是电源电压太低，在改变电源电压时，却又怀疑是不是器件A损坏了，于是为了方便，一方面改变了电源电压，另一方面更换了器件A。那么无论采取哪种措施，都无法得出准确的结论。

因此，即便怀疑有多种造成故障的原因，也不能着急，只能一个一个试探。

(5)拆下的元器件要做好标记。

为了防止拆下的元器件与其他元器件混淆，保证现场可以被顺利恢复，拆下的元器件一定要做好标记，单独存放。

由于很多元器件太小，很难直接在上面做标记。因此，比较好的方法是，制作一些小格子，在格子上做标记，将元器件放入格子；或者拿一张大纸，在纸上画好方格，做好标记，将元器件放入，注意不要碰它就行了。

5. 排查故障中试探性改变次序

如前文所述，不同的故障原因可能造成相同的故障现象。面对多种故障可能，需要一种一种地进行试探和确认。这就涉及试探性改变的次序。首先是依据故障概率的试探次序。每种故障都有其发生的条件，在大量样本中，就有其发生的概率。依据概率大小进行试探，有可能加快确认故障的速度。例如，示波器黑屏就有多种可能原因，要一种一种地进行试探。而从概率上看，从大到小依次为，灰度不合适；没有触发信号；光点初始位置不正确；电源未打开；示波器损坏。当然，对于不同故障，分析概率并没有那么可靠。经验可能会起更大作用。其次是依据困难程度的试探次序。针对出现困难的几种可能性，采用困难程度由易到难的顺序逐一排查各种可能性，这样做可以提高排查效率。

6. 实验故障查找和排除的常用方法

(1) 直接观察法。

直接观察法是指不采用任何仪器设备，也不改动电路接线，直接观察待查电路表面来发现问题、查找故障的方法。直接观察法一般分为静态观察和通电检查两种。其中静态观察包括以下几种情况。

1) 观察仪器使用情况。仪器类型的选择是否合适，功能、量程的选用有无差错，共地连接的处理是否妥善等。首先排除电路外部故障，再对电路本身进行观察。

2) 观察电路供电情况。电源电压的等级和极性是否符合要求，电源是否已接入电路等。

3) 观察元器件安装情况。电解电容的极性，二极管和三极管的引脚，集成器件的引脚有无错接、漏接、互碰等情况，安装位置是否合理，对干扰源有无屏蔽措施等。

4) 观察布线情况。输入和输出线、强电和弱电线、交流和直流线等是否违反布线原则，通电检查是在接通电源后，观察元器件有无发烫、冒烟等情况，变压器有无焦味、发热或异常声响。

直接观察法适用于对故障进行初步检查，一般明显的故障可以用此方法查找到。

(2) 参数测试法。

参数测试法是借助仪器来发现问题、查找故障元件的方法。这种方法分为断电测试法和通电测试法两种。断电测试法是在电路断电条件下，利用万用表的欧姆挡测量电路或元器件电阻值，借以判断故障的方法，如检查电路中连线、焊点及熔丝等是否断路，测试电阻值、电容是否漏电、电感的通断，检查半导体器件的好坏等。测试时，为了避开相关支路的影响，被测元器件的一端必须与电路断开。同时，为了保护元器件，一般不使用高阻挡和低阻挡，以防止高电压或大电流损坏电路中晶体管的 PN 结。通电测试法是指在带电条件下，借助仪器测量电路中各点电压或支路电流，进行理论分析，查找故障所在的方法，如检查晶体管静态工作点是否正常、集成器件的静态参数是否符合要求、数字电路的逻辑关系有无差错等。

(3) 信号寻迹法。

信号寻迹法是在电路输入端加入一定幅度、适当频率的信号，按照信号的流向由前级到后级，用示波器或电压表等仪器逐级检查信号在电路内各部分的传输情况，根据电路的工作原理分析电路的功能是否正常，从而判断故障所在部位的方法。检测时，也可以从输出级向输入级倒推进行，信号从最后一级电路的输入端加入，观察输出端是否正常，然后逐级将信号加入前面一级电路的输入端，继续进行检查。但是，只有在电路静态工作点处于正常的条件下才能使用这种方法。

(4) 对分法。

对于有故障的复杂电路，为了减少调试的工作量，可以将电路分成两部分，先查找出有故障的部分，然后对有故障的部分进行对分检测，一直到找到故障点为止。

(5)分割测试法。

对于一些有反馈的环形电路，如振荡器、稳压器等电路，它们各级的工作情况互相有牵连，这时可以采用分割环路的方法，将反馈环去掉，然后逐级检查。这样可以更快地查找出故障部分。对自激振荡现象也可以用这种方法进行检查。

(6)对比法。

怀疑某一电路存在问题时，可将此电路的状态、参数与相同的正常电路进行逐项比较，这样就可以较快地找到电路中不正常的参数，进而可以由不正常的参数分析出故障原因并判断出故障点。

(7)替代法。

有时故障比较隐蔽，不能很快找到，需进一步进行检查。这时可以用已调试好的单元电路或组件代替有疑问的单元电路或组件，以此来判断故障是否在此单元电路中。当确认某一单元电路确有问题时，还可以在单元电路中进行局部替代，逐步缩小有故障嫌疑的范围，尽快找出故障点。有时，元器件的故障不明显，如电容漏电、电阻变质、晶体管和集成电路性能下降等。这时可以用相同规格的优质元器件逐一替代实验，就可以具体找出故障点。

(8)电容器旁路法。

当电路有自激振荡或寄生调幅等故障时，可以将一只容量较大的电容并联到故障电路的输入端或输出端，观察对故障现象的影响，据此分析故障的部位。如果将电容接到某处时故障消失，则表明故障产生在此附近电路或前级电路中。在放大电路中，旁路电容开路或失效，使负反馈加强，输出量下降，此时，用适当的电容并联在旁路电容两端，就可以看到输出幅度恢复正常，也就可以断定是旁路电容的问题。这种检查可能要多处试验才有结果，这时要细心分析可能引起故障的原因。这种方法也用来检查电源滤波和去耦电路的故障。

1.5 测量误差及数据处理

在任何测量中，无论所用仪器多么精密、方法多么完善、实验者多么细心，所测量的结果都不能完全与被测量的真实数值(称为真值)一致。测量结果与真值的差别称为测量误差。误差可以用绝对误差和相对误差来表示。

若被测量的真值为 A_0，测量仪器的指标值为 X，则绝对误差 ΔX 为

$$\Delta X = X - A_0$$

由于真值 A_0 一般无法求得，故常用高一级标准仪器测量的指示值 A 来代替真值，则

$$\Delta X = X - A$$

测量精确度的高低常用相对误差 r 来表示，相对误差是指绝对误差与真值的百分比值，即

$$r = \Delta X / A \times 100\%$$

为了得到精确的测量结果，在测量过程中必须尽量减小各种误差，为此，应该了解误差产生的原因、减小误差的方法，并学会估计误差。

1. 测量误差的分类

测量误差根据其性质可以分为三大类，即系统误差、随机误差和粗大误差。

(1)系统误差。

在规定的测量条件下，对同一量进行多次测量时，如果误差值保持恒定或按某种规律变化，则称这种误差为系统误差。例如，电表零点不准，温度、湿度、电源电压等变化造成的误差便属于系统误差。

系统误差产生的原因有以下几个。

1)工具误差：测量时所用的装置或仪器、仪表本身的缺点而引起的误差。

2)外界因素影响误差：由于没有按照技术要求使用测量工具，或者由于周围环境不满足要求而引起的误差。

3)方法误差或理论误差：由于测量方法不完善或测量所用理论依据不充分而引起的误差。

4)人员误差：由于测量人员的感官、技术水平、习惯等个人因素而引起的误差。

(2)随机误差。

随机误差也称偶然误差。在测量中，即使已经消除了引起系统误差的一切因素，但所测数据仍会在末一位或末两位数字上有差别，这就是随机误差。这种误差主要是各种随机因素引起的，如电磁场的微变、热起伏、空气扰动、大地微震、测量人员的心理或生理的某些变化等。

随机误差有时大、有时小，无法消除，无法控制。但在同样的条件下，对同一量进行多次测量，可以发现随机误差是服从统计规律的，因此，只要测量的次数足够多，随机误差对测量结果的影响就是可削弱的。

在工程测量中，可以通过统计的方法削弱随机误差。

(3)粗大误差。

粗大误差主要是由于测量人员的疏忽造成的。例如，读数错误、记录错误、测量时发生未察觉的异常情况等。这种误差是可以避免的。一旦出现了粗大误差，应该舍弃有关数据重新进行测量。

(4)精密度、正确度和准确度。

精密度表示测量结果中随机误差的大小程度，即在规定条件下，对被测量进行多次测量，所得结果之间的符合程度。精密度又可简称精度。正确度表示测量结果中系统误差的大小程度。它是指在规定条件下，测量结果中所有系统误差的综合反映。准确度表示测量结果与真值之间的一致程度。它是指测量结果中系统误差与随机误差的综合反映。准确度也称精确度。

在一组测量中，精密度可以很高而准确度不一定很高。但准确度高的测量，其精密度一定高，即精确度高。这一概念可以用射击的目标——靶子上的弹着点的分布情况来进行说明，弹着点分散又不集中，表示精密度差、准确度差，即精确度差。

以打靶为例，可形象地解释上述3个概念之间的关系，如图1.19所示。图1.19(a)的弹着点都向一侧偏离靶心，但比较集中，这反映了随机误差较小而系统误差较大的情况，即精密度高而正确度低。图1.19(b)的弹着点比较分散，但平均值比较接近靶心，这反映了随机误差较大而系统误差较小的情况，即精密度低而正确度高。图1.19(c)的弹着点比较集中，又都聚集在靶心附近，这反映了系统误差和随机误差都比较小的情况，即准确度高。

为了减小误差，提高测量的精确度，应采取以下措施。

1)避免过失误差，去掉含有过失误差的数据。

2)消除系统误差。

3)进行多次重复测量，取各次测量数据的算术平均值，以削弱偶然误差的影响。

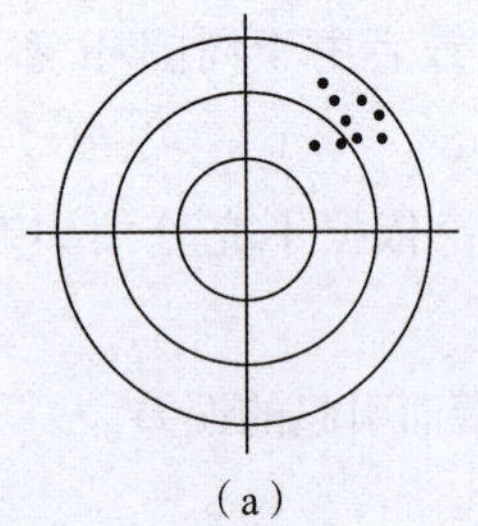
(a)

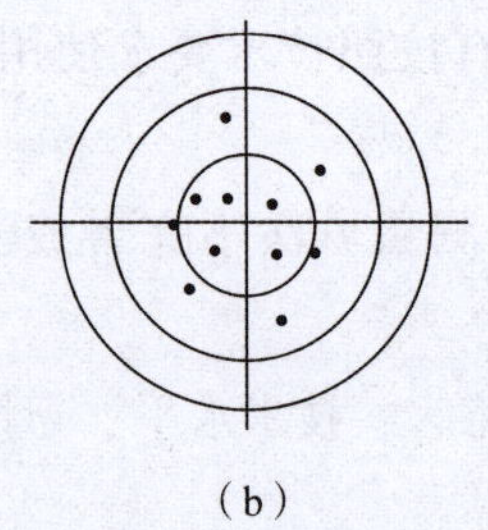
(b)

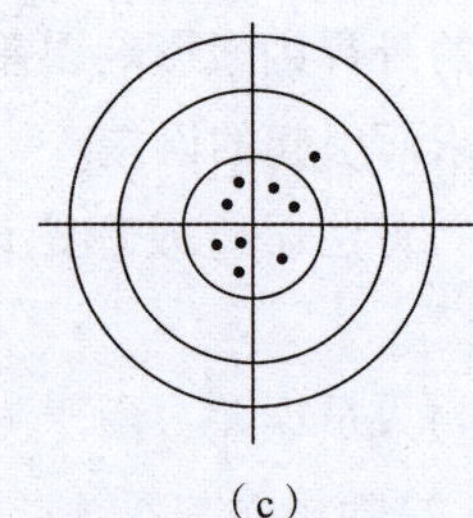
(c)

图1.19　精密度、正确度和准确度的关系

(a)精密度高而正确度低；(b)精密度低而正确度高；(c)准确度高

2. 系统误差的消除

消除或尽量减小系统误差是进行准确测量的条件之一，所以在进行测量之前，必须预先估计一切可能产生系统误差的原因，有针对性地采取措施来消除系统误差。

(1)对工具误差加以修正。

在测量之前，应对测量所用量具、仪器、仪表进行检定，确定它们的修正值(实际值=测量值+修正值)。把测得的这些工具的测量值加上修正值，就可以求得被测物理量的实际值(真值)，以消除工具误差。

(2)消除误差来源。

测量之前应检查所用仪器设备的调整和安放情况。例如，仪表的指针是否归零，仪器设备的安放是否合乎要求、是否便于操作和读数、是否互相干扰等。在测量过程中，要严格按规定的技术要求使用仪器，如果外界条件突然改变，则应立即停止测量。测量人员保持情绪稳定和饱满精神也有助于防止系统误差的产生。此外，由不同的测量人员对同一个量进行测量，或者使用不同的方法对同一个量进行测量，也有利于发现系统误差。

(3)采用正负误差相消法。

用这种方法需要测量两次。第一次是在系统误差为正值的条件下进行测量，然后改变测量条件使系统误差为负值，再测一次，将两次测量的结果取平均值，由于某种原因引起的系统误差就被抵消掉了。例如，由于外界磁场的影响，仪表的读数会产生正的附加误差，若把仪表转动 180°，再测一次，则外磁场将对读数产生相反的影响而引起负的附加误差。将两次结果取平均值，正、负误差便可抵消。

此外，还有一种办法，即等时距对称观测法，能够消除随时间成线性变化的系统误差。

3. 直接测量中误差的估计

一个完整的测量数据必须包括测量数据和测量误差两部分。只有测量数据而不知其测量误差，那么这个数据的可靠性就无法确定。例如，测得某电压为 100 V，若其相对误差为±1%，那么这个测量结果是比较准确的；若其相对误差达到±50%，那么这个测量结果就毫无意义了。

在进行一般的工程测量时，只需对被测量进行一次测量，这时需要考虑的误差主要是系统误差，包括以下几个方面。

(1)所用仪表或度量器的基本误差。

若在测量中用的是 α 级仪表，其量程为 A_m，则当仪表读数为 A_x 时，测量结果的最大绝对误差为

$$\Delta A = \pm \alpha\% \times A_m$$

最大相对误差为

$$r = \pm \frac{\alpha\% \times A_m}{A_x} \times 100\%$$

(2)仪表不在规定条件下工作时产生的附加误差。

工作位置、温度、频率、电压、外磁场等，无论哪一个偏离了规定的条件，都会使仪表产生附加误差。它们所产生的附加误差的大小在国家标准中有具体的规定。

(3)由于测量方法不当而引起的误差也应计入测量误差。

下面举例说明怎样考虑上述各种误差。

例：用量程为 30 A 的 1.5 级的电流表，在 30℃的室温下测量 $I = 10$ A 的电流，试估计它的测量误差。

基本误差为

$$r = \pm \frac{1.5\% \times 30}{10} \times 100\% = \pm 4.5\%$$

由于仪表的使用温度超出规定温度 20±2℃的范围(超出了 8℃)，因此会产生附加误差。按规定，附加误差为指示值的±1.5%。总的测量误差为前两者之和，即±6%。

4. 间接测量中误差的估计

采用间接测量法时，间接测量的误差可由直接测量的误差按一定的公式计算出来。例如，通过测量某电阻两端的电压 U 和电流 I，再用公式 $R = \frac{U}{I}$ 计算电阻时，只要能够知道 U 和 I 的直接测量误差，就不难计算出所测电阻 R 的误差。现就下面几种情况说明怎样计算间接测量误差。

(1)被测量为几个量的和，即

$$y = x_1 + x_2 + x_3$$

合成绝对误差为

$$\Delta y = \Delta x_1 + \Delta x_2 + \Delta x_3$$

合成相对误差为

$$r_y = \frac{\Delta y}{y} = \frac{\Delta x_1}{y} + \frac{\Delta x_2}{y} + \frac{\Delta x_3}{y} = \frac{x_1}{y} \cdot \frac{\Delta x_1}{x_1} + \frac{x_2}{y} \cdot \frac{\Delta x_2}{x_2} + \frac{x_3}{y} \cdot \frac{\Delta x_3}{x_3}$$

$$r_y = \frac{x_1}{y} r_{x_1} + \frac{x_2}{y} r_{x_2} + \frac{x_3}{y} r_{x_3}$$

式中，r_y为合成相对误差；r_{x_1}，r_{x_2}，r_{x_3}分别为测量x_1，x_2，x_3时的相对误差。

从上式可见，在所有的相加量中，数值最大的那个量的局部误差在合成误差中占主要比例。为了减小合成误差，首先要减小这个量的局部误差。此外，合成相对误差不会大于局部相对误差的最大值。

(2)被测量为两个量之差，即

$$y = x_1 - x_2$$

合成绝对误差为

$$\Delta y = \Delta x_1 - \Delta x_2$$

合成相对误差为

$$r_y = \frac{x_1}{y} r_{x_1} - \frac{x_2}{y} r_{x_2}$$

误差可正、可负，最不利的情况是

$$r_y = \left| \frac{x_1}{y} r_{x_1} \right| + \left| \frac{x_2}{y} r_{x_2} \right|$$

当所测x_1和x_2的数值接近时，被测量y很小，这时，即使分别测量x_1和x_2时的相对误差很小，合成误差仍可能很大，因此，要尽量避免这样的间接测量。

(3)被测量为两个量的积或商，即

$$y = x_1^n x_2^m$$

对上式两边取对数，有

$$\ln y = n\ln x + m\ln x_2$$

对原式进行微分，有

$$\frac{dy}{y} = n \frac{dx_1}{x_1} + m \frac{dx_2}{x_2}$$

$$\frac{\Delta y}{y} = n \frac{\Delta x_1}{x_1} + m \frac{\Delta x_2}{x_2}$$

最不利的情况时

$$r_y = |nr_{x_1}| + |mr_{x_2}|$$

可见，当各局部相对误差一样时，指数较大的量对合成相对误差的影响也较大。

例：利用公式$A=I^2Rt$求直流电能时，所选电流表是0.5级，量程为100 A，电流表读数为60 A，所用电阻为0.5 Ω，是“准确”的，测量时间是50 s，误差为±0.1%，求所求电能的绝对误差。

测量电流的相对误差为

$$r_I = \pm\frac{100 \times 0.5\%}{60} = \pm 0.83\%$$

已知测量时间的相对误差$r_t=\pm 0.1\%$，电阻“准确”，则

$$r_R=0$$

因此，测量电能的相对误差为

$$r_A = \pm(2r_I + r_t) = \pm(2 \times 0.83\% + 0.1\%) = \pm 1.76\%$$

所测电能为

$$A = I^2Rt = (60)^2 \times 0.5 \times 50 = 90\ 000\ \text{J}$$

测量电能的绝对误差为

$$\Delta A = r_A \cdot A = \pm 1.76\% \times 90\ 000 = \pm 1\ 584\ \text{J}$$

测量误差较大，主要是由于测量电流的准确度较低。

例：用1.0级、6 V量程的直流电压表来测量晶体管放大电路静态时的合成相对误差V_{BE}。测量方法是先测基极B对地电压V_{B}，再测发射极E对地电压V_{E}，再求两者之差$V_{\mathrm{B}}-V_{\mathrm{E}}=V_{\mathrm{BE}}$，若测得$V_{\mathrm{B}}=3.0$ V，$V_{\mathrm{E}}=2.4$ V，试分析测量的误差，设所用电压表的内阻远大于R_{B_2}和R_{E}。

测量V_{B}的相对误差为

$$r_{\mathrm{B}} = \pm\frac{1\% \times 6}{3} \times 100\% = \pm 2\%$$

测量V_{E}的相对误差为

$$r_{\mathrm{E}} = \pm\frac{1\% \times 6}{2.4} \times 100\% = \pm 2.5\%$$

因为

$$V_{\mathrm{BE}} = 3.0 - 2.4 = 0.6\ \text{V}$$

所以合成相对误差为

$$r_{\mathrm{BE}} = \pm\left(\frac{3}{0.6} \times 2\% + \frac{2.4}{0.6} \times 2.5\%\right) = \pm 20\%$$

通过测量V_{B}和V_{E}来计算的相对误差竟达±20%，其原因是V_{B}和V_{E}之差为V_{BE}，只有0.6~0.7 V，比较小。因此，应避免这种接近的两个量相减的间接测量。如果进行相减的两量的差别较大，那么合成误差就不会很大了。

通过以上分析可见，为了保证间接测量结果的准确性，应注意以下几点。

1）尽可能不采用两个量测量的结果相减的方法去决定第三个量。如果实在不能避免，那么两量的差别应较大以提高相减两量的测量准确度。

2）当用两个量相乘的方法来决定第三个量时，所用测量工具的误差符号最好相反；当用两个量相除的方法来决定第三个量时，所用测量工具的误差符号最好相同。

3)若被测量取决于某量的 n 次幂，则该量的测量准确度要高一些。

5. 测量结果的处理

测量结果通常用数字和图形两种形式表示。对于用数字表示的测量结果，在进行数据处理时，除了应注意有效数字的正确取舍，还应制订出合理的数据处理方法，以减小测量过程中随机误差的影响。对于用图形表示的测量结果，应考虑坐标的选择和正确的作图方法，以及对所作图形的评定等。

(1)测量结果的数据处理。

1)有效数字的概念。

在记录和计算数据时，必须注意有效数字的正确取舍。不能认为一个数据中小数点后面的位数越多，这个数据就越准确；也不能认为计算测量结果中保留的位数越多，这个数据的准确度就越高。因为测量所得的结果都是近似值，这些近似值通常都用有效数字的形式来表示。有效数字是指从左边第一个非零的数字开始，直到右边最后一个数字的所有数字。例如，测得的频率为0.023 4 MHz，它是由2、3、4三个有效数字表示的频率值，而左边的两个0不是有效数字，因为它可以通过单位变换成23.4 kHz。其中，末位数字4通常是在测量该数时估计出来的，称为欠准数字，它左边的各有效数字均是准确数字。准确数字和欠准数字都是测量结果中不可缺少的有效数字。

2)有效数字的正确表示。

①有效数字中应只保留一位欠准数字，因此，在记录测量数据时，只有最后一位有效数字才是欠准数字。这样记取的数据，表明被测量可能在最后一位数字上变化±1单位。

例如，用一只刻度为50分度、量程为50 V的电压表测量电压，测得电压为41.6 V，该结果是用3位有效数字表示的，前两位数字是准确的，最后一位数字是欠准的。因为它是根据最小刻度估读出来的，可能有±1的误差，所以测量结果可表示为(41.6±0.1)V。

②在欠准数字中，要特别注意0的情况。

例如，测量某电阻的阻值，结果是13.600 kΩ，表明前4位数字1、3、6、0是准确数字，最后一位数字0是欠准数字，其误差范围为±0.001 kΩ，若改写为13.6 kΩ，则表明前两位数字1和3是准确数字，最后一位数字6是欠准数字，其误差范围为±0.1 kΩ。尽管这两种写法均表示同一数值，但实际上反映了不同的测量准确度。

如果用10的幂来表示一个数据，那么10的幂前面的数字都是有效数字。例如，$13.60\times10^3\ \Omega$，表明它的有效数字为4位。

③π、$\sqrt{2}$ 等常数是具有无限位数的有效数字，在运算时可根据需要取适当的位数。

④当测量误差已知时，测量结果的有效数字位数应与该误差的位数相一致。例如，某电压的测量结果为4.471 V，若测量误差为±0.05 V，则该结果应改为4.47 V。

3)有效数字的运算。

当测量结果需要进行中间运算时，有效数字位数保留太多将使计算变得复杂；而有效数字位数保留太少又可能影响测量精度。有效数字保留的位数原则上取决于参与运算的各数中精度最差的那一项。一般有如下取舍规则。

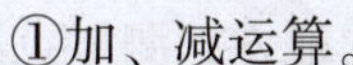

①加、减运算。

由于参加运算的各项数据必为单位相同的同一类物理量，故精度最差的数据也就是小数点后面有效数字位数最少的数据(若无小数点，则为有效数字位数最少者)。因此，在运算前应将各数据小数点后的位数进行处理，使之与精度最差的数据位数相同，然后进行运算。

②乘、除运算。

运算前对各数据的处理仍以有效数字位数最少为准，与小数点无关。所得积和商的有效数字位数取决于有效数字位数最少的那个数据。

例：求 $0.0121 \times 25.645 \times 1.05782$。

因为 0.012 1 为 3 位有效数字，位数最少，应对另外两个数据进行处理，即

$$25.645 \to 25.6$$

$$1.05782 \to 1.06$$

所以

$$0.0121 \times 25.6 \times 1.06 = 0.3283456 \approx 0.328$$

若有效数字位数最少的数据中，其第一位数为 8 或 9，则有效数字位数应多计一位。例如，上例中的 0.012 1 若改为 0.092 1，则另外两个数据应取 4 位有效数字，即

$$25.645 \to 25.64$$

$$1.05782 \to 1.058$$

对运算项目较多或重要的测量，可酌情多保留 1~2 位有效数字。

③乘方及开方运算。

乘方及开方运算的结果应比原数据多保留一位有效数字。

例：$(25.6)^2 = 655.4$

$\sqrt{4.8} = 2.19$

④对数运算。

对数运算前后的有效数字位数应相等。

例：$\ln 106 = 4.66$

$\log 7.564 = 0.8787$

(2)测量结果的图解分析。

所谓图解分析，就是研究如何根据实验结果作出一条尽可能反映真实情况的曲线(包括直线)，并对该曲线进行定量分析。

在实际测量过程中，由于各种误差的影响，测量数据将出现离散现象，即将各测量点直接连接起来不是一条光滑的曲线，而是呈波动的折线状。图解分析的重要内容之一就是对一组离散的测量数据，运用有关的误差理论求出一条最佳曲线，即把各种随机因素引起的曲线波动抹平，使其成为一条光滑的曲线。这个过程称为曲线修匀。

在要求不是很高的测量中，常采用一种简便、可行的工程方法——分组平均法来修匀曲线或直线，如图 1-20 所示。这种方法是把横坐标分成若干组，例如 m 组，每组包含 2~4 个

数据点，然后对曲线进行修匀。应注意，在曲线斜率大和变化规律重要的地方，测量点适当密一些，分组数目也应适当多一些，以确保准确性。

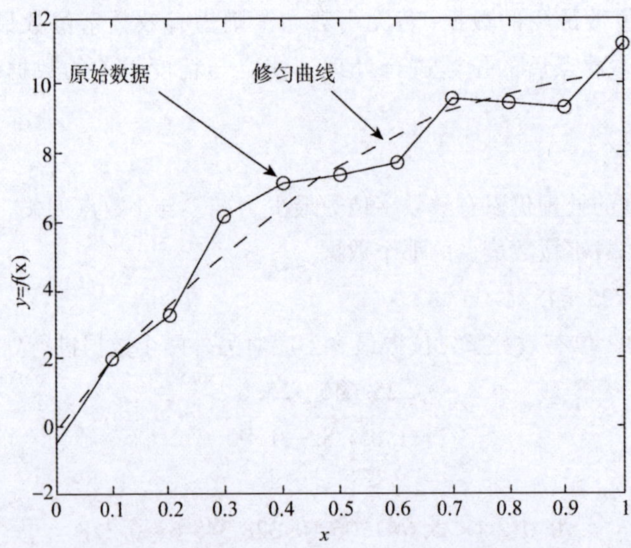

图 1.20　分组平均法实现曲线修匀

第 2 章 电路仿真技术

2.1 引言

2.1.1 Multisim 简介

Multisim 是一个完整的设计工具系统，它可以进行电路原理图的捕获、电路分析、交互式仿真、印制电路板设计、仿真仪器测试、集成测试、射频分析、单片机等高级操作。其具有数量庞大的元器件数据库、标准化的仿真仪器、直观的捕获界面、简洁的操作方法、强大的分析测试功能、可信的测试结果，可以将虚拟仪器技术的灵活性扩展到电子设计者的工作平台上，弥补了测试与设计功能之间的缺口，缩短了产品研发周期，方便了电子实验教学。其主要特点如下。

(1)图形界面直观。其电路仿真工作区就像是一个电子实验工作台，绘制电路所需的元器件和仿真所需的仪器、仪表均可直接拖放到工作区中，单击即可完成导线的连接；虚拟仪器的操作面板与实物相似，可以方便地选择仪表测试电路波形和特性，如同在真实仪器上一样。

(2)元器件库丰富。元器件库包括基本元件、半导体元件、晶体管-晶体管逻辑(Transistor-Transistor Logic，TTL)及 CMOS 数字集成电路(Integrated Circuit，IC)、DAC、ADC、微控制单元(Microcontroller Unit，MCU)和其他各种部件，并且用户可以通过元件编辑器自行创建和修改所需元件模型，还可以通过 Multisim 官方网站和代理商享受元件模型的扩充和更新服务。

(3)测试仪器、仪表丰富。Multisim 具有丰富的测试仪器、仪表，如数字万用表、函数信号发生器、示波器、扫频仪、数字信号发生器、逻辑分析仪和逻辑转换仪、瓦特表、失真分析仪、频谱分析仪和网络分析仪等，并且所有仪器、仪表均可多台同时调用。

(4)分析手段完备。Multisim 具有完备的分析手段，如直流工作点分析、交流分析、瞬态分析、傅里叶分析、噪声分析、失真分析、参数扫描分析、温度扫描分析、极点-零点分析、传输函数分析、灵敏度分析、最坏情况分析、蒙特卡罗分析、直流扫描分析、批处理分析、用户定义分析、噪声图形分析和射频分析等，能够满足电子电路分析和设计的需要。

2.1.2 安装 Multisim

注意，为了成功安装 Multisim，可能需要大于 1 GB 的硬盘空间，不同的版本所需要的硬盘空间不同，个人版的 Multisim 需要 700 MB 空间。下面是在 Windows 操作系统下安装 Multisim 的步骤。

(1)在 Multisim 14 文件夹中双击打开 NI_Circuit_Design_Suite_14_0 文件。

(2)阅读安装须知，若单击“确定”按钮，则继续安装；若单击“取消”按钮，则安装程序将终止。

(3)单击 Browse 按钮，可更改解压地址，在更改好解压地址后，单击 Unzip 按钮。

(4)等待大约 1 min，弹出 WinZip self-Extactor 对话框，单击“确定”按钮。

(5)单击 Install NI Circuit Design Suite 14.0 按钮，出现安装界面后，单击 Next 按钮，提示需要输入序列号，选中下面的第二行 Install this product for evaluation(不输入序列号)，单击 Next 按钮。

(6)若要更改软件安装路径，则单击 Browse 按钮；若不更改软件安装路径，即使用默认安装路径(C:\Program Files(x86)\National Instruments\)，则单击 Next 按钮。注意，安装路径中不要出现中文。

(7)在 Destinstion Directory 界面单击 Next 按钮。

(8)在 Features 界面，将对钩取消，单击 Next 按钮。

(9)阅读美国国家仪器软件许可协议，选择 I accept the above 2 License Agreement(s).后，单击 Next 按钮。

(10)在 Product Notifications 界面单击 Next 按钮。

(11)显示软件正在安装，等待大约 5 min。

(12)安装完成后，单击 Next 按钮。

(13)最后，软件提示重启计算机，单击 Restart 按钮。

2.1.3 Multisim 界面导论

Multisim 用户界面如图 2.1 所示。

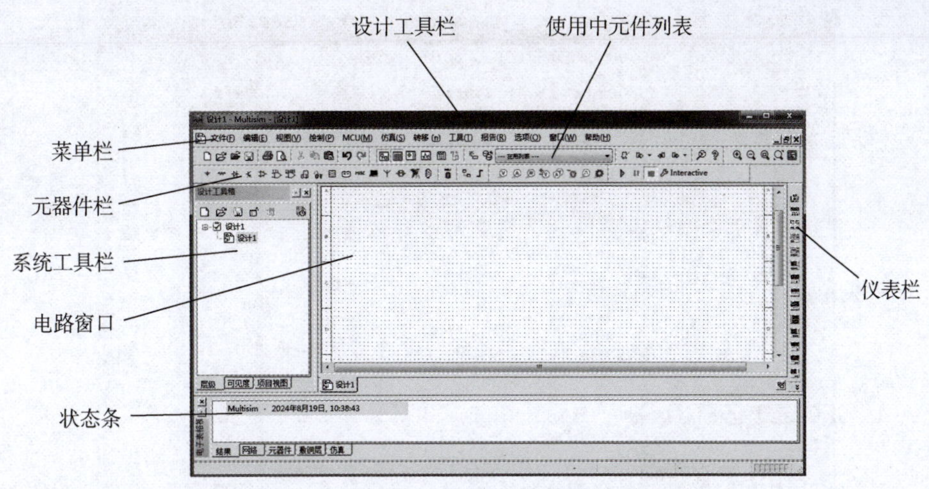

图 2.1 Multisim 用户界面

注意，默认状态下，电路窗口的背景是黑色，但是基于本书的教学目的，改用了白色的背景，若需要改变窗口的背景色，请参阅“控制当前显示方式”。

与所有的 Windows 操作系统应用程序类似，可在菜单栏中找到所有功能的命令。

设计工具栏是 Multisim 的一个核心部分，使用户能容易地实现程序所提供的各种复杂功能。设计工具栏指导用户按部就班地进行电路的建立、仿真、分析，并输出最终设计数据。虽然在菜单栏中可以选择设计命令，但是也可以使用更方便易用的设计工具栏进行电路设计。

单击元器件栏往电路窗口中放置元器件，双击元器件，用以调整元器件参数。

单击仪表栏可以给电路添加仪表。

“仿真”按钮用以开始、暂停或结束电路仿真。

“分析”按钮用以选择要进行的分析项目。

“后处理器”按钮用来对仿真结果进行进一步操作。

菜单栏中的“报告”菜单用以打印有关电路的报告(材料清单、元件列表和元件细节)。

使用中元件列表列出了当前电路所使用的全部元件。

元件工具栏包含“元件箱”按钮，单击打开元件族工具栏(此工具栏包含每一元件族中所含的元件按钮，用以区分元件符号)。

系统工具栏包含常用的基本功能按钮。

数据库选择器允许确定哪一层次的数据库以元件工具栏的形式显示。

状态条显示有关当前操作及鼠标所指条目的有用信息。

控制当前显示方式，用以控制当前电路和元件的显示方式，以及细节层次。

右击电路窗口，在弹出的快捷菜单中选择“属性”命令，弹出“电路图属性”对话框，如图 2.2 所示。

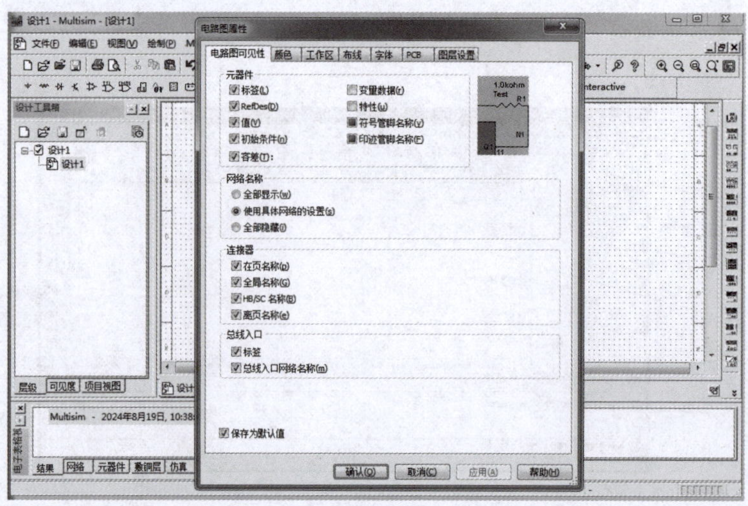

图 2.2 “电路图属性”对话框 1

在“电路图属性”对话框中切换至“工作区”选项卡，通过单击相应按钮实现对应的功能。

(1)显示格点 Grid Visible(打开和关闭)。

(2)显示标题栏与边界 Show Title and Border (打开和关闭)。

(3)颜色 Color(选择电路窗口中不同元素的颜色)。

(4)显示 Show(显示元件及相关元素的细节情况)。

新建立的电路采用默认设置，即根据用户喜好进行默认设置，它虽然影响后续电路，但是不影响当前电路。

“选择编辑”进行默认设置，此时，“电路图属性”对话框如图 2.3 所示。

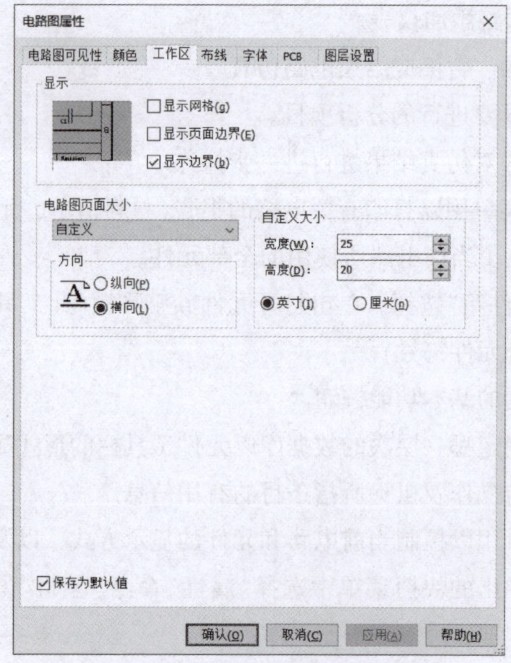

图 2.3 “电路图属性”对话框 2

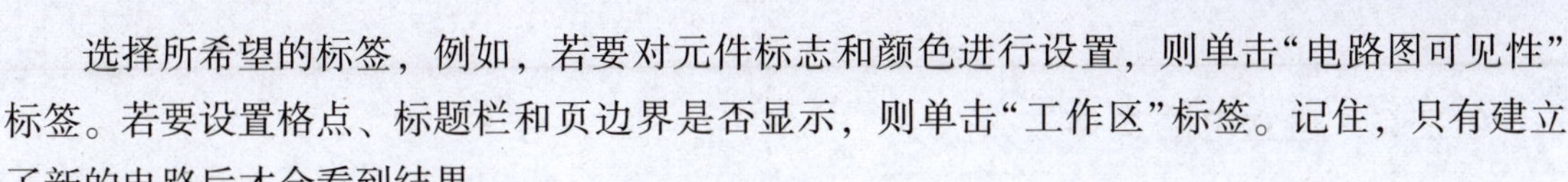

选择所希望的标签，例如，若要对元件标志和颜色进行设置，则单击“电路图可见性”标签。若要设置格点、标题栏和页边界是否显示，则单击“工作区”标签。记住，只有建立了新的电路后才会看到结果。

还可以通过对下列条目的显示或隐藏、拖动和重定尺寸来定制界面。

(1) 系统工具栏。

(2) 聚焦工具按钮。

(3) 设计工具栏。

(4) 使用中列表。

(5) 数据库选择器。

这些更改对目前所有的电路都有效。下一次打开电路时，被拖动和重定尺寸的条目将保持这些位置和尺寸。

最后，可以使用“视图”菜单显示或隐藏各个元素。

2.2　建立电路

2.2.1　导言

要想建立并仿真一个简单的电路，首先要选择所需要的元件，将其放置在电路窗口合适的位置上，然后选择所希望的方向，连接元件，以及进行其他设计准备，完成本章中各个步骤后，得到图 2.4 所示电路。

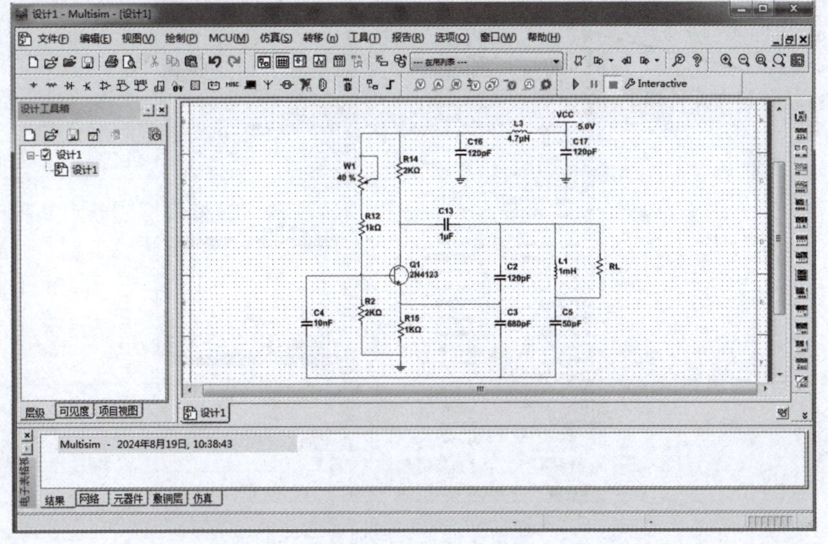

图 2.4　示例电路

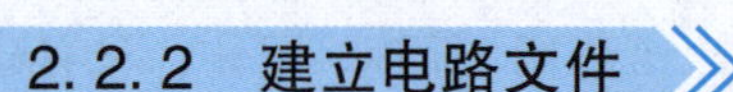

2.2.2 建立电路文件

运行 Multisim 后，会自动打开一个空白的电路文件，电路的颜色、尺寸和显示模式是基于用户喜好设置的。可以利用“电路图属性”对话框根据用户需求改变设置，也可以参考 Multisim 用户指南。

1. 元件工具栏

元件工具栏默认可见，如果不可见，则单击设计工具栏中的“元件”按钮。

元件分为逻辑组或元件箱，每一个元件箱用元件工具栏中的一个按钮来表示。将鼠标指针放置在元件箱上，元件族工具栏被打开，其中包含代表各族元件的按钮。

2. 放置元件

如 Multisim 用户指南所介绍的那样，Multisim 提供 3 个层次的元件数据库：主数据库、用户数据库、有些版本有的合作/项目数据库。因为本书只提供指导性的操作，所以只关注与 Multisim 一同交付给用户的主数据库。若想了解其他层次的元件数据库，请参考 Multisim 用户指南。

图 2.5 为利用元件工具栏放置元件的示意，此为放置元件的一般方法。如 Multisim 用户指南中所介绍的那样，也可以利用“编辑/放置元件”按钮放置元件，当不知道要放置的元件包含在哪个元件箱中时，此方法很有用。

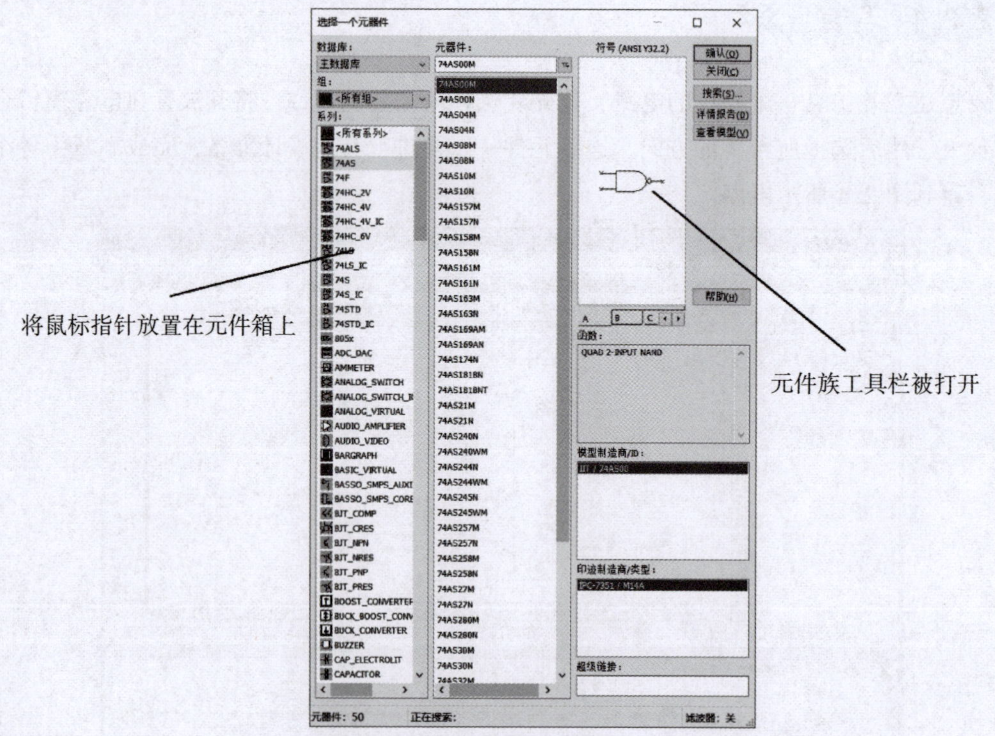

图 2.5　利用元件工具栏放置元件的示意

3. 放置电源

将鼠标指针指向“放置源”按钮(或单击该按钮)，弹出电源族工具栏，如图 2.6 所示。

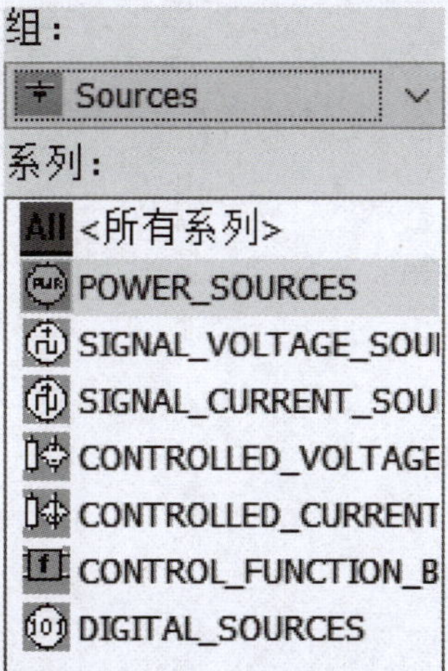

图 2.6　电源族工具栏

在该按钮上移动鼠标指针即可显示按钮所代表的元件族的名称。

单击“直流电压源”按钮 ⏚，鼠标这时已经为放置元件做好准备。

将鼠标指针移动到放置元件的左上角位置，利用页边界可以精确确定位置，单击，电源将会出现在电路窗口中，如图 2.7 所示。

图 2.7　放置电源

注意：若要隐藏元件周围的描述性文本，右击，从弹出的快捷菜单中选择“显示”命令。

电源的默认值是 12 V，可以容易地将其改为所需要的 5 V。以下为改变电源值的步骤。

(1) 双击电源，出现 DC_POWER(电源特性)对话框，电源“值”标签如图 2.8 所示。

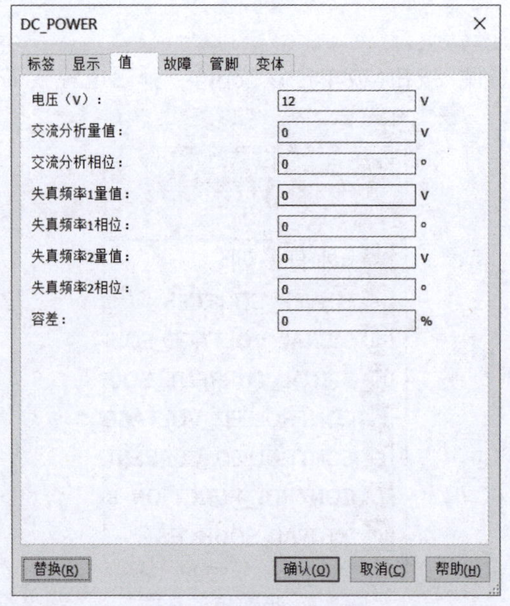

图 2.8　电源“值”标签

注意：关于 DC_POWER 对话框的其他标签，参考 Multisim 用户指南。

(2)将电压 12 改为 5，单击“确认”按钮，如图 2.9 所示。

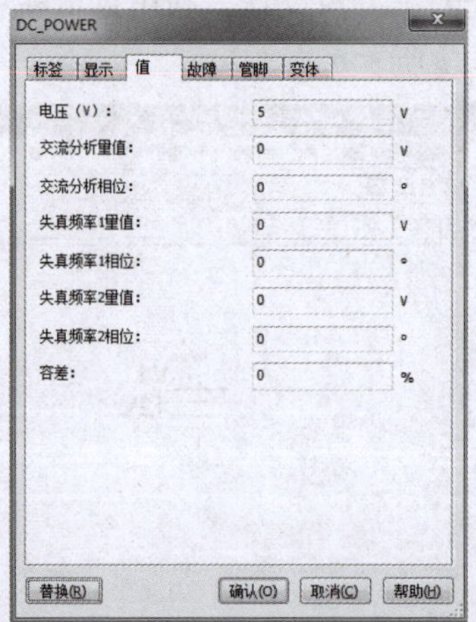

图 2.9　修改后的电源“值”标签

电源值的改变只对虚拟元件有效，虚拟元件不是真实的，因此不可能从供应商那里买到。虚拟元件包括所有的电源和虚拟电阻、电容、电感，以及大量的用来提供理论对象的元件，如理想的运算放大器等。

Multisim 处理虚拟元件与处理真实元件稍有不同。一方面，虚拟元件与真实元件的默认颜色不同，因为虚拟元件不是真实的，不会输出到印制电路板(Printed Circuit Board，PCB)布线软件。另一方面，放置虚拟元件时不是从浏览器中选择的，因为可以任意设置元件值。

4. 放置电阻

(1)将鼠标指针移动到基本元件工具箱上，在出现的工具栏中单击“电阻”按钮，出现电阻浏览器，如图 2.10 所示。

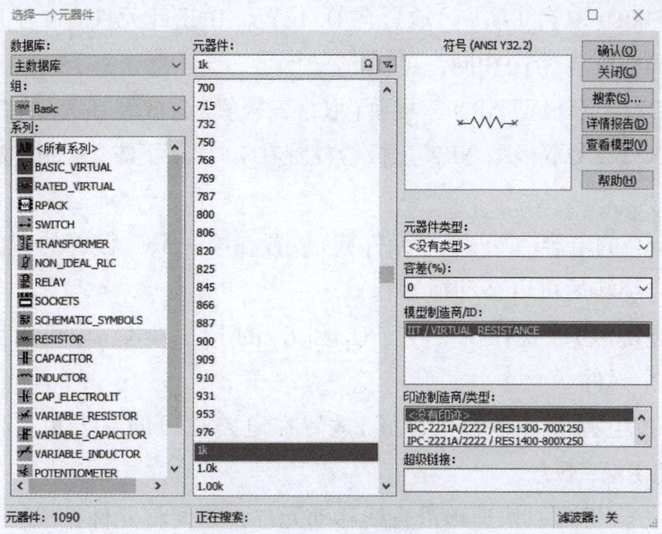

图 2.10　电阻浏览器

电阻族中包含很多真实元件，也就是可以从供应商那里购买到的元件，它显示了主数据库中所有可能得到的电阻。

注意：放置直流电源时不出现浏览器，因为直流电源中只有虚拟元件。

(2)在元件列表中找到 470 Ω 的电阻。输入前几个数字可以快速查找，例如，输入 470 后，电阻浏览器会跳转到相应的区域。

(3)选择 470 Ω 的电阻后单击“确认”按钮，鼠标指针出现在电路窗口中。

(4)将鼠标指针移动到电路窗口适当位置，单击即可放置元件。

注意：电阻显示的颜色与电源的颜色不同，因为它是真实元件，可以输出到 PCB 布线软件。

5. 放置其他元件

(1)按照以下步骤将下列元件放置在图 2.11 所示位置。

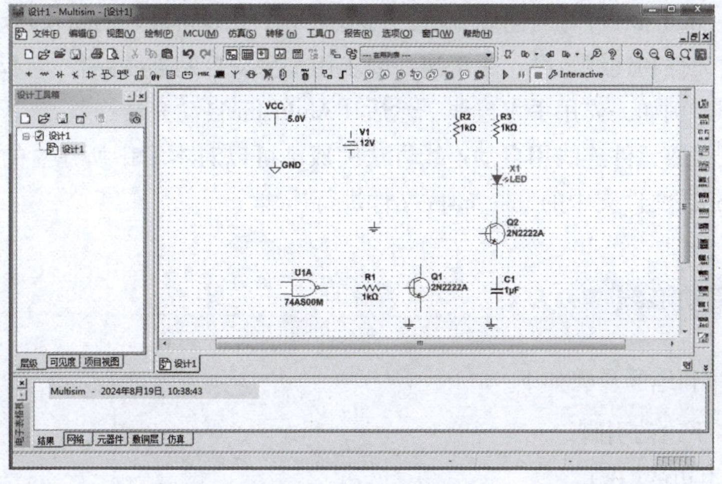

图 2.11　各元件位置

1)将一只红色的发光二极管(Light Emitting Diode，LED)放置在 R_1 的正下方。

2)将一个 74LS00D(取自 TTL 族)放置在 D_1 位置。由于此元件有 4 个门，所以程序将提示用户确定使用哪个门。4 个门相同，可任选一个。

3)将一只 2N2222A 双极型 NPN 三极管(取自三极管族)放置在 R_2 的右方。

4)将另一只 2N2222A 双极型 NPN 三极管放置在 LED 正下方(复制并粘贴步骤 3 中的三极管到新位置即可)。

5)将一只 330 nF 的电容(取自基本元件族)放置在第一只三极管的右方，并沿顺时针方向旋转(如果需要，旋转后可以移动标号)。

6)将地(取自电源族)放置在 V_1、Q_1、Q_2 和 C_1 的下方。电路中可以用多个地，本电路中用一个地连接多个元件。

7)将一个 5 V 的电源 V_{CC}(取自电源族)放置在电路窗口的左上角，同时将一个数字地(取自电源族)放置在 V_{CC} 下方。

选中元件后按方向键可以快速地沿直线移动元件，以便将元件排成一条直线便于连线。

(2)单击“文件/保存”按钮保存文件。

6. 改变元件的标号和颜色

(1)改变 Multisim 中任意一个元件的标号的方法如下。

1)双击元件，出现“元件特性”对话框。

2)单击标签“标号”，输入或调整标号(由字母和数字组成，不得含有特殊字符和空格)。

3)单击“取消”按钮取消改变，单击“确认”按钮保存所做的修改。

(2)改变 Multisim 中任意一个元件的颜色的方法如下。

右击元件，在弹出的快捷菜单中，选择“颜色”命令，从出现的对话框中选择合适的颜色。

7. 元件间连线

既然放置了元件，就要对元件进行连线。Multisim 有自动连线与手工连线两种连线方法。自动连线是 Multisim 特有的连线方法，它选择元件引脚间最好的路径自动完成连线，可以避免连线通过元件和连线重叠；手工连线要求用户手动控制连线路径。自动连线与手工连线可以结合使用，例如，先用手工连线，然后让 Multisim 自动完成连线。

本电路中大多数元件连线用自动连线方法完成。可以对本章中所建立的电路进行连线，也可以打开 Tutorial 文件夹中的 tut1. msm 文件进行连线。

2.2.3 自动连线

自动连线 V_1 和地的步骤如下。

(1)单击 V_1 下边的引脚。

(2)单击地上边的引脚。

这样两个元件就自动完成了连线，结果如图 2.12 所示。

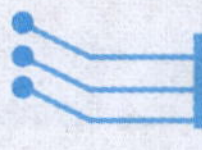

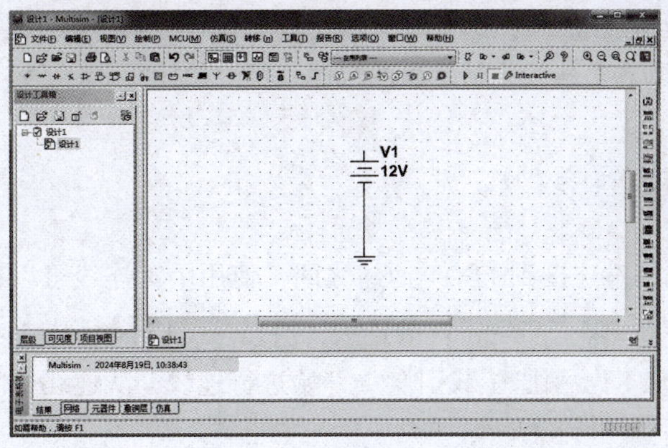

图 2.12 V_1 和地自动连线

注意：连线默认为红色。若要改变连线的颜色，则右击电路窗口，在弹出的快捷菜单中选择“属性”命令，在弹出的对话框中切换至“颜色”选项卡，然后选择颜色。若要改变单根连线的颜色，则右击此连线，选择区段颜色命令，然后选择颜色。

使用自动连线完成下列元件的连接。

(1) V_1 到 R_2。

(2) R_2 到 LED。

(3) LED 到 Q_3 的集电极。

(4) Q_2 到 Q_1 的发射极。

(5) C_1 到地。

(6) Q_2 的基极到 R_3。

(7) R_3 到 U1A 的引脚 3(输出)。

(8) R_1 到 C_1。

(9) U1A 的引脚 1 到引脚 2。

(10) R_1 到 V_1 和 R_2 的连线(节点 1)。先单击 R_1 引脚然后单击连线，程序自动在连接点上增加节点。

(11) Q_2 的基极到 Q_3 的集电极。

自动连线结果如图 2.13 所示。

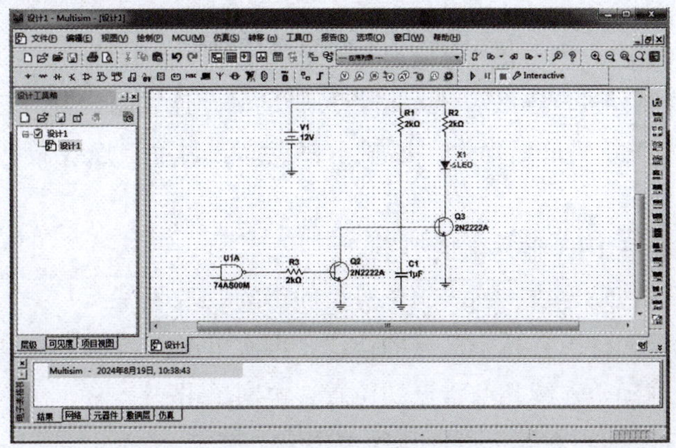

图 2.13 自动连线结果

按 Esc 键结束自动连线。

若要删除连线，则右击连线，从弹出的快捷菜单中选择“删除”命令。

2.2.4 手工连线

现在将 U1A 的输入端连接到 LED 与 Q_2 之间，使用手工连线可以精确控制路径。为防止两根连线连接到同一引脚，产生错误的连线，所以从 U1A 的引脚 1 与引脚 2 间的连线开始进行连线，而不是从 U1A 引脚 1 或引脚 2 开始进行连线，从连线中间开始连线需要在连线上增加节点。

增加节点的步骤如下。

(1) 选择“绘制”命令单击“结”按钮，鼠标指针已经做好放置节点的准备。

(2) 单击 U1A 输入端之间的连线放置节点。

(3) 出现“节点特性”对话框，保持节点特性为默认状态，单击“确认”按钮。

(4) 节点出现在连线上，如图 2.14 所示。

图 2.14 增加节点示例

下面按照需要的路径进行连线，显示格点可辅助确定连线的位置。右击电路窗口，从弹出的快捷菜单中选择 Grid Visible 命令，以显示格点。在为手工连线做好准备后，按以下步骤进行手工连线。

(1) 单击刚才放置在 U1A 输入端的节点。

(2) 向元件的下方拖动连线，连线的位置是固定的。

(3) 将连线拖动至元件下方几个格点的位置，再次单击。

(4) 将连线向右拖动至连续几个格点的位置，再次单击。

(5) 向上拖动连线至 Q_3 右侧上方，再次单击。

(6) 拖动连线至 Q_3 的集电极，再次单击。

鼠标单击位置如图 2.15 所示。

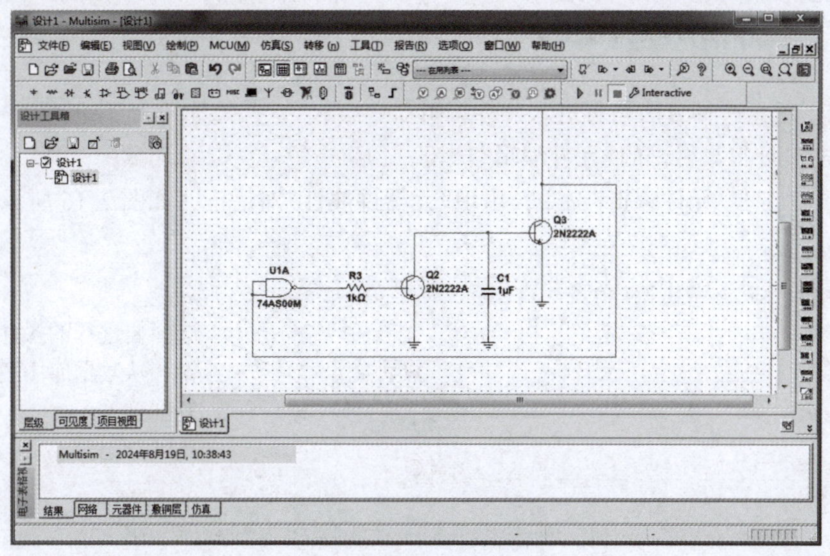

图 2.15　鼠标单击位置

小方块(拖动点)指明了鼠标单击的位置，单击拖动点并拖动线段调整连线的形状，操作前请先保存文件。

选中连线后可以增加拖动点，方法是，先按住 Ctrl 键，然后在需要增加拖动点的连线上单击即可增加拖动点。按住 Ctrl 键，然后单击拖动点可以将其删除。

2.3　编辑元件

2.3.1　元件编辑器入门

元件编辑器可以调整 Multisim 数据库中的所有元件。例如，如果原来的元件有了新封装形式(直插式变成了表面贴装式)，则可以保持原来的元件信息不变，只改变其封装形式，从而产生一个新的元件。

元件编辑器可以生成自定义的元件(将它放入数据库)、从其他来源载入元件或删除数据库中的元件。数据库中的元件由 4 类信息定义，下面是它们的标签。

(1)一般信息：名称、描述、制造商、图标、所属族和电特性。

(2)符号：电路原理图中元件的图形表述。

(3)模型：仿真时，代表元件实际操作或行为的信息，只对要仿真的元件是必须的。

(4)引脚图：包含元件的电路原理图输出到 PCB 布线软件(如 Ultiboard)时，需要的封装信息。

2.3.2 进入元件编辑器

使用以下任意一种方法均可进入元件编辑器。

(1)单击设计工具栏中的“元件编辑”按钮。

(2)选择“工具/元件编辑”命令，出现“元器件属性”对话框，如图 2.16 所示。

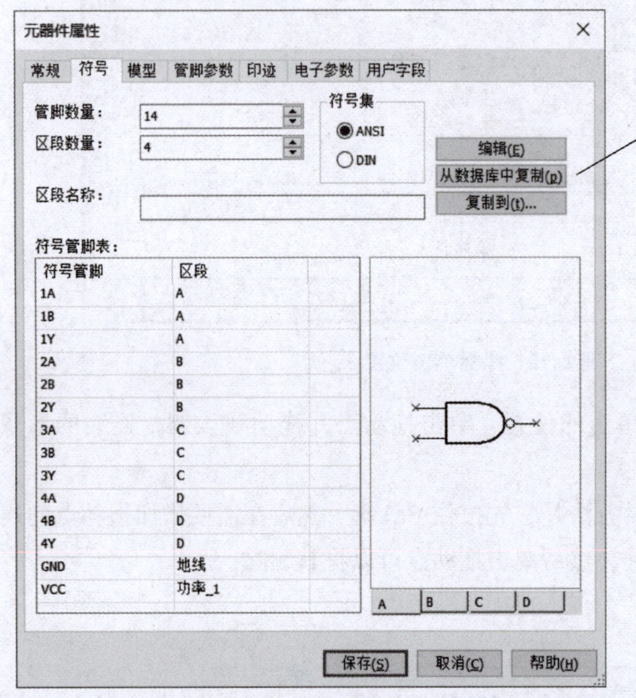

选择要进行的操作：编辑、从数据库中复制或复制到

图 2.16 “元器件属性”对话框

注意：编辑已经存在的元件比重新生成元件要容易得多。

选择一个已存在的元件，按以下步骤开始编辑。

(1)在“操作”选项下选择“编辑”命令。

(2)在 From 列表中选择包含要编辑元件的数据库，典型的数据库是主数据库。

(3)在 To 列表中选择要保存元件的数据库。此列表中没有主数据库，因为主数据库是不能改变的。

(4)在“族”区域的“名称”列表中选择包含要编辑元件的族。相对应的，“元器件”区域的“名称”列表就会显示此族中的元件列表。

(5)从“元件”列表中选择要编辑的元件。

(6)当存在多个制造商或模型时，如果有需要，选择制造商和模型。

(7)单击“编辑”按钮继续(单击“取消”按钮取消)。

包含 4 个标签的“元器件属性”对话框如图 2.17 所示。

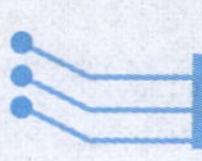

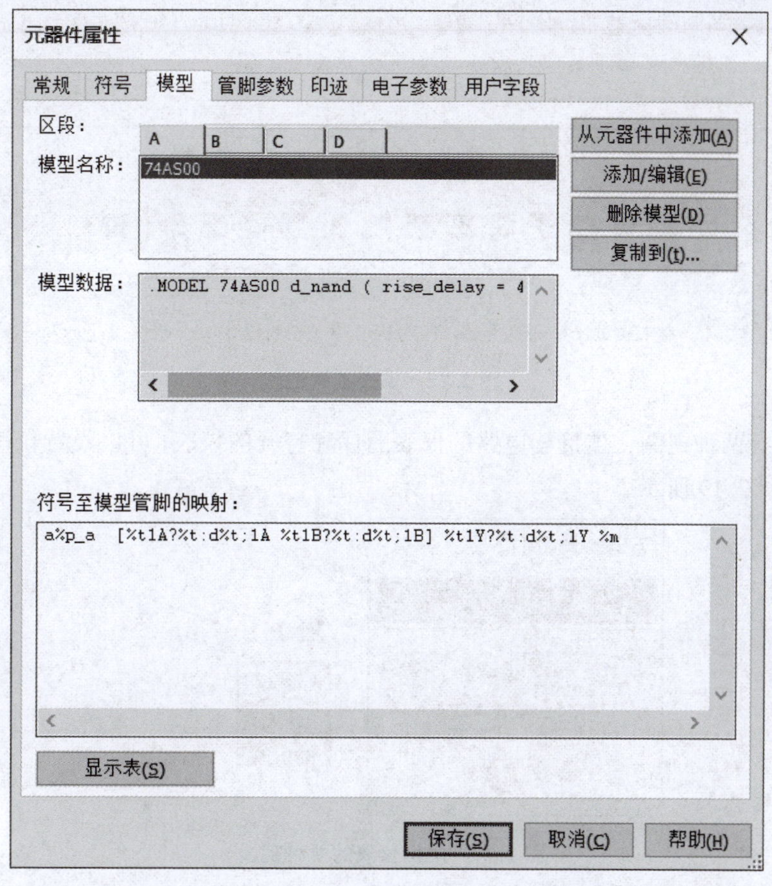

图 2.17　包含 4 个标签的"元器件属性"对话框

这些标签与要编辑的信息类型对应。为了观察元件编辑器的作用，需要实际调整符号、模型或引脚图。有关各标签的详细用法，请参考 Multisim 用户指南。

2.4　电路增加仪表

2.4.1　导言

Multisim 提供一系列虚拟仪表，可以使用这些仪表检测电路的行为。这些仪表的使用和读数与真实仪表相同，就像实验室中使用的仪表。使用虚拟仪表显示仿真结果是检测电路行为最好、最简便的方法。

单击设计工具栏中的"仪器"按钮会出现仪表工具栏，每一个按钮代表一种仪表，如图 2.18 所示。

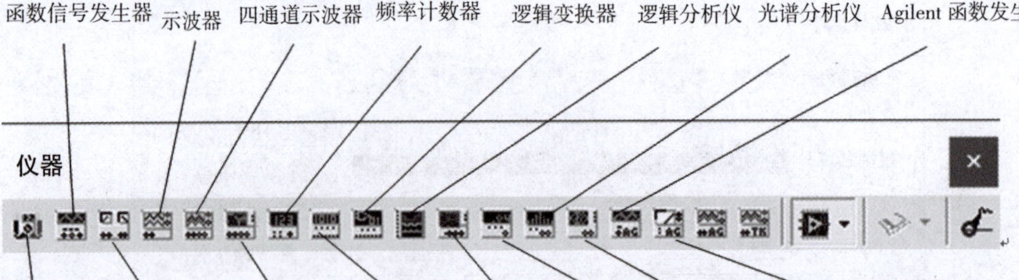

图 2.18 仪表工具栏

虚拟仪表有两种视图：连接于电路的仪表图标和打开的仪表(可以设置仪表的控制和显示选项)，如图 2.19 所示。

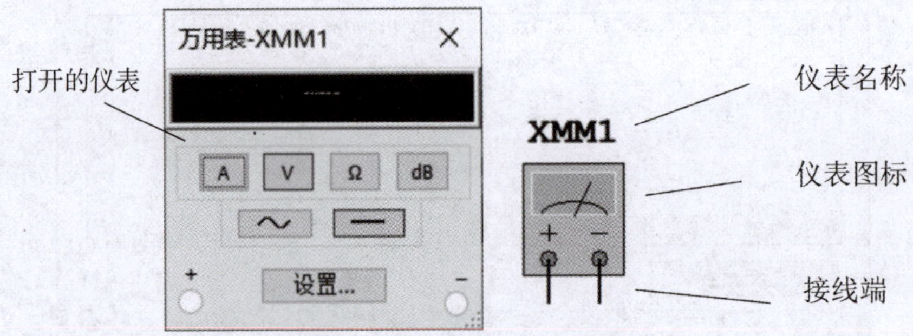

图 2.19 虚拟仪表的两种视图

2.4.2 增加与连接仪表

为了指导用户正确使用仪表，这里给电路增加一个示波器，可以使用前面已经建立的电路，或者打开 Tutorial 文件夹中的 tut2. msm 文件。

1. 增加示波器

(1)单击设计工具栏中的“仪器”按钮，出现仪表工具栏。

(2)单击“示波器”按钮。

(3)移动鼠标指针至电路窗口的右侧，然后单击。

(4)示波器出现在电路窗口中。

(5)开始连线。

2. 给示波器连线

(1)单击示波器的 A 通道图标，将连线拖动到 Q_2 与 Q_3 间的节点上。

(2)单击示波器的 B 通道图标，将连线拖动到 U1A 与 R_3 间的连线上。

电路结果如图 2.20 所示。

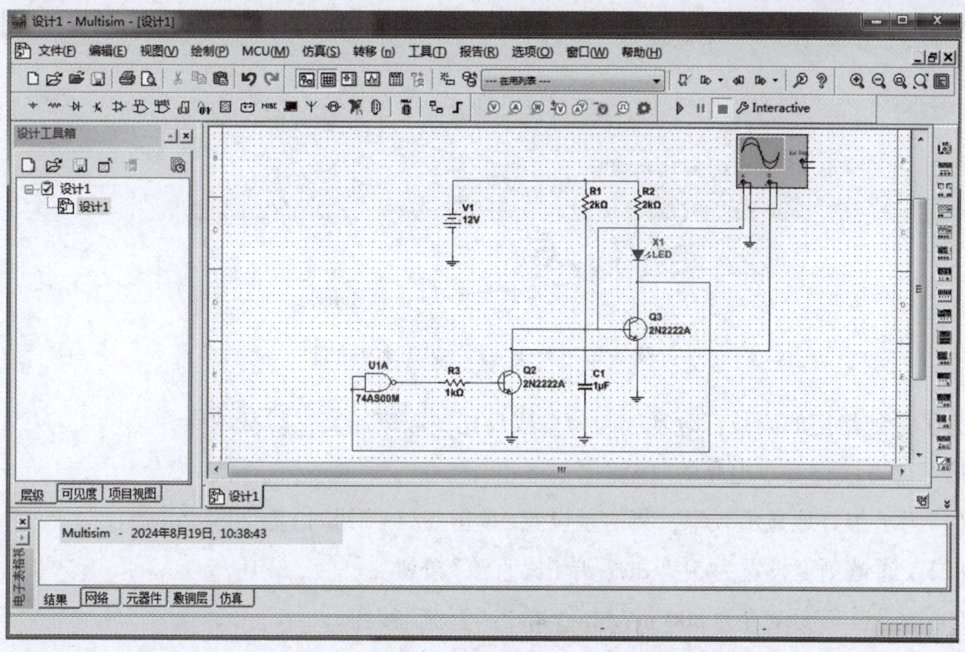

图 2.20　电路结果

2.4.3　设置仪表

每种虚拟仪表都包含一系列可选设置来控制其样式。

双击“示波器”按钮，即可打开示波器，示波器界面如图 2.21 所示。

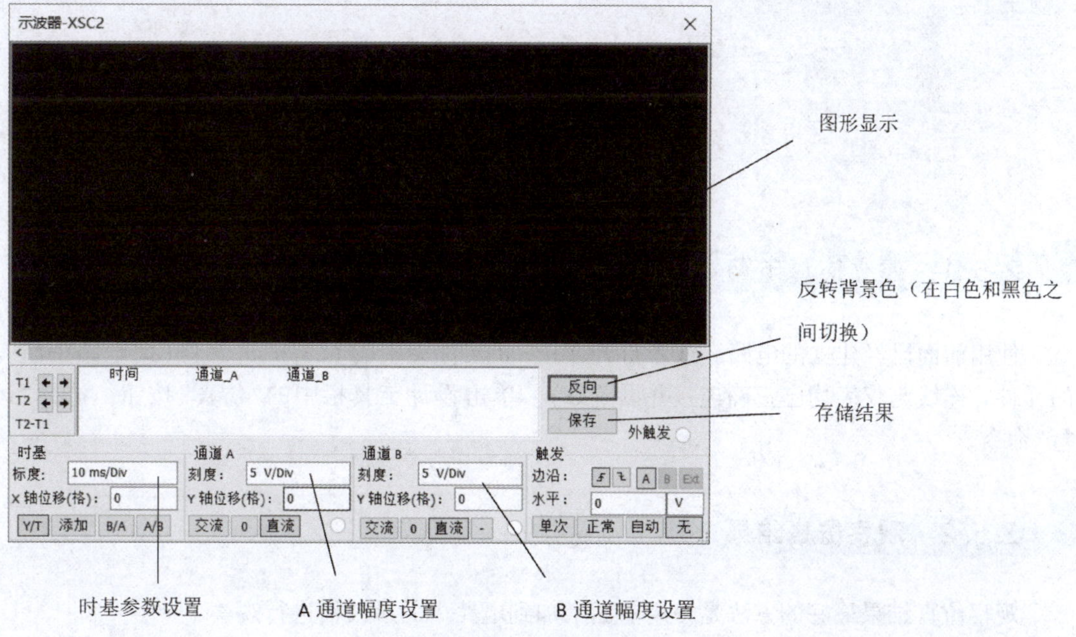

图 2.21　示波器界面

单击 Y/T 按钮，“时基”选项组用来控制示波器水平轴（X 轴）的幅度，界面如图 2.22 所示。

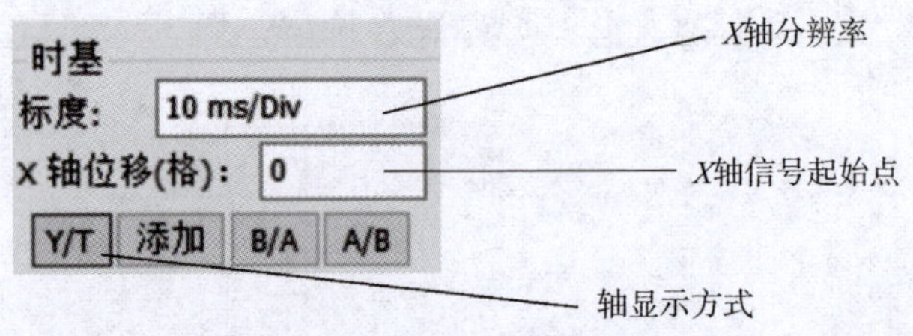

图 2.22　单击 Y/T 按钮时的界面

为了得到稳定的读数，时基应与频率成反比，频率越高，时基越低。

按下列方法设置本电路的时基。

（1）为了很好地显示频率，将时基设置（单击 Y/T 按钮时）为 20 μs/div。

（2）A 通道刻度设置为 5 V/div，单击“直流”按钮。

（3）B 通道刻度设置为 500 mV/div，单击“直流”按钮。

显示结果如图 2.23 所示。

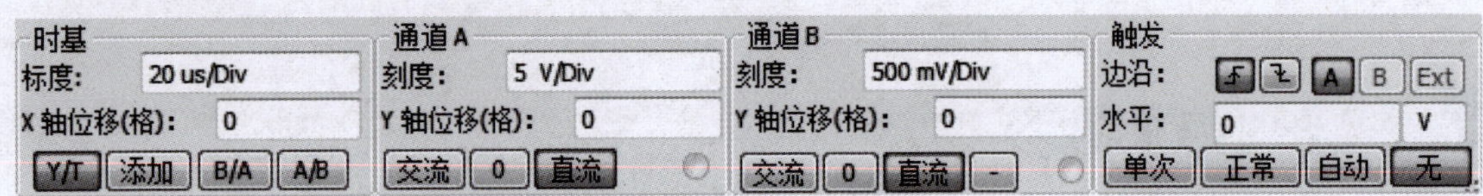

图 2.23　显示结果

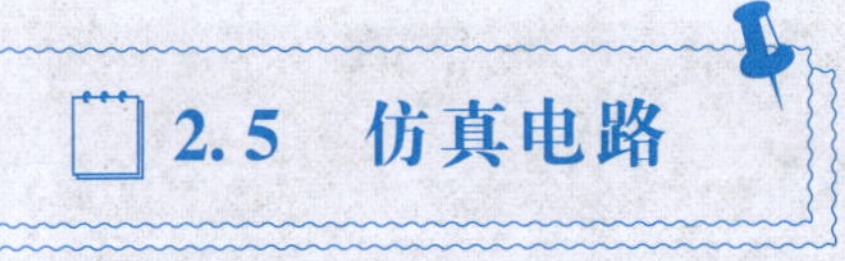

2.5　仿真电路

2.5.1　建立仿真电路

使用前面已经建立的电路，或者打开 Tutorial 文件夹中的 tut3. msm 文件（此电路中所有的元件、连线与仪表均已正确连接并设置好）。单击设计工具栏中的“仿真”按钮，选择“运行”命令。

2.5.2　观察仿真结果

观察仿真结果最好的方法是使用前面增加到电路中的示波器进行观察。

从示波器中观察仿真结果，如果仪表不处于打开状态，则可以在仪表工具栏中双击“示波器”按钮打开。

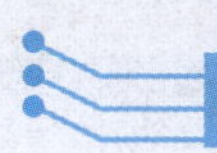

如果按前面的介绍正确设置了示波器，则可看到图 2.24 所示的仿真结果。

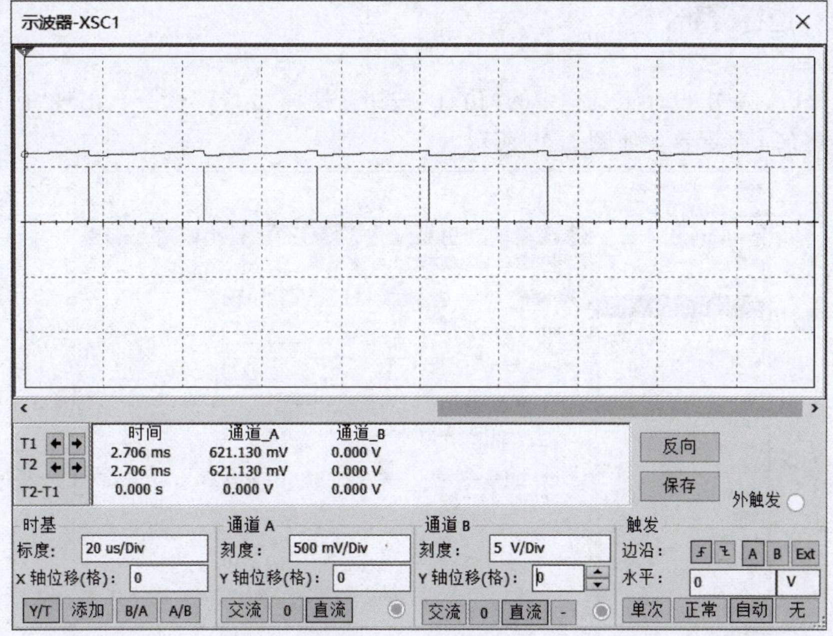

图 2.24　仿真结果

注意：电路中的 LED 在闪烁(此功能为 Multisim 独有)，反映了仿真过程中电路的行为。

若要停止仿真，则可以单击设计工具栏中的“仿真”按钮，选择“停止”命令。

注意：如果仿真结果与图 2.24 中的仿真结果不同，那么可能是仪表的采样率不同造成的。要使波形稳定下来，选择“仿真/默认仪器设置”命令，单击“最长时间步长”按钮，在显示的空格中输入 1e-4，然后单击“确认”按钮。

2.6　分析电路

2.6.1　分析

Multisim 提供了多种不同的分析类型。在进行分析时，如果没有特殊设置或要保存数据供后读分析使用，那么分析结果会在 Multisim 绘图器中以图表的形式显示。

单击设计工具栏的“分析”按钮，选择分析类型，大多数的分析对话框都有下列几个标签。

(1)“分析参数”标签，用来设置分析的参数。

(2)“输出”标签，用来确定分析的节点和变量的结果。

(3)“杂项选项”标签，用来选择图表的标题等。

(4)“概要”标签，可以统一观察本分析的所有设置。

2.6.2 运行分析

初始化分析。单击设计工具栏中的“仿真”按钮，选择“运行”命令，出现“瞬态分析”对话框，里面共有 4 个标签，如图 2.25 所示。

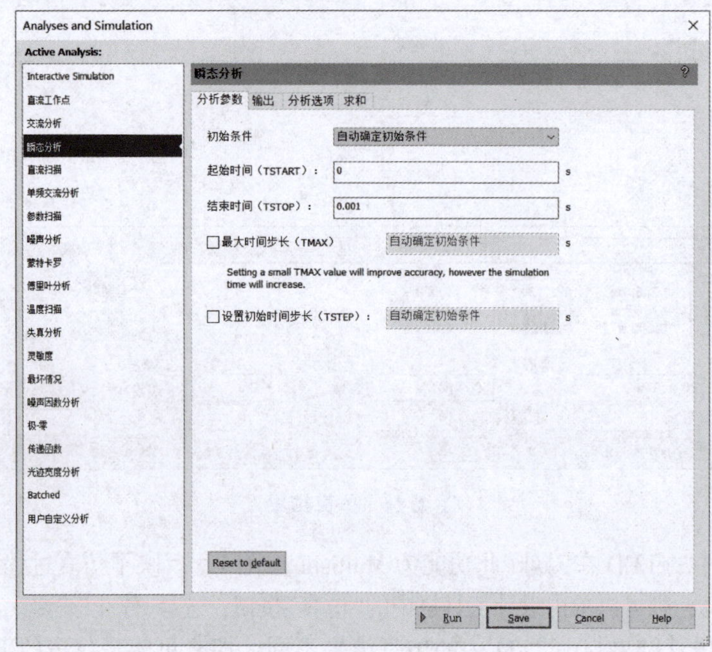

图 2.25 “瞬态分析”对话框

“分析参数”标签，用来选择瞬态分析的初始条件，填写起始时间和结束时间，设置最大时间步长和初始时间步长。

“输出”标签，用来显示电路中的变量，并选定用于分析的变量。在“输出”标签的更多选项中，可以添加器件/模型参数、删除选定的变量和选择要保存的变量。

“分析选项”标签，提供所有设置的快速浏览，虽然它不是必须使用的，但是当设置完成后，可以用此标签观察设置的总体信息。

“求和”标签，提供更大的灵活性，虽然它不是必须使用的，但是可用来设置分析结果的标题、检查电路是否有效及设置常规的分析选项。

1. 选择输出参数

对节点 I(C1)进行分析，从“输出”标签中选择这些节点。

注意：如果现在仍然使用自己建立的电路，那么节点序号可能与此不同，这是由连线顺序不同造成的，但连线是正确的。可以继续使用自己建立的电路并选择合适的节点进行分析，或者打开 Tutorial 文件夹中的 tut3. msm 文件。

选择节点：从“输出”标签中选择节点 I(C1)，单击 Run 按钮。

“输出”标签设置结果如图 2.26 所示。

图 2.26　“输出”标签设置结果

2. 设置分析参数

分析参数在第一个标签中设置，此处保持默认值。

3. 观察分析结果

若要观察分析结果，则单击设计工具栏中的“仿真”按钮，分析结果如图 2.27 所示。

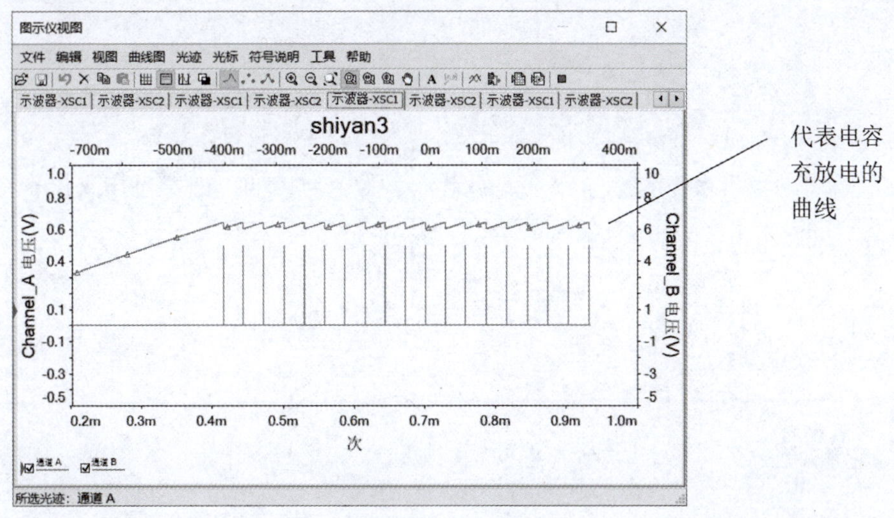

图 2.27　分析结果

其结果显示了红线脉冲作用于电容的充电过程。

若想改变线的颜色，则单击“光迹”按钮，选择“光迹颜色”命令，选择线的颜色。

注意：Multisim 绘图器提供了两个标签，一个是用户刚运行的分析，另一个是上一次仿真时示波器观察的结果。Multisim 绘图器提供了多种检测分析与仿真结果的工具，详细信息请参考 Multisim 用户指南。

第 3 章 模拟电子技术实验

3.1 常用电子仪器、仪表的使用

1. 实验目的

(1)掌握常用电子仪器、仪表的基本功能、性能及正确使用方法。

(2)掌握使用函数信号发生器、示波器及交流毫伏表测量信号波形参数的方法。

(3)学习使用万用表测试二极管、三极管的方法。

2. 实验设备

(1)双踪示波器。

(2)函数信号发生器。

(3)交流毫伏表。

(4)直流稳压电源。

(5)数字万用表。

3. 实验原理

在模拟电子技术实验中，正确使用上述仪器、仪表可以完成对模拟电子电路的静态和动态工作情况的测试。

实验中，要对各种电子仪器进行综合使用，可以按照信号流向，以连线简洁，调节、观察与读数方便等原则进行合理布局，各仪器与被测实验装置之间的布局与连接如图 3.1 所示。为防止外界干扰，接线时应注意各仪器的公共接地端应连接在一起，即共地。信号源和交流毫伏表的引线通常使用屏蔽线或专用电缆线，示波器的接线使用专用电缆线，直流稳压电源的接线使用普通导线。

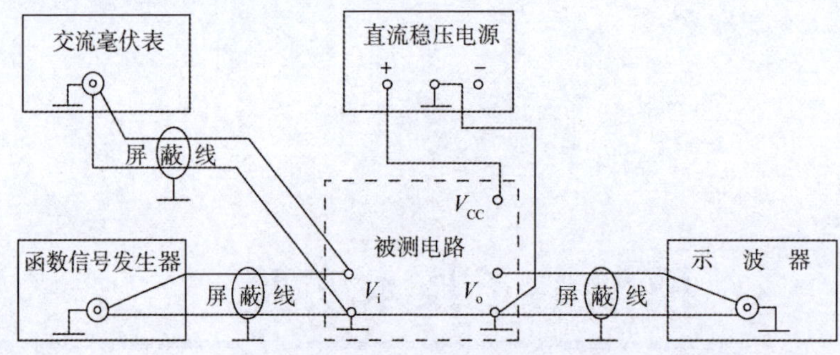

图 3.1 各仪器与被测实验装置之间的布局与连接

(1)示波器。

示波器是一种用途很广的电子电路测量仪器，它既能直接显示电信号的波形，又能对电信号进行各种参数的测量。现着重指出下列几点。

1)寻找扫描光迹。将示波器 Y 轴的显示方式开关置"Y_1"或"Y_2"，输入耦合方式开关置"GND"，开机预热后，若在示波器屏幕上不出现光点和扫描基线，则可按下列操作寻找到扫描基线：适当调节亮度旋钮；将触发方式开关置于"自动"；适当调节垂直(⥮)、水平(⇄)位移旋钮，使扫描光迹位于屏幕中央。(若示波器设有"寻迹"按键，则可按"寻迹"按键，判断扫描光迹偏移扫描基线的方向。)

2)双踪示波器一般有 5 种显示方式，即"Y_1""Y_2""Y_1+Y_2"3 种单踪显示方式和"交替""断续"两种双踪显示方式。"交替"显示方式一般在输入信号频率较高时使用，"断续"显示方式一般在输入信号频率较低时使用。

3)为了显示稳定的被测信号波形，触发源选择开关一般选用内触发，使扫描触发信号取自示波器内部的 Y 通道。

4)触发方式开关通常先置于"自动"，调出波形后，若被显示的波形不稳定，则可将触发方式开关置于"常态"，通过调节触发电平旋钮找到合适的触发电压，使被测试的波形稳定地显示在示波器屏幕上。

有时，由于选择了较慢的扫描速率，示波器屏幕上将会出现闪烁的光迹，但被测信号的波形不在 X 轴方向左右移动，这样的现象仍属于稳定显示。

5)适当调节扫描速率开关及 Y 轴挡位旋钮使屏幕上显示 1~2 个周期的被测信号波形。在测量幅值时，应注意将 Y 轴灵敏度微调旋钮置于"校准"位置，即顺时针旋到底，并且听到关的声音。在测量周期时，应注意将 X 轴扫速微调旋钮置于"校准"位置，即顺时针旋到底，且听到关的声音。此外还要注意扩展旋钮的位置。

根据被测信号波形在屏幕坐标刻度垂直方向上所占的格数(div 或 cm)与 Y 轴挡位旋钮指示值(V/div)的乘积，即可计算信号幅值的实测值。

根据被测信号波形一个周期在屏幕坐标刻度水平方向上所占的格数(div 或 cm)与扫速微调旋钮指示值(t/div)的乘积，即可计算信号频率的实测值。

(2)函数信号发生器。

函数信号发生器按需要可以输出正弦波、方波、三角波 3 种信号波形。输出电压最大可

达 $20V_{S(P-P)}$（峰-峰值）。通过输出挡位旋钮和输出幅度调节旋钮，可以使输出电压在毫伏级到伏级范围内连续调节。函数信号发生器的输出信号频率可以通过频率分挡开关进行调节。

函数信号发生器作为信号源，它的输出端不允许短路。

(3) 交流毫伏表。

交流毫伏表只能在其工作频率范围之内用来测量正弦交流电压的有效值。为了防止过载而损坏，测量前一般先把量程开关置于量程较大位置，然后在测量过程中逐挡减小量程。

4. 实验内容及步骤

(1) 用交流毫伏表测量低频信号发生器输出的正弦信号电压。

将函数信号发生器（信号源）的输出端接至交流毫伏表的输入端（注意：两仪器必须共地）。选择信号源波形为正弦，频率调为 1 kHz，$V_{S(P-P)}$ 为 10 V 左右。然后，将交流毫伏表量程由最大挡位 30 V 逐级切换为 10 V 挡位，读出交流毫伏表的读数 V_x。

操作信号源依次输出 10 V、1 V、0.1 V、10 mV，并相应调整交流毫伏表的量程。分别记录交流毫伏表的读数，结果填入表 3.1。

表 3.1　交流毫伏表读数记录表

信号源	峰-峰值 $V_{S(P-P)}$	10 V	1 V	0.1 V	10 mV
交流毫伏表	有效值 V_x				

(2) 用示波器观察波形。

将示波器 CH1 端接信号源输出端（两仪器必须共地），参照附录 A3 中数字存储示波器观察波形的方法，调节垂直控制、水平控制及自动测量等旋钮，使显示屏上输出稳定的正弦波。

保持信号源 V_S = 4 V，依次改变信号源频率 f_S 为 100 Hz、1 kHz、10 kHz、100 kHz，并适当调整示波器 X（水平）轴扫描速度，观察并记录所测波形。

(3) 用示波器测量波形的周期和幅度。

将频率为 1 kHz、幅度为 1~5 V 的正弦信号送入示波器输入端。调整示波器水平时基旋钮，此时，t/div 即为屏幕上横向每格（1 cm）代表的时间，再观察被测信号波形一个周期在屏幕水平轴上占据的格数，即可得信号周期为

$$T_{\omega} = t/\text{div} \times \text{格数}$$

调节示波器垂直控制的旋钮，使屏幕上的波形高度适中，此时，V/div 即为屏幕上纵向每格代表的电压值，再观察波形的高度（峰-峰值）在屏幕纵轴上占据的格数，即可得信号幅度为

$$V_{S(P-P)} = V/\text{div} \times \text{格数}$$

$$V_x = \frac{V_{S(P-P)}}{2\sqrt{2}}$$

注意：被测信号若经示波器 10∶1 探头输入，则所测电压值乘以 10 为实际值。

(4) 测量两波形间的相位差。

1) 观察双踪显示波形“交替”与“断续”两种显示方式的特点，Y_1、Y_2 均不加输入信号，输入耦合方式置于“GND”，扫速微调旋钮置于扫速较低挡位（如 0.5 s/div 挡）和扫速较高挡

位(如5 μs/div挡)，把显示方式开关分别置“交替”和“断续”挡位，观察两条扫描基线的显示特点。

2)用双踪示波器测量两波形间的相位差

①按图 3.2 连接实验电路，将函数信号发生器的输出电压调至频率为 1 kHz，将幅值为 2 V 的正弦波经 *RC* 移相网络获得频率相同但相位不同的两路信号 V_i 和 V_R，分别加到双踪示波器的 Y_1 和 Y_2 输入端。

为稳定波形且便于比较两波形间的相位差，应使内触发信号取自被设定作为测量基准的一路信号。

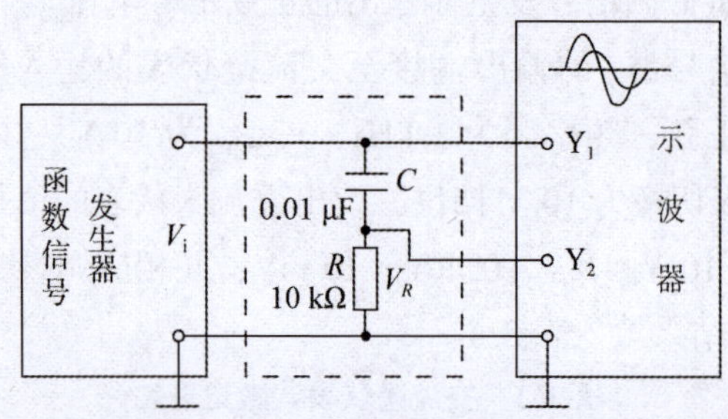

图 3.2 两波形间相位差测量电路

②把显示方式开关置“交替”挡位，将 Y_1 和 Y_2 输入端耦合方式开关置“GND”挡位，调节 Y_1、Y_2 的位移旋钮，使两条扫描基线重合。

③将 Y_1、Y_2 输入端耦合方式开关置“AC”挡位，调节触发电平、扫速微调旋钮及 Y_1 和 Y_2 的灵敏度开关位置，使在屏幕上显示出易于观察的两相位不同的正弦波 V_i 及 V_R，如图 3.3 所示。根据两波形在水平方向差距 *X* 及信号周期 X_T，则可求得两波形相位差 θ。

$$\theta = \frac{X(\text{div})}{X_T(\text{div})} \times 360°$$

式中，X_T 为一周期所占格数；*X* 为两波形在 *X* 轴方向差距格数。

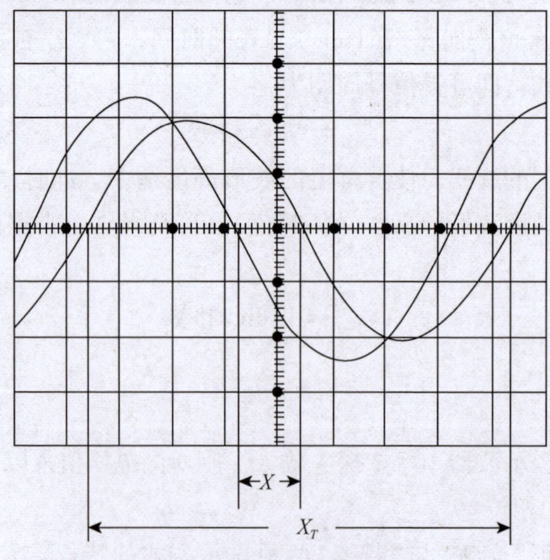

图 3.3 双踪示波器显示两相位不同的正弦波

记录两波形相位差于表3.2中。

表3.2　两波形相位差记录表

一周期所占格数	两波形在 X 轴方向差距格数	相位差	
		实测值/°	计算值/°
$X_T=$	$X=$	$\theta=$	$\theta=$

为了数读和计算方便，可适当调节扫速微调旋钮，使波形一周期占整数格。

5. 预习要求

阅读附录A有关内容，了解双踪示波器、函数信号发生器、交流毫伏表及直流稳压电源的使用方法和注意事项。

6. 实验报告

记录实验数据及波形，分析误差原因。定性绘制信号波形曲线，并标注所记录的重要参数。

7. 思考题

(1)用低频交流毫伏表测量交流信号电压时，信号频率的高低对读数有无影响?

(2)用低频交流毫伏表能否测量方波信号电压?

(3)用双踪示波器观察波形时，要达到 X 或 Y 方向位移、波形稳定、改变波形幅度、改变波形显示个数要求，应调节哪些旋钮?

3.2　单级晶体管放大电路

1. 实验目的

(1)掌握单级晶体管放大电路静态工作点的调试方法并测定电压放大倍数。

(2)掌握放大电路输入电阻和输出电阻的测定方法。

(3)观察基极偏置电阻、集电极偏置电阻、负载电阻变化对电压放大倍数和输出波形的影响。

2. 实验设备

(1)双踪示波器。

(2)函数信号发生器。

(3)交流毫伏表。

(4)直流稳压电源。

(5)数字万用表。

(6)单级、多级、负反馈放大电路实验板。

3. 实验原理

单级晶体管放大电路如图3.4所示。它的偏置电路采用 R_B 和 W_1 组成，W_1 用于调整电路的静态工作点，并在发射极中接有电阻 R_E，以稳定放大电路的静态工作点，R_L 为可调负载电阻。当在放大器的输入端加入输入信号 V_S后，在放大电路的输出端便可得到一个与 V_i 相位相反、幅值被放大了的输出信号 V_o，从而实现电压放大。

另外，为了减小噪声影响，提高放大电路输入端的信噪比，电路左侧设置了 R_{o_1}、R_{o_2} 构成的输入信号分压器，其分压比设计为

$$\frac{V_Z}{V_1}=\frac{R_{o_2}}{R_{o_1}+R_{o_2}}=\frac{0.1\ \text{k}\Omega}{3.9\ \text{k}\Omega+0.1\ \text{k}\Omega}=\frac{1}{40}$$

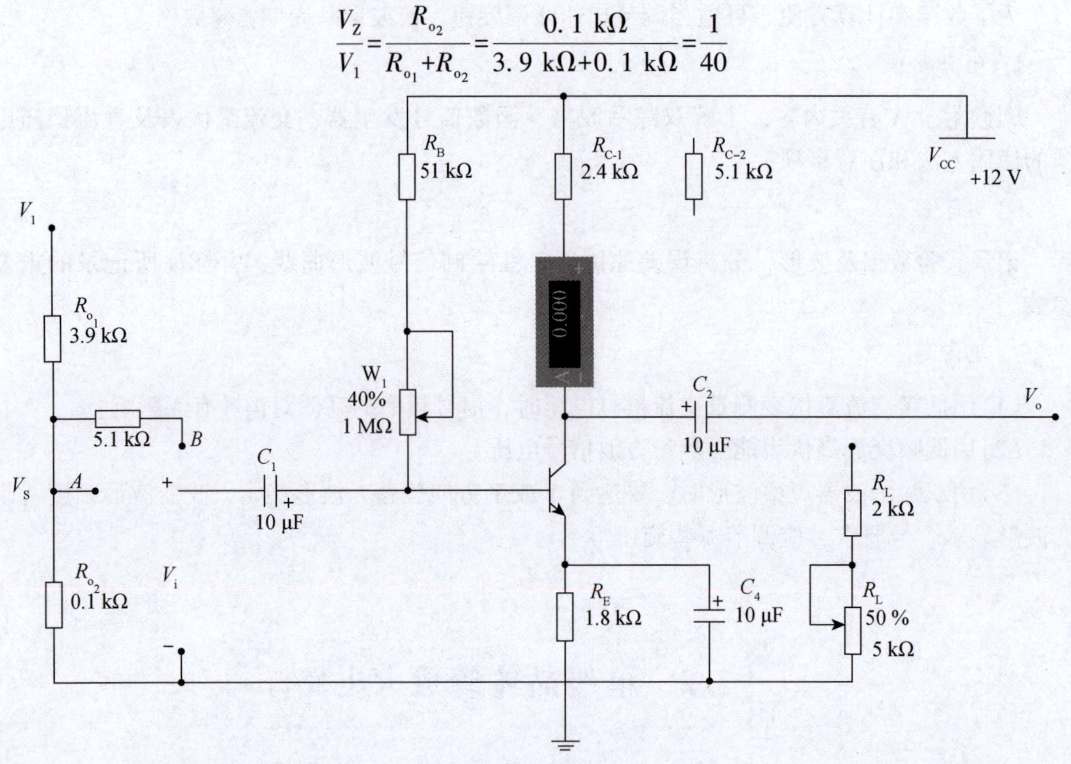

图 3.4　单级晶体管放大电路实验电路

注意：所有电子仪器、仪表的“接地”端必须与实验板上的“参考地”连接。

4. 电路仿真

在 Multisim 中，按图 3.4 绘制分压式自偏压共源放大电路原理图，按电路给定参数设置静态工作点并进行仿真。

(1) 接入信号源，输入正弦信号 1 kHz、10 mV，然后用示波器双通道显示输入与输出波形，通道 A 为输入波形，通道 B 为输出波形，观察输出与输入波形的反相关系，估算电压放大倍数，仿真波形如图 3.5 所示。

(2) 调整输入信号幅度使输出波形出现失真，调整 W_1 得到最大不失真输出，增加 W_1 的值，观察输出波形变化，可以看到截止失真波形如图 3.6 所示；减小 W_1 的值，观察输出波形变化，可以看到饱和失真波形如图 3.7 所示。通过以上几种情况，体会静态工作点设置对最大不失真幅度的影响。

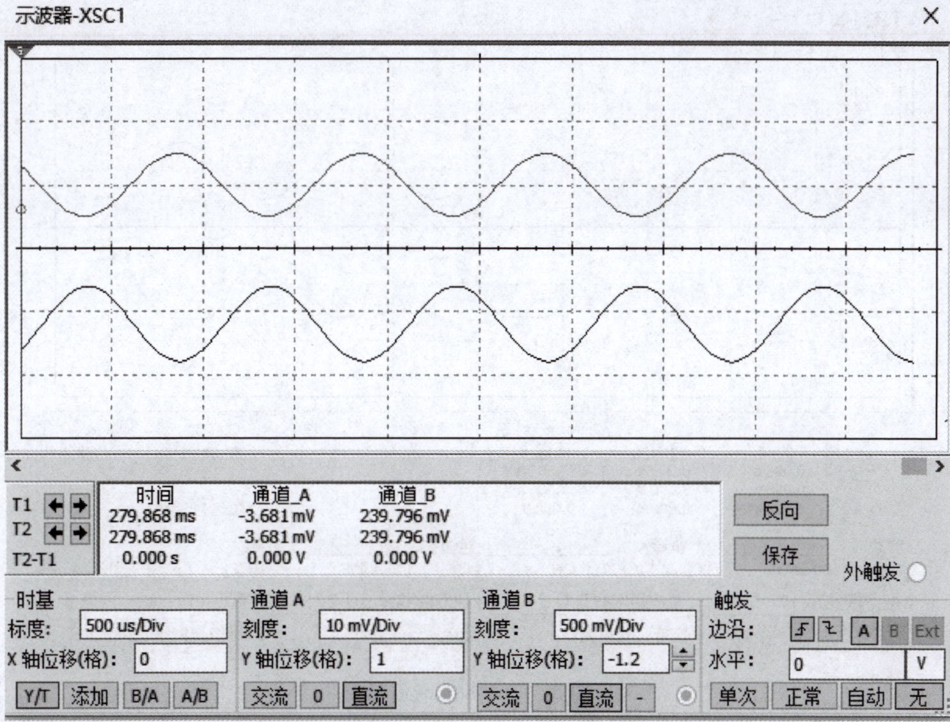

图 3.5　输出与输入波形的反相关系仿真波形

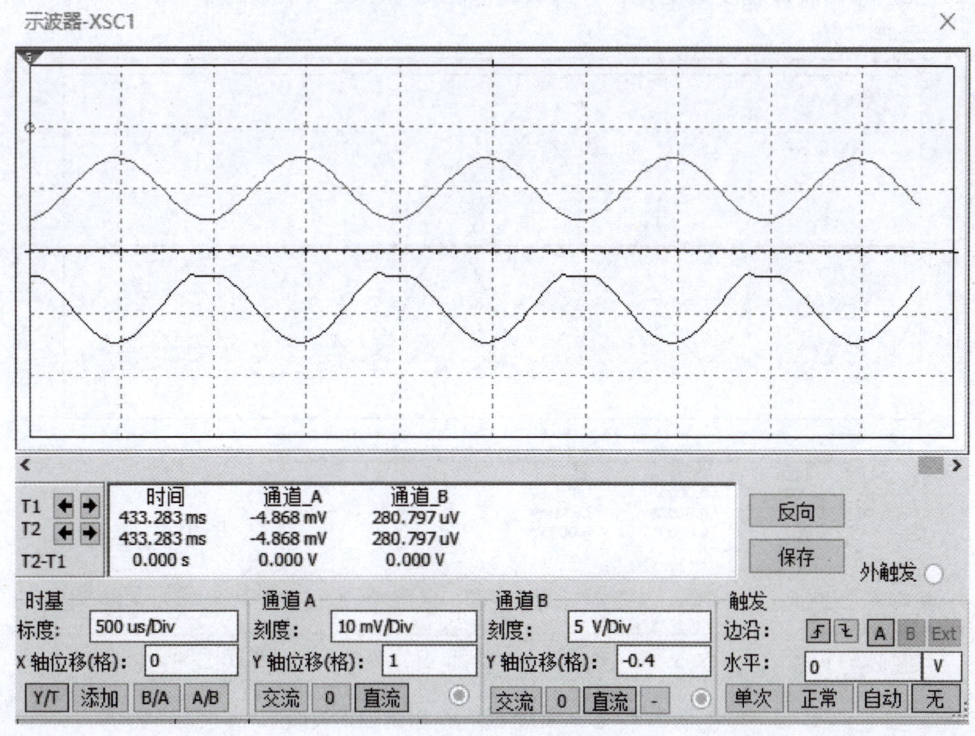

图 3.6　截止失真波形

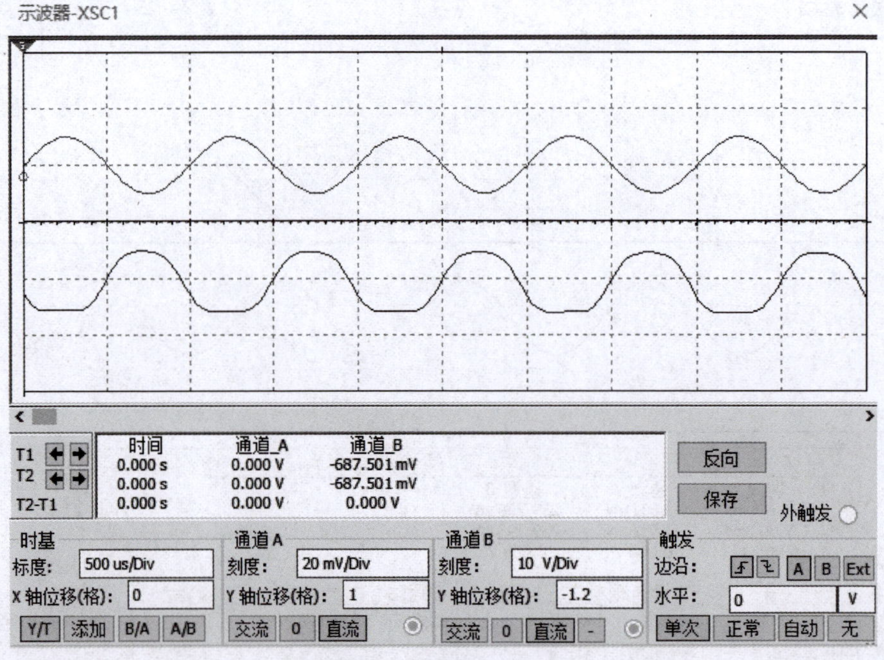

图 3.7　饱和失真波形

(3) 重新调整 W_1，使输出波形不失真，接入负载电阻 R_L，输出波形如图 3.8 所示，对比图 3.5 观察输出波形幅度的变化，分析负载电阻对电压放大倍数的影响。

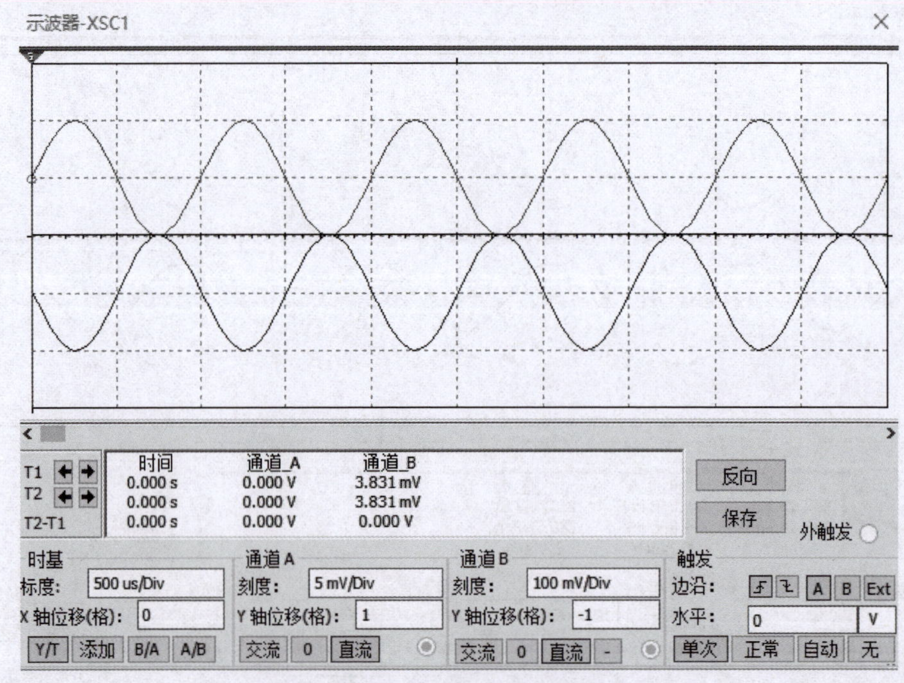

图 3.8　接入负载电阻 R_L 时的输出波形

(4) 集电极电阻 R_C 改接 5.1 kΩ，观察输出波形的变化，分析集电极电阻 R_C 对静态工作点和电压放大倍数的影响。

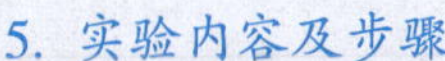

5. 实验内容及步骤

实验内容包括放大电路静态工作点的测量和调试、放大电路各项动态参数的测量和调试等。实验前应完成以下任务。

用万用表判断实验箱上三极管的极性和好坏、电解电容的极性和好坏、所需实验连线的好坏，并测量+12 V 直流电源的好坏。

断开电源后，连接电路。

(1)静态工作点的调整与测试。

1)按图 3.4 在实验板上正确连线，仔细检查，确认无误后接通电源。

2)测量三极管的直流电压放大倍数和静态工作点。

将万用表置直流电压挡，监测三极管集电极对地电压，调节 W_1，使 $V_C=6\sim8$ V，然后测量 V_E、V_{BE}，再将万用表置直流电流挡，分别测量 I_B 和 I_C。

将上述测量结果记录于表 3.3 中。

表 3.3　静态工作点测量数据

V_C/V	V_E/V	V_{BE}/V	I_B/μA	I_C/mA

(2)放大器动态性能指标测试。

1)电压放大倍数。

令 $R_L=\infty$，将低频信号发生器的输出端接 V_1 端。调节信号发生器的幅度和频率，使输入正弦信号 $f=1$ kHz、$V_S=V_i=5$ mV(用毫伏表在 A 点监测)，然后用示波器观察输入波形、输出波形及其相位关系。波形无失真时测量输出电压为 V'_o，计算空载时的电压放大倍数为

$$A'_V=\frac{V'_o}{V_i}$$

接上负载($R_L=5.1$ kΩ)，重测输出电压 V_o，计算带载时的电压放大倍数为

$$A_V=\frac{V_o}{V_i}$$

2)输出电阻 R_o。

R_o测量原理电路如图 3.9 所示，其戴维南等效电压源 V'_o 即为空载时的输出电压，等效内阻 R_o即为放大电路的输出电阻。显然

$$R_o=\frac{V'_o-V_o}{I_L}=\frac{V'_o-V_o}{V_o/R_L}=\left(\frac{V'_o}{V_o}-1\right)R_L$$

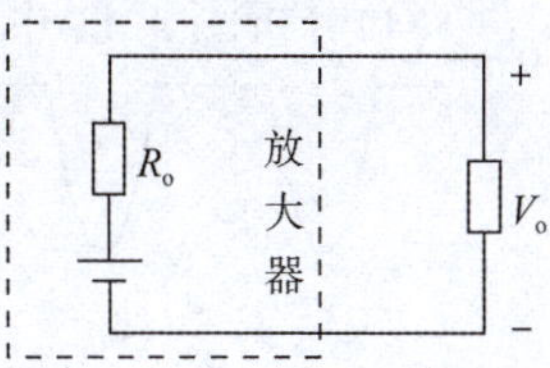

图 3.9　R_o 测量原理电路

3)输入电阻 R_i。

R_i测量原理电路如图 3.10 所示。

由图可见，

$$R_i=\frac{V_i}{I_i}=\frac{V'_i}{(V_S-V_T)/R_S}=\frac{V_i}{V_S-V_i}R_S$$

其中，电阻 $R_S=5.1$ kΩ。本实验中可在实验板的 C_1之前串联 R_S(V_i 接 B 点)，保持 $V_S=5$ mV，并测量 V_i。

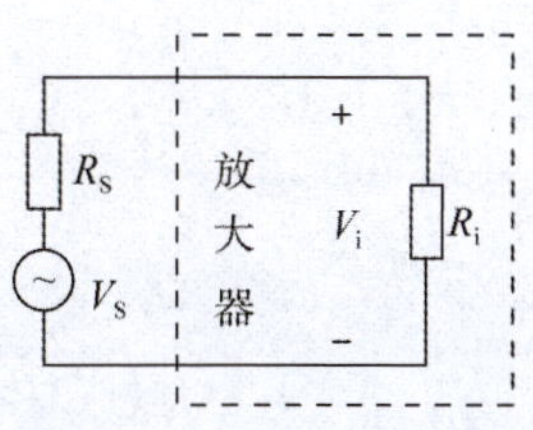

图 3.10　R_i 测量原理电路

(3)观测 W_1、R_C、R_L 的变化对放大电路的影响。

1)将 V_i 重新接 A 点，断开负载 R_L，增大输入信号 V_i 的幅度，用示波器观察输出波形变化，记录 V_o 出现失真前的幅值。将 R_C 更换为 5.1 kΩ 电阻，调节输入信号 V_i 的幅度，测出新的最大不失真输出电压。

2)将 R_C 恢复为 2.4 kΩ 电阻，接入负载电阻 $R_L=4.5$ kΩ，用示波器观察输出波形变化，调节 V_i 的幅度，记录带载条件下的最大不失真输出电压。

3)保持 $V_i=5$ mV 不变，增大和减小 W_1 的值，观察 V_o 波形变化，测量并将结果填入表 3.4。

表 3.4　静态工作点变化对输出波形的影响

W_1 的值	V_B/V	V_C/V	V_E/V	输出波形情况
最大				
合适				
最小				

注意：若失真观察得不明显，可增大或减小 V_i 幅值重测。

6. 预习要求

(1)观察实验箱，设计图 3.4 所示实验电路接线方案。

(2)预习单级晶体管放大电路原理，估算静态工作点及 A_V、R_i 和 R_o。

(3)仿真观察实验电路中 W_1、R_C 和 R_L 的变化对电压放大倍数和输出波形的影响。

(4)熟悉 R_i、R_o 的测量原理。

7. 实验报告

记录实验数据及波形，将实测 A_V、R_i、R_o 数值与理论计算值比较，并分析误差原因。

8. 思考题

(1)能否不经隔直电容直接把输入信号接在放大器的输入端？为什么？

(2)测量静态工作点用什么仪表？测量放大电路的输入信号和输出信号用什么仪表？为什么？

(3)若测出 $V_{CEQ}\approx 0$ 或 $V_{CEQ}\approx +V_{CC}$，则分别说明了什么问题？

(4)分析图 3.11 中的波形分别是什么失真？产生原因是什么？如何解决？

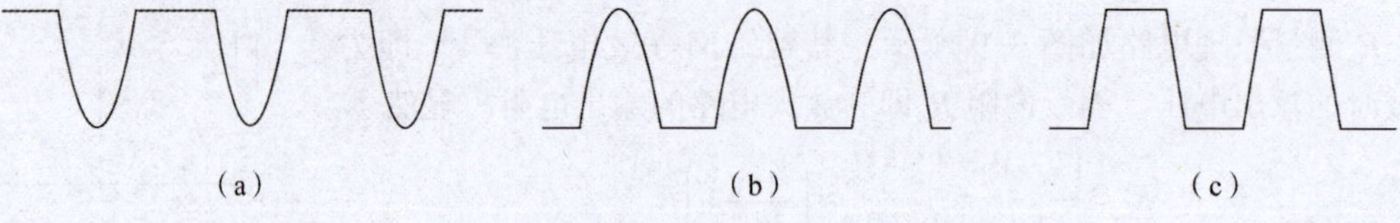

图 3.11　输出波形

3.3　场效应管放大电路

1. 实验目的

(1)了解场效应管放大电路的静态和动态指标，掌握其测试方法。

(2) 了解高阻抗电路的测量方法。

2. 实验设备

(1) 双踪示波器。

(2) 函数信号发生器。

(3) 交流毫伏表。

(4) 直流稳压电源。

(5) 数字万用表。

(6) 场效应管放大电路实验板。

3. 实验原理

场效应管是一种电压控制型器件，按结构可分为结型和绝缘栅型两种类型。由于场效应管栅源之间处于绝缘或反向偏置，所以输入电阻很高(一般可达上百兆欧姆)；又由于场效应管是一种多数载流子控制器件，所以其热稳定性好、抗辐射能力强、噪声系数小。加之制造工艺较简单，便于大规模集成，因此，其得到越来越广泛的应用。

图 3. 12 为分压式自偏压共源放大电路，采用固定分压与自偏压混合方式提供直流偏置。

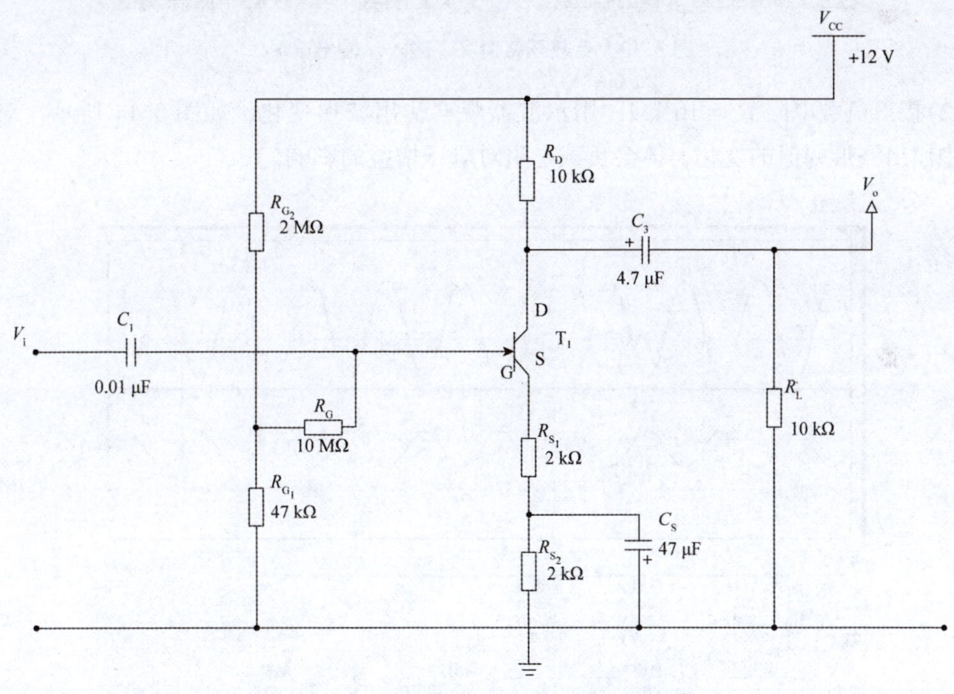

图 3. 12　分压式自偏压共源放大电路

4. 电路仿真

在 Multisim 中，按图 3. 12 绘制分压式自偏压共源放大电路原理图，按电路给定参数设置静态工作点并进行仿真。

(1) 接入信号源，负载开路，输入正弦信号 100 mV、1 kHz，然后用示波器观察输出波形变化。逐渐加大输入信号，观察输出波形变化，直到输出信号刚好不失真为止，输入、输出波形如图 3. 13 所示，通道 A(上面波形)为输入波形，通道 B(下面波形)为输出波形，观察输入、输出波形的相位关系及幅值大小，体会反相放大器作用。

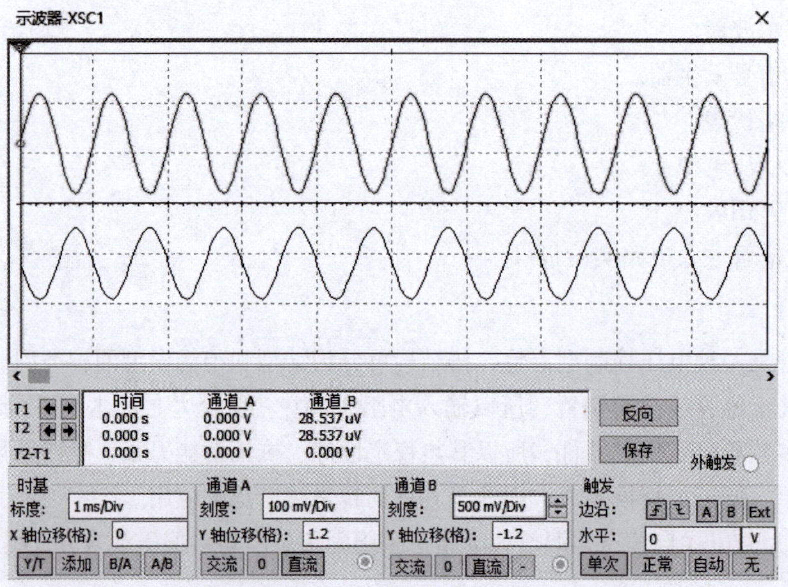

图 3. 13　负载开路情况下输入、输出波形

(2)接入负载电阻 $R_L=10\ \text{k}\Omega$，用示波器观察输出波形变化，如图 3. 14 所示，对比图 3. 13 中输出波形幅值的变化，体会负载电阻对电压增益的影响。

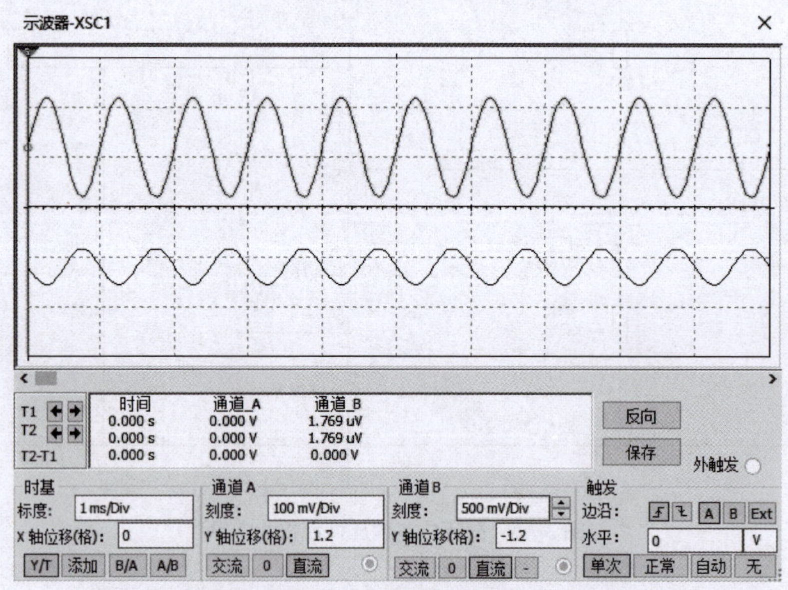

图 3. 14　负载电阻 $R_L=10\ \text{k}\Omega$ 情况下输入、输出波形变化

5. 实验内容及步骤

按图 3. 12 完成实验电路接线并进行测试。

(1)分别测量场效应管的源极电压 V_S 和栅极电压 V_G，并根据所测源极电压 V_S 数据估算

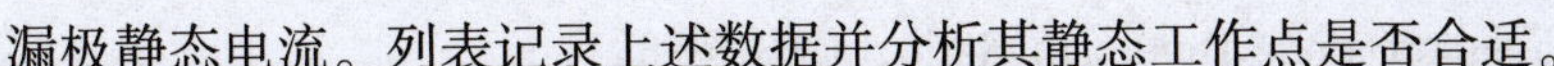

漏极静态电流。列表记录上述数据并分析其静态工作点是否合适。

(2)根据静态工作点数据，估算空载时的不失真最大输出电压，调节正弦信号源，不断增加输入信号 V_i 的幅度，用示波器观察输出波形变化，使输出信号刚好不失真为止，用毫伏表分别测量此时的 V_o 与 V_i 的有效值。

(3)令 $V_i = 100$ mV，$f = 1$ kHz，分别在负载开路和 $R_L = 10$ kΩ 时，测量所对应的 V'_o 和 V_o 值，计算放大电路输出电阻 R_o。

$$R_o = \frac{V'_o - V_o}{I_L} = \frac{V'_o - V_o}{V_o / R_L} = \left(\frac{V'_o}{V_o} - 1\right) R_L$$

(4)测量输入电阻。由于输入阻抗高，用实验 3.2 介绍的方法进行测量将产生较大的误差。因此，应改用测量 V_o 的方法测量输入电阻。也就是说，先测量放大器的输出电压 V_{o_1}，然后保持输入信号不变，并在信号源与输入端之间串入 $R_x = 1$ MΩ(数值的选取尽量接近被测的 R_i 的数量级)，最后测量输出电压 V_{o_2}，则

$$R_i = \frac{V_{o_2}}{V_{o_1} - V_{o_2}} R_x$$

6. 预习要求

(1)复习场效应管放大电路原理，估算静态工作点及 A_V、R_i 和 R_o。

(2)仿真观察实验电路中最大不失真输出波形。

7. 实验报告

(1)结合实验内容阐述高阻抗电路的测试原理及测试中应注意的问题，分析实验中实测数据与理论计算值之间的误差。

(2)根据实验结果，说明共源放大电路的性能特点。

8. 思考题

(1)实验中，测量共源放大电路的 V_o 时，若允许交流毫伏表输入电阻引入的测量误差在 10%以内，试估算交流毫伏表输入电阻的最小阻值。

(2)在测量场效应管静态工作电压 V_{GS} 时，能否使用直流电压表直接并联在 G、S 两端进行测量？为什么？

(3)为什么测量场效应管输入电阻时要使用测量输出电压的方法？

3.4　差分放大电路

1. 实验目的

(1)加深理解差分放大器的工作原理与性能特点。

(2)掌握差分放大器静态工作点的调整方法。

(3)学习差分放大器动态性能指标的测量方法。

(4)理解共模抑制比(Common Mode Rejection Ratio，CMRR)的含义。

2. 实验设备

(1)双踪示波器。

(2)函数信号发生器。

(3)交流毫伏表。

(4)直流稳压电源。

(5)数字万用表。

(6)差分放大器实验板。

3. 实验原理

差分放大器的基本结构如图 3.15 所示，它由两个元件参数相同的基本共射放大电路组成。当开关 S_1 拨向左边时，构成典型的差动放大电路。调零电位器 R_{P_1} 用来调节 T_1、T_2 的静态工作点，使输入信号 $V_i=0$ 时，双端输出电压 $V_o=0$。R_8 为两管共用的发射极电阻，它对差模信号无负反馈作用，因而不影响差模电压放大倍数，但对共模信号有较强的负反馈作用，故可以有效抑制零漂，稳定静态工作点。当开关 S_1 拨向右边时，构成具有恒流源的差动放大电路。它用晶体管恒流源代替发射极电阻 R_8，可以进一步提高差动放大电路抑制共模信号的能力。

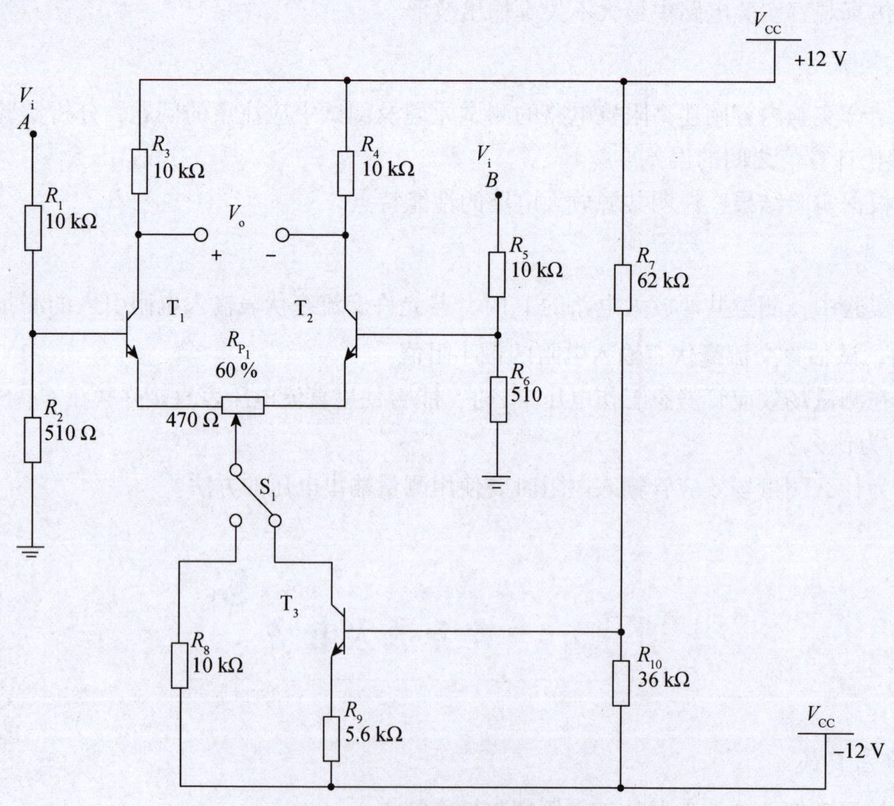

图 3.15 差分放大器的基本结构

差动放大电路输入端有单端和双端两种输入方式，其输出端也有单端和双端两种输出方式。差动放大电路的电压放大倍数只与输出方式有关，而与输入方式无关。

(1)单端输入：信号电压 V_i 仅由 T_1 A 端输入，而 T_2 B 端接地。

(2)双端输入：可将两路共地信号源分别输入 A 端与 B 端。若 $V_{i_1}=-V_{i_2}$，则完全为差模电压输入；若 $V_{i_1}=V_{i_2}$，则完全为共模电压输入。

一般地，可以出现 $V_{i_1}\neq V_{i_2}$ 的情况，此时可以理解为既有差模电压输入，也有共模电压输入。

(3)单端输出：T_1 单端输出(V_{o_1})，取自 T_1 的集电极对地电压，输入 V_i 与输出信号 V_{o_1} 反相；T_2 单端输出(V_{o_2})，取自 T_2 的集电极对地电压，输入 V_i 与输出信号 V_{o_2} 同相。

单端输出的电压放大倍数是单管电压放大电路的一半。

(4)双端输出：T_1 与 T_2 集电极之间的电压，但因晶体管毫伏表测量信号时，其黑夹子只能接地，所以测量时分别对地测出 V_{o_1} 和 V_{o_2}，而 $V_o=V_{o_1}-V_{o_2}$。

双端输出的电压放大倍数和单管电压放大电路相同。

(5)共模输入：信号电压 V_i 可由 A 端输入，将 T_1 输入端 A 与 T_2 输入端 B 连接在一起。而原来 T_2 的 B 端接地的线必须断开，否则会将信号源短路。A_c 为共模电压放大倍数，A_d 为差模电压放大倍数。若电路完全对称，则 $A_c=0$，$K_{CMRR}\to\infty$，为理想情况。

$$K_{CMRR}=\left|\frac{A_d}{A_c}\right|$$

4. 电路仿真

在 Multisim 中，按图 3.15 绘制差分放大器原理图，按电路给定参数设置静态工作点并进行仿真。

(1)接入信号源，双端输入正弦信号 1 kHz、差模信号 20 mV，共模信号 2 V，然后用三通道示波器观察 T_1 单端输出波形。观察输出波形与输入波形的幅值大小和相位关系，如图 3.16 所示，通道 A 为 A 点输入信号波形，通道 B 为 B 点输入信号波形，通道 C 为 T_2 集电极输出波形，观察输入、输出波形的相位关系及幅值大小，体会差分放大器单端输出时输入与输出波形的相位关系及放大作用。

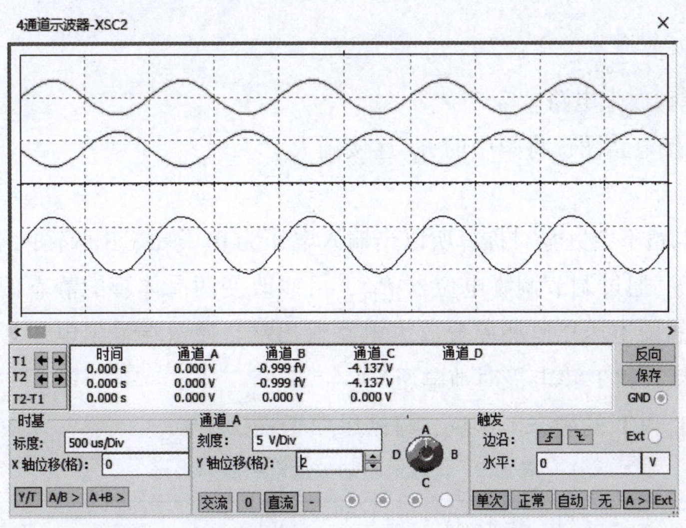

图 3.16　差模输入单端输出时的输入、输出波形

(2)接入信号源，双端输入正弦信号 1 kHz、差模信号 20 mV，然后用示波器观察双端输出波形。对比图 3.16 观察输出波形幅值大小的变化。

(3)接入信号源，输入正弦信号 1 kHz、共模信号 2 V，然后用示波器观察 T_1 单端输出波形。观察输入波形与输出波形的幅值大小和相位关系，如图 3.17 所示，通道 A 为 A 点输入信号波形，通道 B 为 B 点输入信号波形，通道 C 为 T_1 集电极输出波形，输出电压几乎为 0，体会差分电路对共模信号的抑制作用。

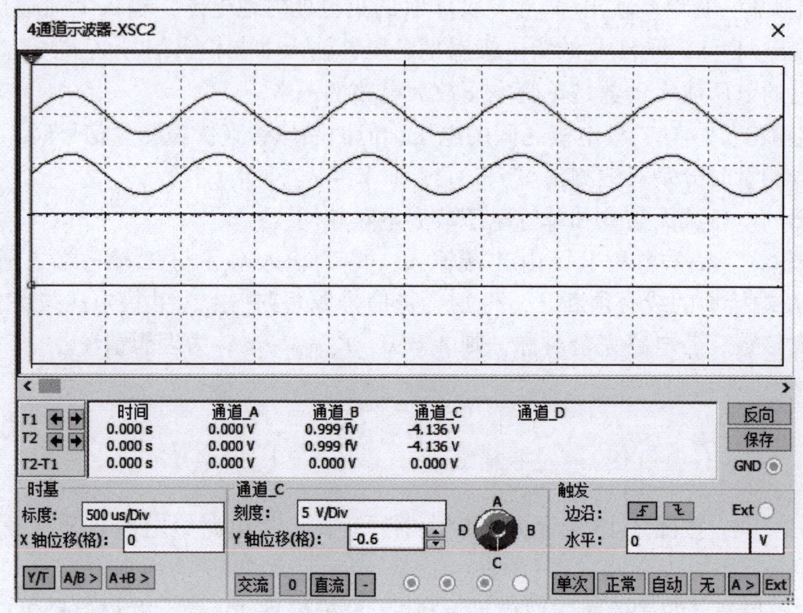

图 3.17　共模输入单端输出时的输入、输出波形

(4)接入信号源，输入正弦信号 1 kHz、共模信号 2 V，然后用示波器观察双端输出波形。对比图 3.17 观察输出波形幅值大小的变化，体会差分电路双端输出对共模信号的抑制作用。

5. 实验内容及步骤

(1)长尾式差动放大电路。

按图 3.15 连接电路图，将图中的 R_{P_1} 连接到 R_8。

1)静态测试。

调零：由于电路不会完全对称，所以当输入电压为 0(将 A、B 两输入端均接地)时，输出电压不一定为 0。通过调节调零电位器 R_{P_1}，可以改变两晶体管的静态偏置。因此，调节 R_{P_1} 时，用万用表直流电压挡监测差分放大电路输出端，使双端输出电压为 0，即 $V_{CQ_1}=V_{CQ_2}$ (V_{CQ_1}、V_{CQ_2} 分别为 T_1 和 T_2 集电极对地电压)。

测量并记录 T_1 和 T_2 的静态工作点，将结果填于表 3.5 中。

表 3.5　长尾式差动放大电路静态数据

Q 点	V_{BQ}/V	V_{EQ}/V	V_{CQ}/V	I_E/A
理论值				

续表

Q 点		V_{BQ}/V	V_{EQ}/V	V_{CQ}/V	I_E/A
实测值	T_1				
	T_2				

2) 动态测试。

①直流放大测试。

实验板直流信号源及其输入示意如图 3.18 所示。电压选择按键被弹出时，分别调节两电位器旋钮，两路输出信号均可在−5～+5 V 内设定；电压选择按键被按下时，两路输出信号的可调范围为−0.5～+0.5 V。

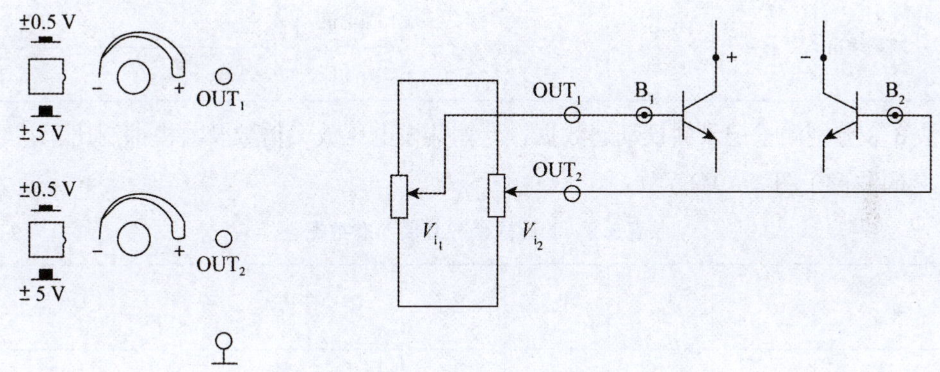

图 3.18　实验板直流信号源及其输入示意

"双入—双出"工作模式的测量：调节图 3.18 中直流信号源的输出电压，使 V_{i_1} 对地电压为+0.1 V(接 B_1)、V_{i_2} 为−0.1V(接 B_2)，构成直流差模信号输入，然后用万用表电压挡测量 V_o 数值并记录于表 3.6 中，根据所测数据，计算单端输出差模电压放大倍数 A_{od_1}、A_{od_2} 及双端输出差模电压放大倍数 A_{od}。

表 3.6　长尾式差动放大电路动态测试(直流放大)

电路结构	测量值及计算值					
	差模输入(±0.1 V)			计算值		
	V_{od_1}	V_{od_2}	V_{od}	A_{od_1}	A_{od_2}	A_{od}
双入—双出						

②交流放大测试。

输入频率为 1 kHz，交流信号为 V_i，用示波器观察输入、输出信号波形，记录输入与输出信号之间的相位关系。再用毫伏表分别测量 V_{o_1}、V_{o_2}。

按表 3.7 分别测量记录差模动态数据，计算差模电压放大倍数。并将双端输出 V_o 的波形绘制于图 3.19(a)中。

注意：电子仪器使用时要共地，即示波器、毫伏表、放大电路的黑夹子只能接在"⊥"上。选用示波器两个通道信号相减的功能观察双端输出的波形。

表 3.7　长尾式差放差模动态数据

项目		参数					
		V_i	V_{o_1}	V_{o_2}	V_{od}	计算 A_d	
单端输入	单端输出	100 mV				$A_{d_1}=V_{o_1}/V_i=$	
						$A_{d_2}=V_{o_2}/V_i=$	
	双端输出					理论值	$A_d=$
						实际值	$A_d=(V_{o_1}-V_{o_2})/V_i=$
单端输入	单端输出	20 mV				$A_{d_1}=V_{o_1}/V_i=$	
						$A_{d_2}=V_{o_2}/V_i=$	
	双端输出					理论值	$A_d=$
						实际值	$A_d=(V_{o_1}-V_{o_2})/V_i=$

按表 3.8 分别测量记录共模动态数据，计算共模电压放大倍数及共模抑制比，并绘制双端输出 V_o 的波形于图 3.19(b)中。

表 3.8　长尾式差放共模动态数据

参数/项目		V_i	V_{o_1}	V_{o_2}	V_{oc}	计算 A_c	K_{CMRR}
共模输入	单端输出	2 V				$A_{c_1}=$	
						$A_{c_2}=$	
	双端输出					$A_c=$	

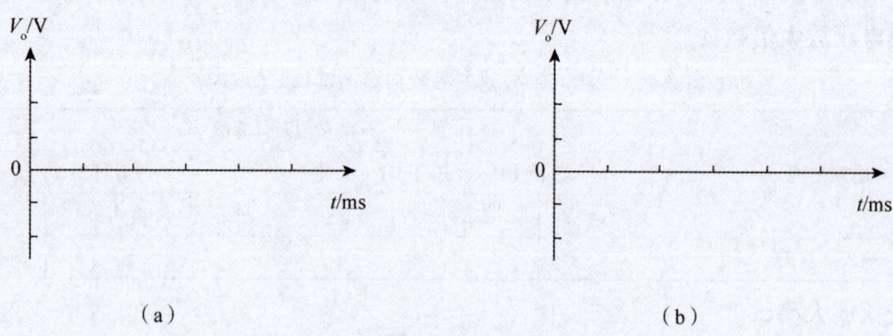

图 3.19　长尾式差放双端输出波形

(a)差模输入时($V_{id}=20$ mV)；(b)共模输入时($V_{ic}=2$ V)

当差模输入信号过大时($V_i=0.5$ V)，会出现什么情况？用示波器观察 V_i 和 V_o 波形，并将波形画在图 3.20 中。

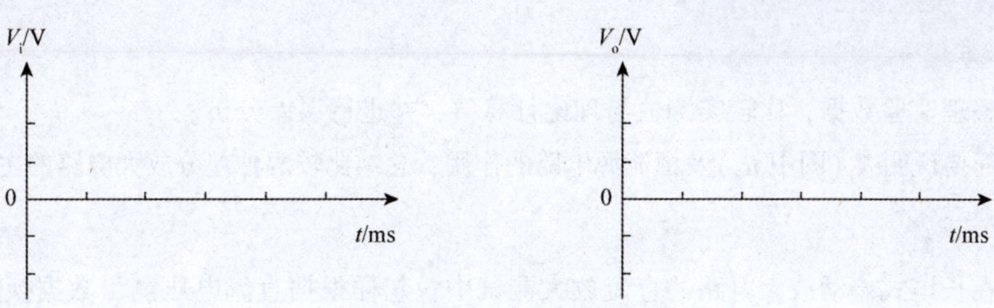

图 3.20　当差模输入信号过大时的波形

(2) 恒流源差动放大电路。

按图 3.15 接线，将原来 R_{P_1} 与 R_8 间的连线断开，使 R_{P_1} 与 T_3 集电极相连。

1) 静态测试。

关闭信号源，拆下信号线。当输入电压为 0 时(将 A、B 两端接地)，测量并记录恒流偏置电流 I_E，其他静态参数的测量方法与前文内容相同，不必再测。

2) 动态测试。

按表 3.9 分别测量记录差模动态数据，并计算差模电压放大倍数。

按表 3.10 分别测量记录共模动态数据，并计算共模电压放大倍数及共模抑制比。

注意：测试方法可参照长尾式差动放大电路。仅观察波形，不必画波形图。

表 3.9　恒流源式差放差模动态数据

项目		参数				
		V_i	V_{od_1}	V_{od_2}	V_{od}	计算 A_d
单端输入	单端输出	20 mV				A_{d_1} =
						A_{d_2} =
	双端输出					A_d =

表 3.10　恒流源式差放共模动态数据

项目		参数					
		V_i	V_{oc_1}	V_{oc_2}	V_{oc}	计算 A_c	K_{CMRR}
共模输入	单端输出	2 V				A_{c_1} =	
						A_{c_2} =	
	双端输出					A_c =	

6. 预习要求

(1) 观察实验电路结构图，确定图 3.15 实验电路接线方案。

(2) 理论计算静态参数，设 R_{P_1} 的滑动端在中点，管子放大倍数 $\beta=50$，$V_{BE}=0.7$ V，当输入端 A、B 均接地时，计算差分放大电路静态参数并将结果填入表 3.5。

(3) 理论计算长尾式差分放大电路在单端输入、双端输出时的电压放大倍数 A_d，并将数值填入表 3.6(计算时不可忽略 R_{P_1} 值)。

7. 实验报告

(1)整理实验数据，比较实测值与理论计算值，并进行误差分析。

(2)简要说明 R_E(图中 R_8)及恒流源电路的作用，总结比较两种差分放大电路的主要特点。

8. 思考题

(1)在长尾式差动放大电路的直流放大测试中，怎样根据直流电压测量数据换算出 V_{od_1} 和 V_{oc_1}？如何确定它们的极性？

(2)在差放动态测试中，为什么不能用毫伏表直接测量 V_{od}，而必须分别测取 V_{od_1} 和 V_{od_2}，再经计算得到 V_{od}？

(3)CMRR 的含义是什么？

(4)当输入信号过大时，差分放大电路会出现什么情况？

3.5 两级晶体管放大电路

1. 实验目的

(1)学习多级放大电路的静态和动态测试方法。

(2)掌握两级放大电路的频率特性测试方法。

2. 实验设备

(1)双踪示波器。

(2)函数信号发生器。

(3)交流毫伏表。

(4)直流稳压电源。

(5)数字万用表。

(6)单级、多级、负反馈放大电路实验板。

3. 实验原理

在放大电路的实际应用中，当单级放大电路不能满足电路对增益、输入电阻和输出电阻等性能指标的要求时，往往把单级放大电路的 3 种组态中的两种或两种以上进行适当的组合，充分利用它们各自的优点，以便获得更好的性能。

图 3.21 为两级晶体管放大电路，分别由 T_1、T_2 构成的分压式射极偏置电路组成，C_1、C_2 用于输入、输出耦合，输入信号 V_i 通过 R_{01} 和 R_{02} 分压送入第一级，第一级的输出通过 C_2 耦合到第二级，第二级的输出接负载。W_1、W_2 用于调节静态工作点，R_E、R_{E_1}、R_{E_2} 用于改善静态工作点，C_3、C_4 用于改善电压增益。

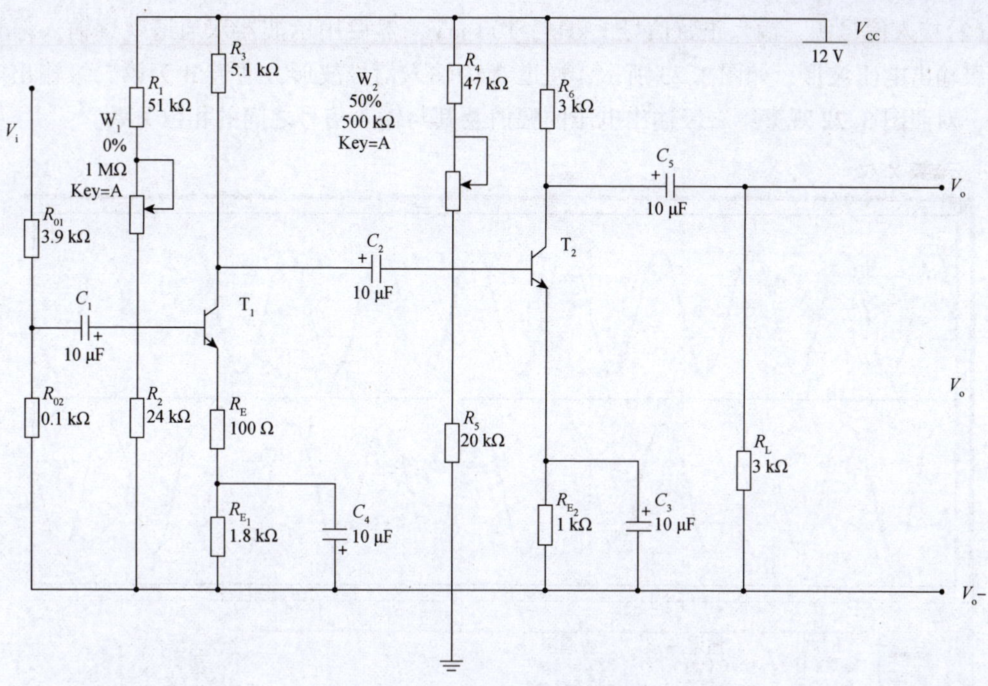

图 3.21　两级晶体管放大电路

4. 电路仿真

在 Multisim 中，按图 3.21 绘制两级晶体管放大电路原理图，按电路给定参数设置静态工作点并进行仿真。

(1) 接入信号源，输入正弦信号 1 kHz、100 mV，然后用示波器双通道观察输入信号和第一级输出电压波形，如图 3.22 所示，通道 A 为输入信号波形，通道 B 为第一级输出电压波形，观察第一级输出电压的幅值及其与输入信号之间的相位关系。

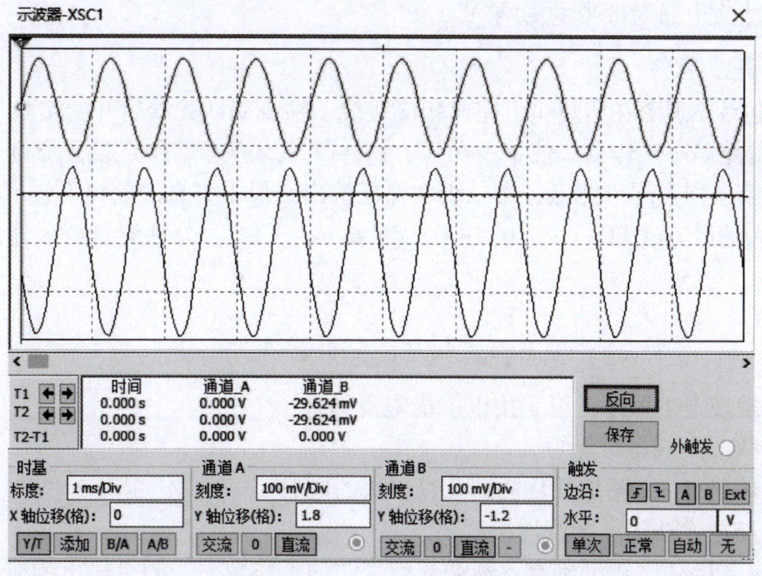

图 3.22　输入信号和第一级输出电压波形

(2)接入信号源，输入正弦信号 1 kHz、100 mV，然后用示波器双通道观察输入信号和第二级输出电压波形，如图 3.23 所示，通道 A 为输入信号波形，通道 B 为第二级输出电压波形，对照图 3.22 观察第二级输出电压的幅值及其与输入信号之间的相位关系。

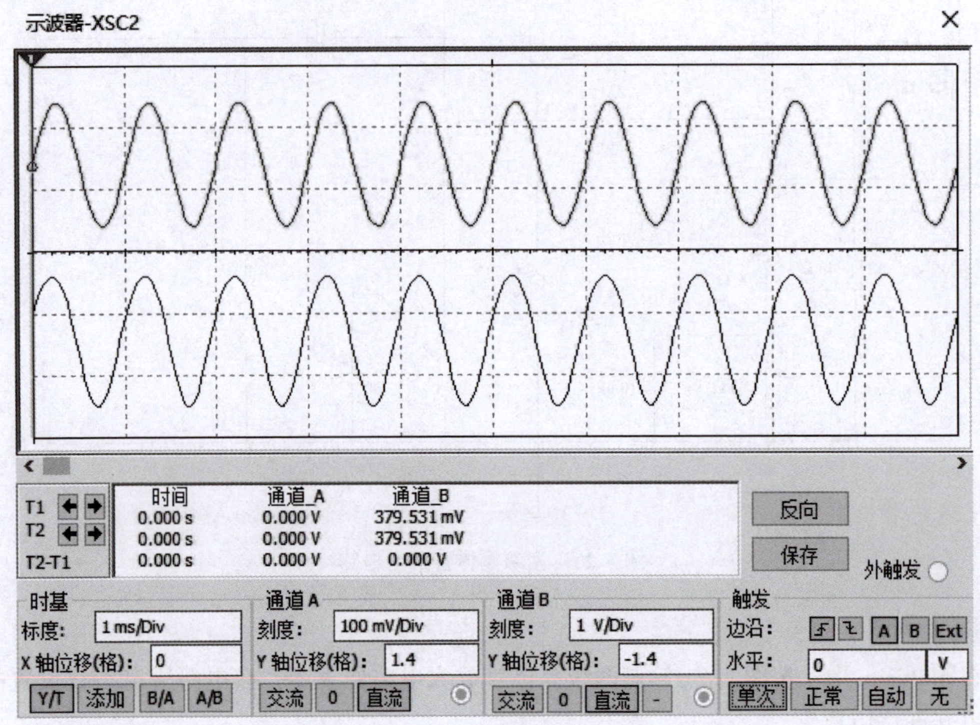

图 3.23　输入信号和第二级输出电压波形

(3)接入信号源，输入正弦信号 1 kHz、100 mV，然后用示波器双通道观察第一级和第二级输出电压波形，保持 $V_i = 100$ mV，由低到高逐渐调整信号源的工作频率，观察输出响应，体会多级放大电路对频带的影响。

5. 实验内容与要求

(1)根据电路原理图在实验箱上完成相应接线，检查确认无误后开始实验。

(2)调节电路静态工作点，使 $V_{C_1} \approx 6$ V，$V_{C_2} \approx 7$ V。静态工作点设置原则：第一级为增加信噪比，静态工作点尽可能低；第二级在保证输出波形不失真的前提下幅值尽量大。

(3)令输入信号 $f = 1$ kHz，$V_i = 0.5 \sim 1$ mV，$R_L = 4.7$ kΩ，分别测量放大器的带载电压放大倍数

$$A_{V_1} = \frac{V_{o_1}}{V_i},\quad A_{V_2} = \frac{V_{o_2}}{V_{o_1}},\quad A_{VM} = A_{V_1} \times A_{V_2}$$

注意：若发现寄生振荡，可采用以下措施消除。

1)重新布线，走线尽可能短。

2)可在晶体管 B、E 间加几皮法到几百皮法的电容。

3)信号源与放大器用屏蔽线连接。

(4)保持 $V_i = 1$ mV，由低到高逐渐调整信号源的工作频率，测量输出响应并绘制放大器的幅频响应曲线，注明低端截止频率 f_L 与高端截止频率 f_H。

6. 预习要求

(1)估算实验电路在静态偏置为 $V_{CQ_1}=6\ V$，$V_{CQ_2}=7\ V$ 的条件下，W_1 与 W_2 分别取何数值，说明静态测试需要使用哪些仪器、仪表。

(2)按实验内容自拟实验步骤和实验数据记录表格。

(3)根据实验电路参数，计算两级交流放大器的中频电压放大倍数 A_{V_1}、A_{V_2}、A_{VM} 及截止频率 f_H、f_L 的理论值。

7. 实验报告

(1)列表整理实验数据，并画出两级放大器的对数幅频特性曲线。

(2)比较理论计算值与实测值之间的误差，并分析原因。

8. 思考题

(1)分析实验电路的低端、高端截止频率主要取决于电路中的哪些参数。

(2)分析两级放大电路静态工作点对电压放大倍数及输出波形的影响。

(3)试拟一种两级直接耦合放大器的实验电路，分析其静态工作点是否稳定，并说明两种电路在频率特性上有何不同。

3.6　负反馈放大电路

1. 实验目的

(1)进一步熟悉放大器性能指标的测量方法。

(2)研究负反馈对放大电路性能的影响。

2. 实验设备

(1)双踪示波器。

(2)函数信号发生器。

(3)交流毫伏表。

(4)直流稳压电源。

(5)数字万用表。

(6)单级、多级负反馈放大电路实验板。

3. 实验原理

在实用放大电路中都会适当引入负反馈以改善放大电路的性能，如提高增益的稳定性、减小非线性失真、抑制干扰和噪声、扩展频带、控制输入电阻和输出电阻等，但是这些改善都是以降低增益为代价的。

图 3.24 的电路是在两级阻容耦合放大器的基础上引入电压串联负反馈构成的。图中，C_F、W_F 引入交流电压串联负反馈，可以增大输入电阻，稳定输出电压。为保证电压增益采用两级放大，改变 W_F 的值可以调节反馈深度。

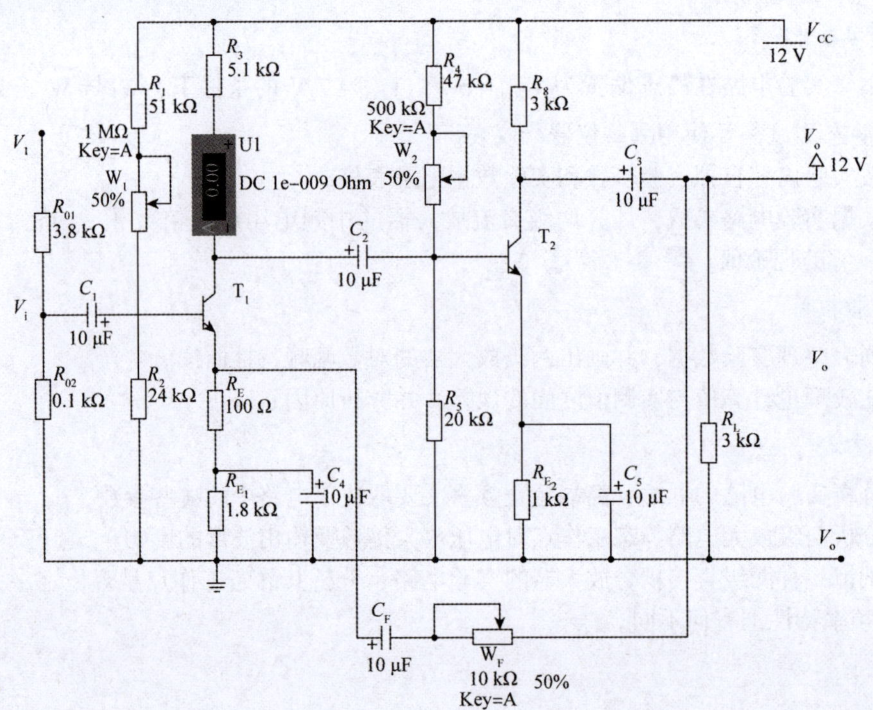

图 3.24　负反馈放大电路

4. 电路仿真

在 Multisim 中，按图 3.24 绘制在两级阻容耦合放大电路的基础上引入电压串联负反馈构成的负反馈放大电路原理图，按电路给定参数设置静态工作点并进行仿真。

(1)接入信号源，输入正弦信号 1 kHz、2 mV，在开环状态下用示波器观察输出波形，双踪示波器显示输入、输出波形如图 3.25 所示，通道 A 为输入波形，通道 B 为开环输出波形，观察输入、输出相位关系及输出电压幅度。

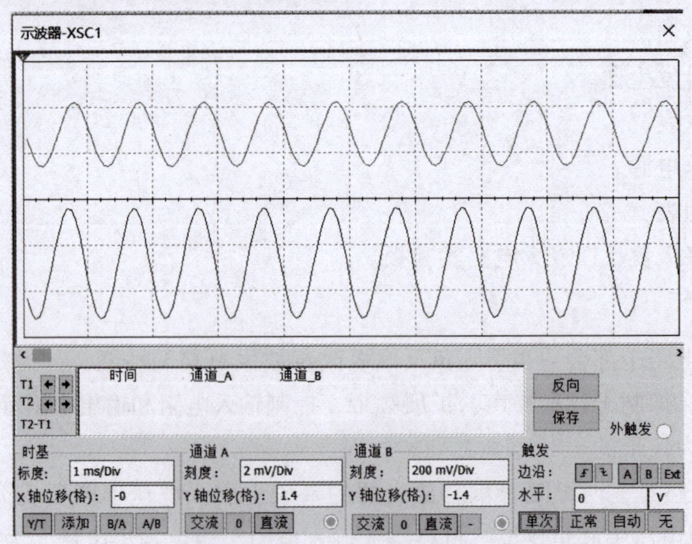

图 3.25　开环状态下的输入、输出波形

(2)接入信号源，输入正弦信号 1 kHz、2 mV，接入 C_F、W_F 反馈环，调节 W_F 到 50%，然后用双踪示波器观察输入、输出波形，如图 3.26 所示，通道 A 为输入波形，通道 B 为闭环输出波形，对比图 3.25 观察开环和闭环情况下增益的变化。

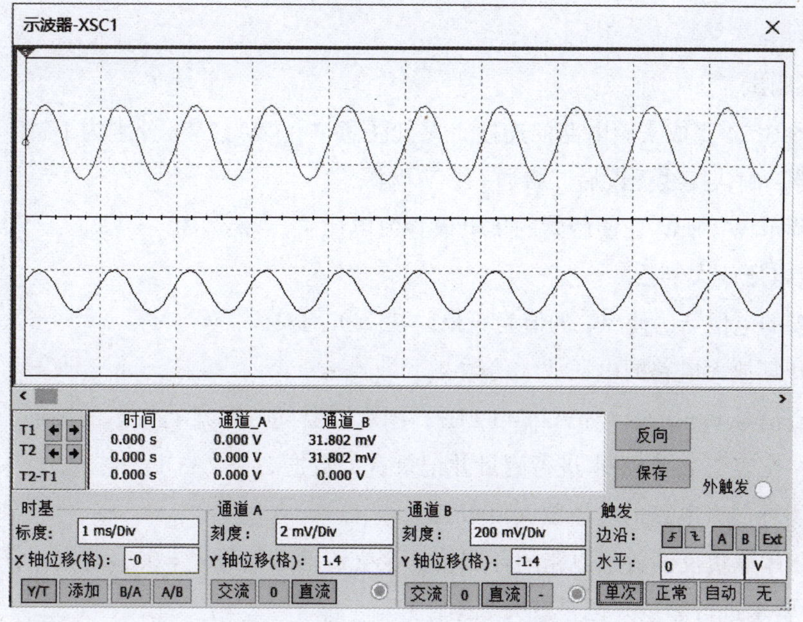

图 3.26　闭环状态下的输入、输出波形(1)

(3)接入信号源，输入正弦信号 1 kHz、2 mV，在闭环情况下，调节 W_F 到 80%，用双踪示波器观察输入、输出波形，如图 3.27 所示，通道 A 为输入波形，通道 B 为闭环输出波形，对比图 3.26 观察反馈深度对增益的影响。

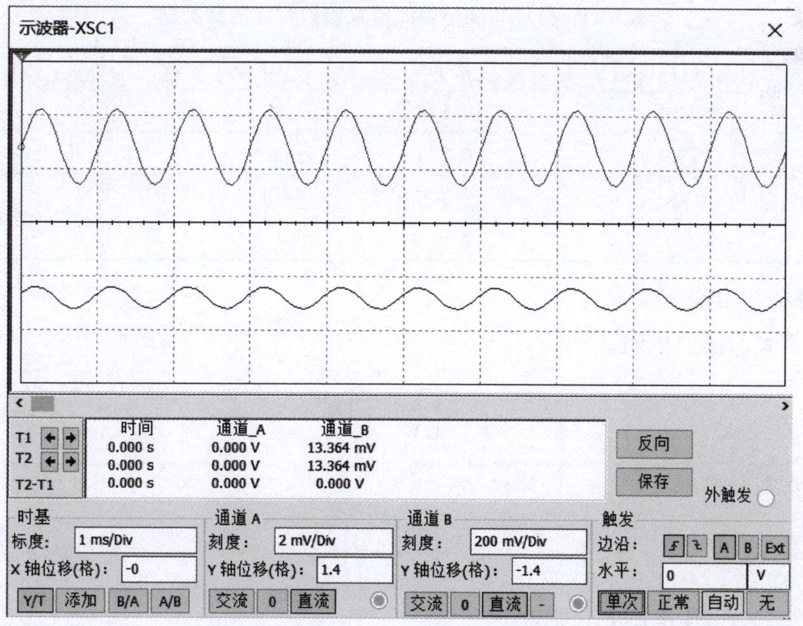

图 3.27　闭环状态下的输入、输出波形(2)

(4)接入信号源，输入正弦信号 1 kHz、2 mV，以此为基准，分别在开环和闭环情况下，提高信号源频率，使输出电压幅度下降至 $0.7V_{om}$，观察上限截止频率；再降低信号源频率，使输出电压幅度下降至 $0.7V_{om}$，观察下限截止频率。对比观察负反馈对带宽的影响。

5. 实验内容及步骤

(1)静态调试。

1)根据图 3.24 完成实验电路的连接，尤其注意 W_1、W_2、W_F 分别为 1 MΩ、500 kΩ 和 10 kΩ 电位器。确认接线无误后，接通+12 V 电源。

2)分别调节 W_1和 W_2，使两管的集电极直流电压 $V_{C_1}\approx 6V$，$V_{C_2}\approx 7$ V。

(2)测量电压放大倍数。

调节选接的电位器，使 W_F 的值为 5 kΩ、R_L 为 3 kΩ。

1)测量开环放大电路的电压放大倍数 A_V。

输入交流信号 $V_i=0.5\sim1$ mV、$f=1$ kHz，用示波器同时观察 V_i与 V_o的波形，确认输出波形不失真后，按表 3.11 的要求进行测量并记录有关数据。

2)测量闭环放大电路的电压放大倍数 A_{Vf}。

构成电压串联负反馈放大电路闭环连接，令交流输入信号 $V_i=0.5\sim1$ mV、$f=1$ kHz，仍按表 3.11 的要求进行测量并记录有关数据。

注意：若发现寄生振荡，则可采用以下措施消除。

①重新布线，走线尽可能短。

②可在晶体管 B、E 间加几法拉到几百法拉的电容。

③信号源与放大器用屏蔽线连接。

表 3.11 开环与闭环电压放大倍数对比测试数据

电路状态	R_L/kΩ	V_i/mV	V_o或 V_{of}/mV	A_V 或 A_{Vf}
开环	∞	0.5~1		
	3	0.5~1		
闭环	∞	0.5~1		
	3	0.5~1		

(3)测量输出电阻 R_o、R_{of}。

1)开环放大器输出电阻

$$R_o=\left(\frac{V'_o}{V_o}-1\right)R_L$$

2)闭环放大器输出电阻

$$R_{of}=\left(\frac{V'_{of}}{V_{of}}-1\right)R_L$$

(4)测量输入电阻 R_i、R_{if}。

参照实验 3.2 中输入电阻 R_i 的测量方法，在输入端串入 $R_S=5.1$ kΩ，调节输入信号

$V_S=3$ mV 左右，分别按内容(2)中基本放大电路和负反馈放大电路接线，并分别测量 V_i 与 V'_i，则

$$R_i=\frac{V_i}{V_S-V_i}R_S\ ,\ R_{if}=\frac{V'_i}{V_S-V'_i}R_S$$

(5)测量幅频响应中的 f_H 与 f_L。

1)按内容(2)中基本放大电路接线，输入信号 $V_i=1$ mV、$f=1$ kHz，测量输出电压 V_{om}(中频值)。以此为基准，增加信号源频率，使输出电压幅度下降至 $0.7V_{om}$，读取此时的信号频率，即为 f_H；再降低信号源频率，使输出电压幅度下降至 $0.7V_{om}$，读取此时的信号频率，即为 f_L。

2)将电路按内容(2)接成负反馈放大电路，重复上述测量过程，可测得 f_{Hf}、f_{Lf}，将测得数据填入表3.12并计算开环和闭环情况下的带宽。

表3.12　开环与闭环频率响应测试数据

项目	f_H/Hz	f_L/Hz
开环		
闭环		

6. 预习要求

(1)复习关于负反馈放大电路相关内容，熟悉引入负反馈对放大电路性能的影响。

(2)拟定实验电路接线方案。

(3)估算基本放大器的 A_V、R_i、R_o，并按照深度负反馈条件，估算负反馈放大器的 A_{Vf}、R_{if}、R_{of}。

7. 实验报告

分析整理基本放大电路和负反馈放大电路的测试数据，总结电压串联负反馈对放大器性能的影响。

8. 思考题

(1)测量基本放大器的 A_V 时，为什么要把 W_F、R_F 反馈支路串联在输出端与地之间？

(2)什么是负反馈放大电路的反馈深度？如何调整反馈深度？

3.7　基本运算电路及其应用

1. 实验目的

(1)掌握使用集成运算放大器(简称运放)组成的比例、加法、减法、积分等模拟运算电路的性能及其测试方法。

(2)了解运算放大器在使用时的一些注意事项。

2. 实验设备

(1)双踪示波器。

(2)函数信号发生器。

(3)交流毫伏表。

(4)直流稳压电源。

(5)数字万用表。

(6)集成运放电路实验板。

3. 实验原理

集成运算放大器是一种高增益的直接耦合多级放大电路，通常由输入级、中间级、输出级及偏置电路组成。当外部接入不同的线性或非线性元器件组成负反馈电路时，它可以灵活实现各种特定的函数关系。在线性应用方面，使用集成运算放大器可以组成比例、加法、减法、积分、微分、对数等模拟运算电路。

在大多数情况下，运算放大器可以视为理想运放，即将运放的各项技术指标理想化。满足下列条件的运算放大器称为理想运放。

(1)开环电压增益 $A_{ud}\to\infty$。

(2)输入阻抗 $r_i\to\infty$。

(3)输出阻抗 $r_o\to 0$。

(4)带宽 $f_{BW}\to\infty$。

(5)失调与漂移均为零。

在线性应用时理想运放具有以下两个重要特性。

(1)输出电压 V_o 与输入电压之间满足关系式

$$V_o=A_{ud}(V_+-V_-)$$

由于 $A_{ud}\to\infty$，而 V_o 为有限值，因此，$V_+-V_-\approx 0$，即 $V_+\approx V_-$，称为“虚短”。

(2)由于 $r_i\to\infty$，故流入运放两个输入端的电流可视为 0，即 $I_{IB}\approx 0$，称为“虚断”。这说明运放对其前级吸取的电流极小。

上述两个特性是分析理想运放应用电路的基本原则，可简化运放电路的计算。

4. 电路仿真

在 Multisim 中，绘制各个运算电路原理图，按电路给定参数进行仿真。

(1)按照图 3.28 绘制反相比例运算电路原理图，接入信号源，输入正弦信号 1 kHz、0.5 V，然后用示波器观察输出波形。输入、输出波形如图 3.29 所示，通道 A 为输入波形，通道 B 为输出波形，观察输入、输出波形的相位关系及幅值大小。

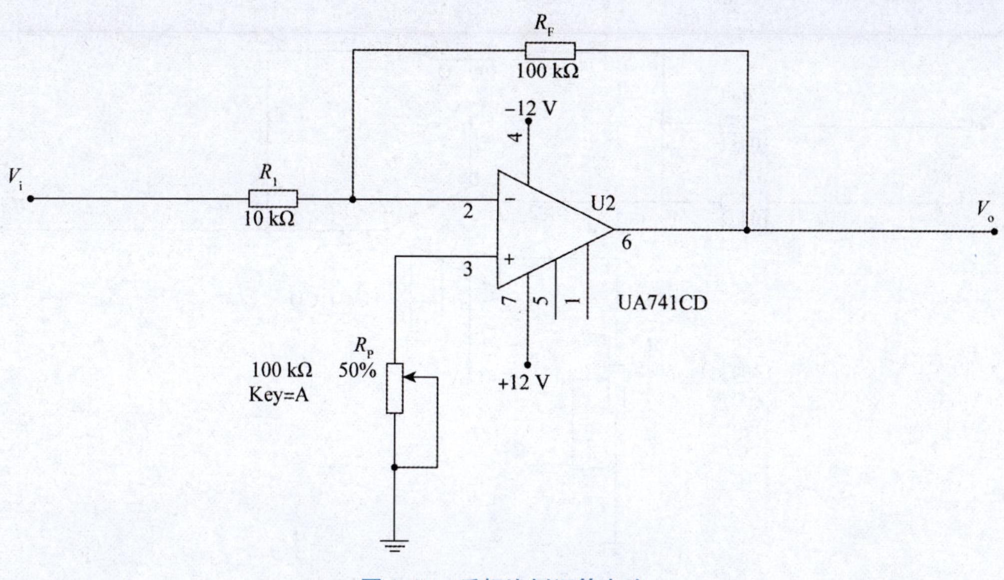

图 3.28　反相比例运算电路

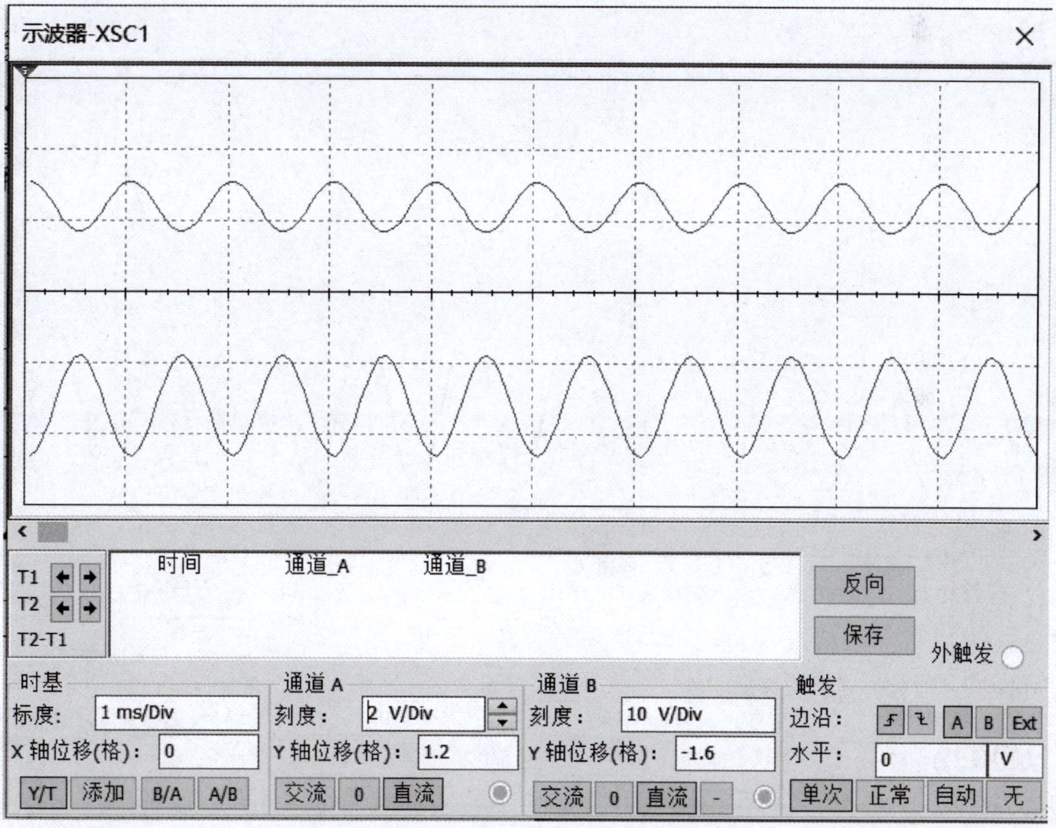

图 3.29　反相比例运算电路的输入、输出波形

(2)按照图 3.30 绘制反相输入加法运算电路原理图，两个输入端同时接入信号源，输入正弦信号 1 kHz、0.2 V，然后用示波器观察输出波形。输入、输出波形如图 3.31 所示，通道 A 为输入波形，通道 B 为输出波形，观察输入、输出波形的相位关系及幅值大小。

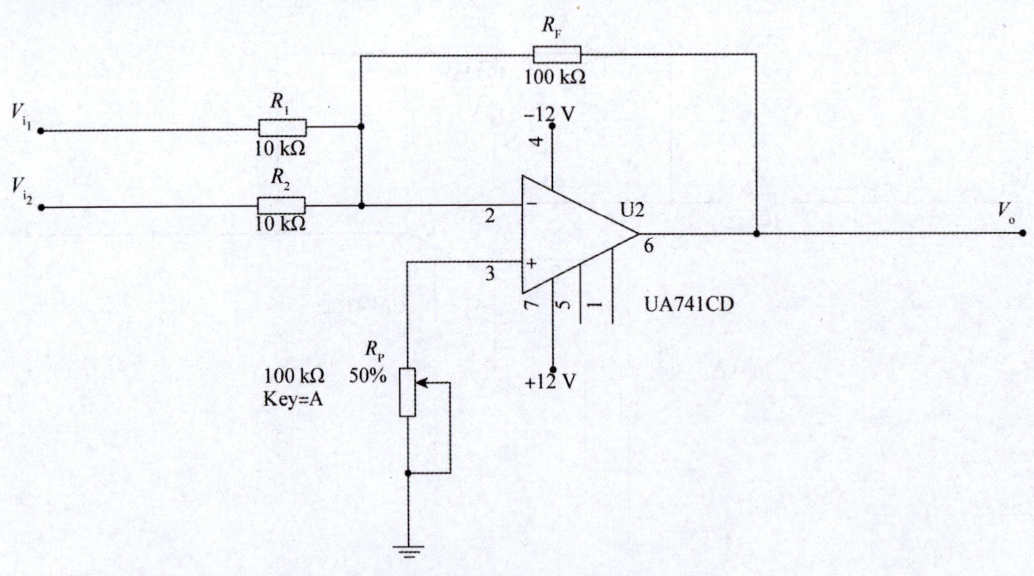

图 3.30　反相输入加法运算电路

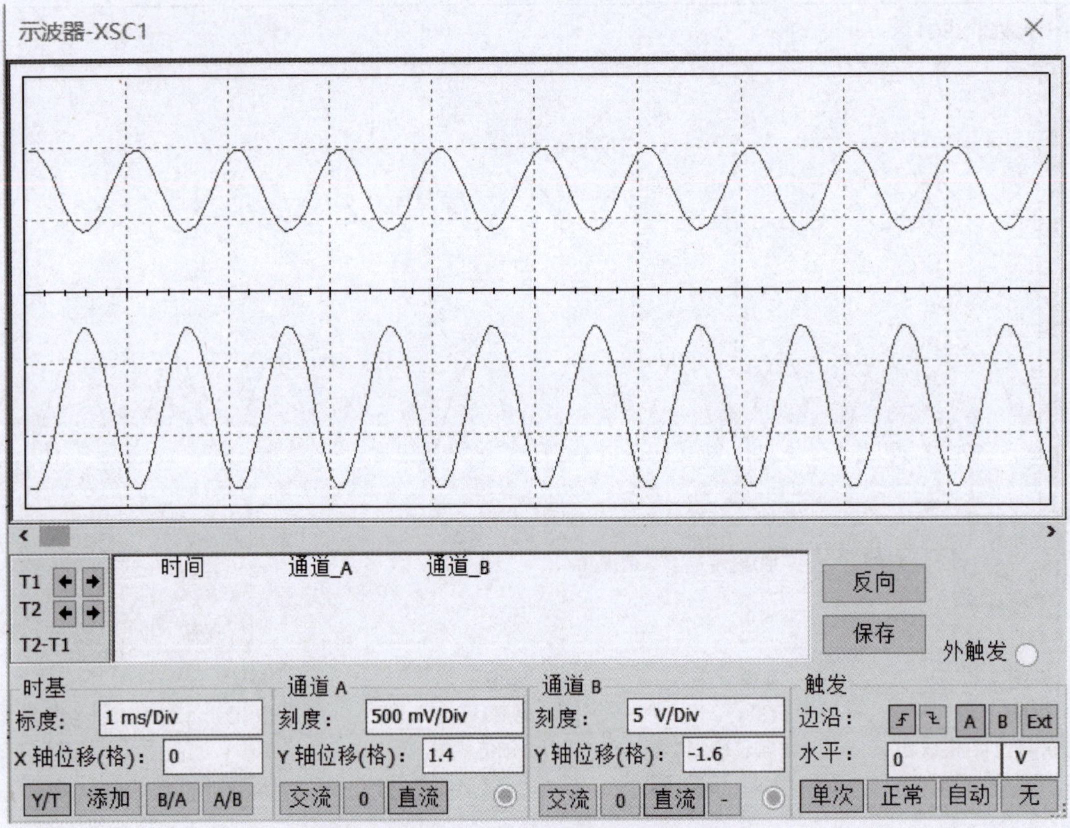

图 3.31　反相加法运算电路的输入、输出波形

(3)按照图 3.32 绘制反相输入积分运算电路原理图，接入信号源，输入方波信号 1 kHz、2 V，然后用示波器观察输出波形。输入、输出波形如图 3.33 所示，通道 A 为输入波形，通道 B 为输出波形。

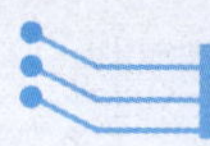

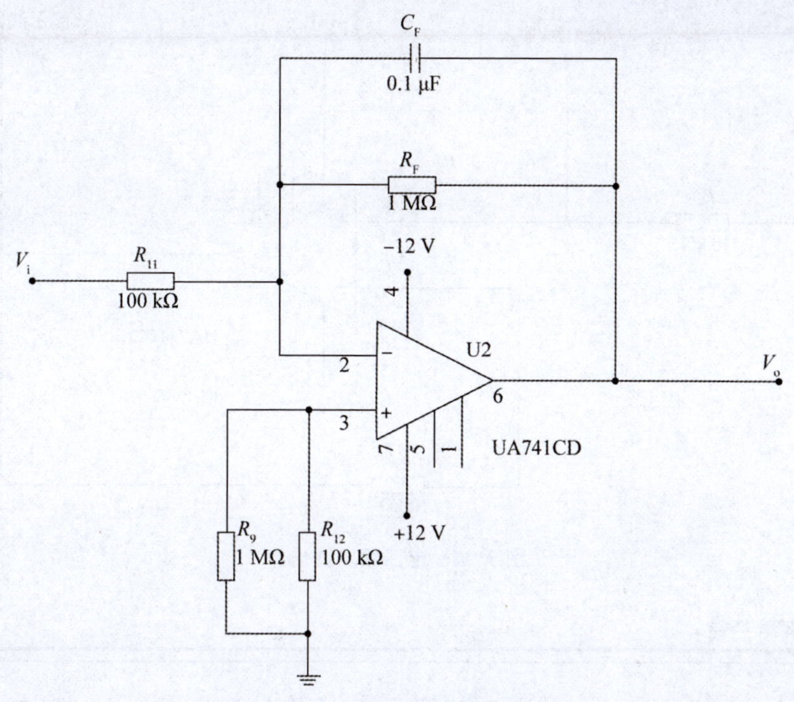

图 3.32　反相输入积分运算电路

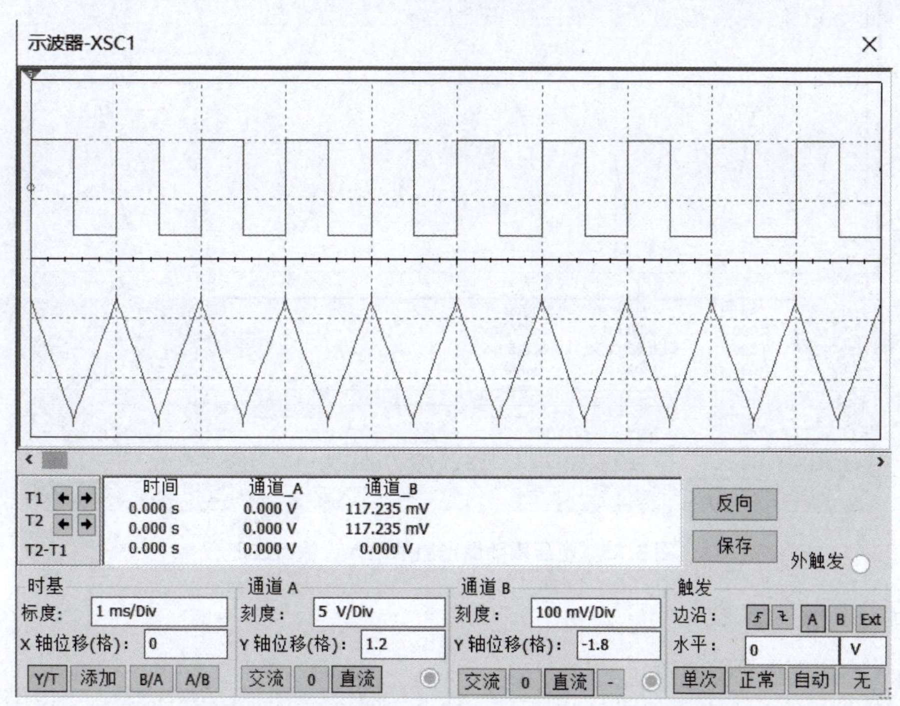

图 3.33　反相输入积分运算电路的输入、输出波形

(4)按照图 3.34 绘制电压跟随器电路原理图，接入信号源，输入正弦信号 1 kHz、4 V，然后用示波器观察输出波形。输入、输出波形如图 3.35 所示，通道 A 为输入波形，通道 B 为输出波形。

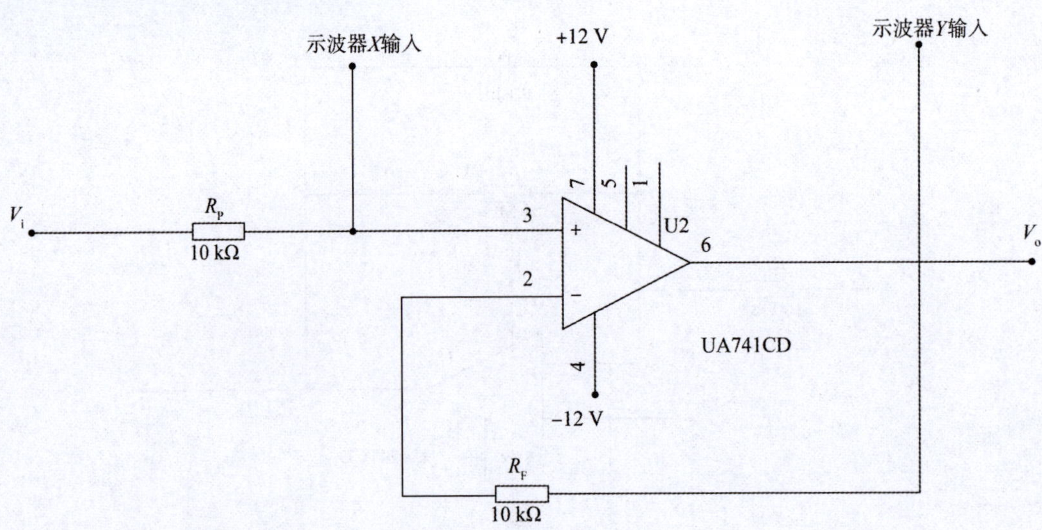

图 3.34　电压跟随器电路

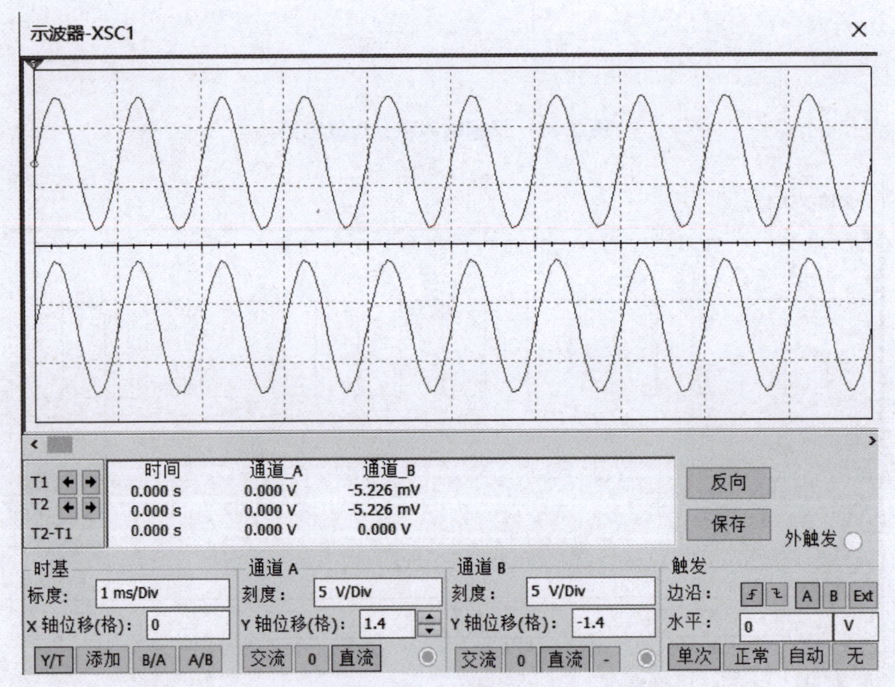

图 3.35　电压跟随器电路的输入、输出波形

5. 实验内容与要求

(1)反相比例运算放大器。

反相比例运算放大电路如图 3.28 所示，按电路图确定电路中的元件参数，以实现 $V_o=-10V_i$ 的运算关系。

1)调零：比例运算电路首先要进行闭环调零。按图 3.28 连接电路，将引脚 3 接地，令输入电压 $V_i=0$，用万用表直流电压挡测量输出电压 V_o，调节运算放大器的调零电位器 R_P，使 $V_o=0$。

2)测量电压放大倍数。用直流电压表测量输出电压，验证反相比例运算放大器的传输特性，测量 V_i 和 V_o，将数据填在表 3.13 中，并计算理论值与实测值之间的误差。

表 3.13　电压放大倍数测量数据

输入电压 V_i/V		-0.8	-0.4	0	+0.4	+0.8	+1	+1.2	$\lvert V_{max} \rvert$
输出电压 V_o/V	理论值								
	实测值								
	计算误差								

3）将 V_i 改为 0.1～0.5 V 的正弦交流信号输入时，观察、测量输出波形，并记录交流输出结果。

（2）反相输入加法器。

反相输入加法运算电路如图 3.30 所示，按电路图确定电路中的元件参数，使 $V_o=-10(V_{i_1}+V_{i_2})$。

注意：合理给定直流输入电压信号 V_{i_1}、V_{i_2} 的量值。

（3）差动输入减法器。

差动输入减法运算电路如图 3.36 所示。按电路图确定电路中的元件参数，使 $V_o=10(V_{i_2}-V_{i_1})$。

注意：合理给定直流输入电压信号 V_{i_1}、V_{i_2} 的量值。

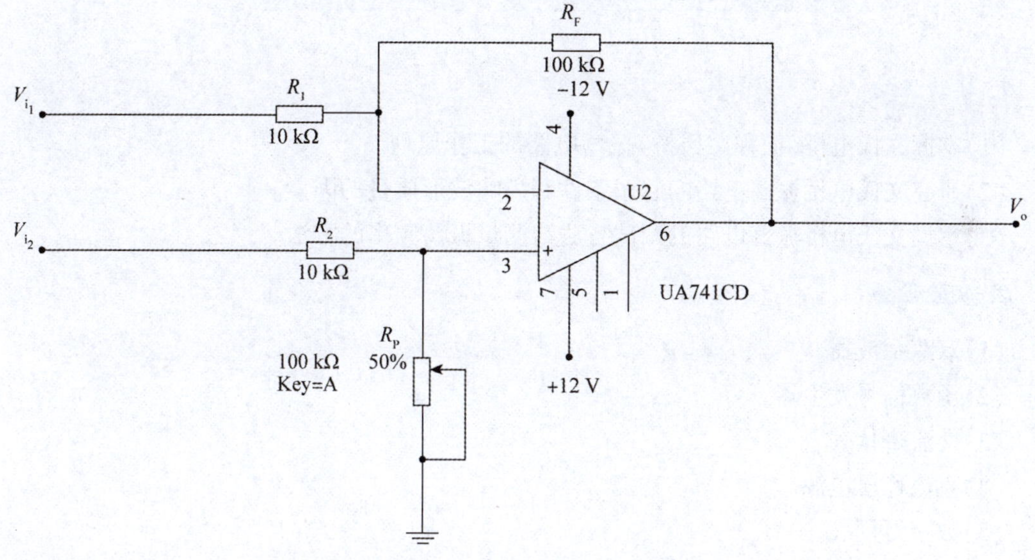

图 3.36　差动输入减法运算电路

（4）反相输入积分器。

反相输入积分运算电路如图 3.32 所示，输入信号 V_i 为正弦信号或为 1～5 kHz、2 V 的方波信号时，观察、测量并记录输出信号 V_o 的波形。

（5）电压跟随器。

电压跟随器电路如图 3.34 所示，输入正弦电压信号，令 $V_i=2$ V，将示波器置“X-Y”工

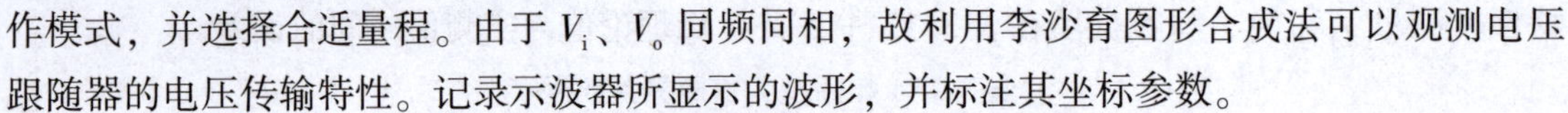

作模式，并选择合适量程。由于 V_i、V_o 同频同相，故利用李沙育图形合成法可以观测电压跟随器的电压传输特性。记录示波器所显示的波形，并标注其坐标参数。

6. 预习要求

(1) 复习信号运算电路的工作原理。

(2) 设计各实验电路接线方案，确定各电路元件参数。

(3) 自拟实验步骤和各种实验数据记录表格，自选仪器设备、自定义信号的有关参数。

7. 实验报告

(1) 整理实验数据，并将实测值与理论值进行比较，分析误差产生的原因。

(2) 记录、分析实验中出现的异常现象与故障排除方法。

8. 思考题

(1) 在实验中，各运算电路的集成运放工作于线性状态还是非线性状态？

(2) 哪些运算电路工作前必须调零？

(3) 造成积分漂移的主要原因是什么？

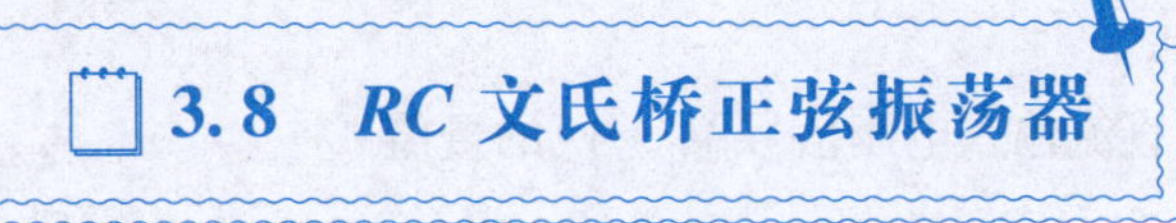

3.8 *RC* 文氏桥正弦振荡器

1. 实验目的

(1) 掌握文氏电桥(简称文氏桥)振荡电路的工作原理。

(2) 研究文氏电桥振荡电路的起振条件和影响波形质量的因素。

(3) 掌握文氏电桥振荡电路的调试方法与测量振荡频率的方法。

2. 实验设备

(1) 双踪示波器。

(2) 函数信号发生器。

(3) 交流毫伏表。

(4) 直流稳压电源。

(5) 数字万用表。

(6) 单级多级负反馈放大电路实验板/正弦波振荡电路实验板。

3. 实验原理

RC 正弦波振荡电路有桥式振荡电路、双 T 网络式振荡电路和稳相式振荡电路等类型，本实验重点介绍 *RC* 桥式振荡电路。其原理如图 3.37 所示，电路由两部分组成，即放大电路 $\dot{A}_V$ 和选频网络 $\dot{F}_V$。$\dot{A}_V$ 是由集成运放组成的电压串联负反馈放大电路，具有输入阻抗高和输出阻抗低的特点。而 $\dot{F}_V$ 由 Z_1、Z_2 组成，同时兼作正反馈网络。由图可知，Z_1、Z_2 和 R_1、

R_f正好形成一个四臂电桥，电桥的对角线顶点接到放大电路的两个输入端，桥式振荡电路的名称即由此得来。

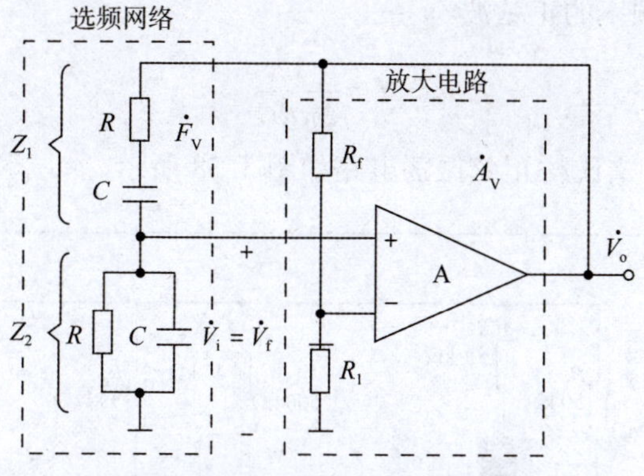

图 3.37　*RC* 桥式振荡电路原理

由图中 RC 串并联选频网络可知，反馈系数为

$$\dot{F}_V(s)=\frac{\dot{V}_f(s)}{\dot{V}_o(s)}=\frac{Z_2}{Z_1+Z_2}=\frac{sCR}{1+3sCR+(sCR)^2}$$

令 $s=\mathrm{j}\omega$，$\omega_0=\dfrac{1}{RC}$，则反馈系数为

$$\dot{F}_V=\frac{1}{3+\mathrm{j}\left(\dfrac{\omega}{\omega_0}-\dfrac{\omega_0}{\omega}\right)}$$

由此可得，RC 串并联选频网络的幅频特性和相频特性表达式如下。

幅频特性表达式：

$$\dot{F}_V=\frac{1}{\sqrt{3^2+\left(\dfrac{\omega}{\omega_0}-\dfrac{\omega_0}{\omega}\right)^2}}$$

相频特性表达式：

$$\varphi_f=-\arctan\frac{\left(\dfrac{\omega}{\omega_0}-\dfrac{\omega_0}{\omega}\right)}{3}$$

当 $\omega=\omega_0=\dfrac{1}{RC}$或$f=f_0=\dfrac{1}{2\pi RC}$时，幅频响应有最大值 $F_{V\max}=\dfrac{1}{3}$，相频响应 $\varphi_f=0$。

振荡电路满足相位平衡条件

$$\varphi_a+\varphi_f=2n\pi$$

若放大电路的电压增益为

$$\dot{A}_V=1+\frac{R_F}{R_1}=3$$

则振荡电路满足振幅平衡条件

$$\dot{A}_V\dot{F}_V = 3\times\frac{1}{3} = 1$$

电路可以输出特定频率的正弦波

$$f_0 = \frac{1}{2\pi RC}$$

分立元件构成的 *RC* 文氏桥正弦振荡电路如图 3.38 所示。

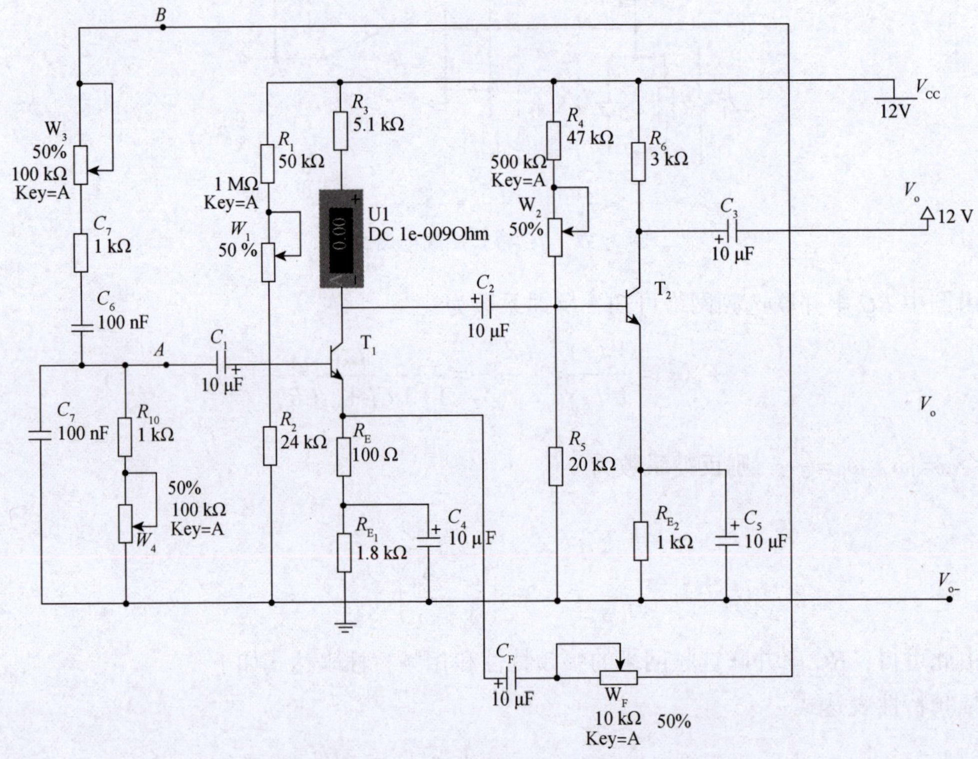

图 3.38　分立元件构成的 *RC* 文氏桥正弦振荡电路

集成运放构成的 *RC* 文氏桥正弦振荡电路如图 3.39 所示。

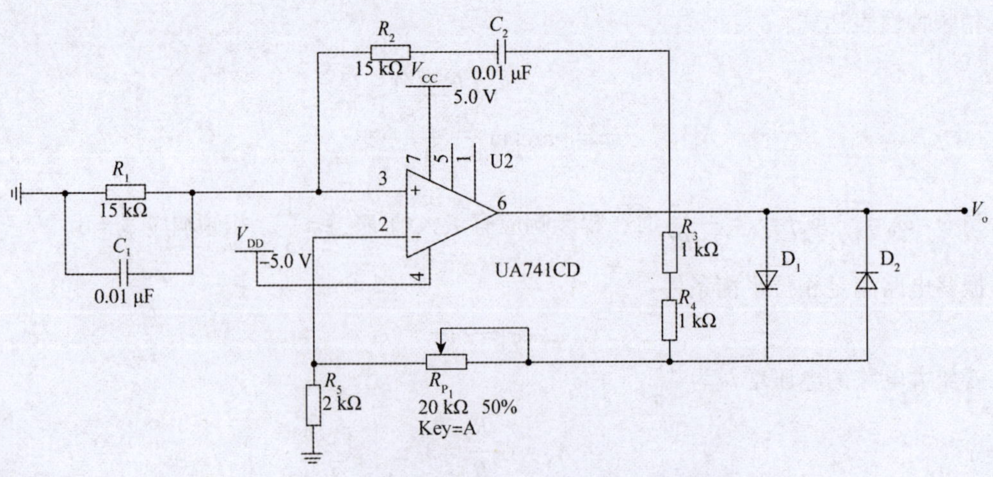

图 3.39　集成运放构成的 *RC* 文氏桥正弦振荡电路

4. 电路仿真

在 Multisim 中，按照图 3.39 绘制集成运放构成的 *RC* 文氏桥正弦振荡电路原理图，按电路给定参数设置并进行仿真。

(1)给定电源电压 12 V，$R_1=R_2=15\ \text{k}\Omega$，$C_1=C_2=0.01\ \mu\text{F}$，然后用示波器观察输出波形，*RC* 文氏桥正弦振荡电路输出波形如图 3.40 所示，理解正弦波振荡电路的工作原理。

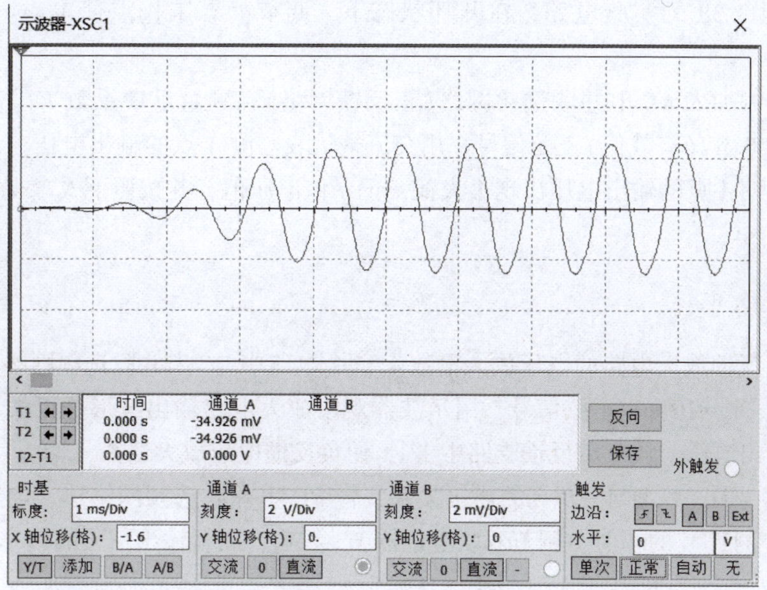

图 3.40　*RC* 文氏桥正弦振荡电路输出波形(1)

(2)改变电阻 R_1、R_2 的阻值，使 $R_1=R_2=10\ \text{k}\Omega$，$C_1=C_2=0.01\ \mu\text{F}$，观察振荡频率的变化，输出波形如图 3.41 所示，对比图 3.40，了解振荡频率与元件参数的关系。

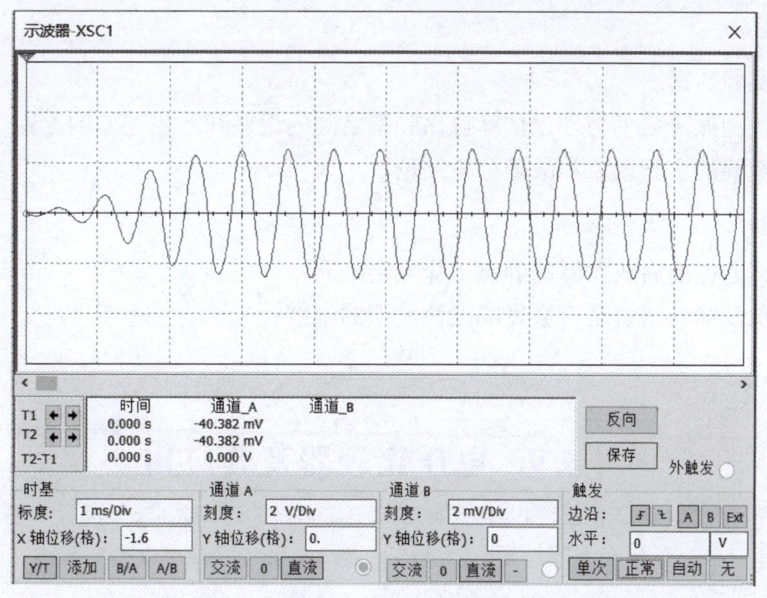

图 3.41　*RC* 文氏桥正弦振荡电路输出波形(2)

5. 实验内容与要求

(1)集成运放构成的 *RC* 文氏桥正弦振荡器。

根据图 3.39 的实验电路，在实验印制电路板上完成正确连接。用示波器观察输出波形，调整 R_{P_1} 使波形为比较顺滑的正弦波，验证振荡频率与 R_1、C_1 的关系。

(2)分立元件构成的 *RC* 文氏桥正弦振荡器。

1)根据图 3.38 的实验电路，在开环状态下，调节静态工作点使 $V_{CQ_1}=11$ V、$V_{CQ_2}=10$ V。

2)将信号源加入 *RC* 串并联选频网络(正反馈网络)，测量反馈系数 F_V。令 *B* 点开路，由 *B* 点输入 300 mV(有效值)正弦信号，用交流毫伏表监测 *A* 点的输出电压。调节正弦信号源输出频率，使 *A* 点的输出电压出现最大值，记录该电压值，并按照下式求得正反馈网络的反馈系数。

$$F_V=\frac{V_A}{V_B}$$

3)测量负反馈放大电路的电压放大倍数 A_V。令电路中 *RC* 串并联选频网络开路，由 *A* 点输入 $f=1$ kHz、$V_i=10$ mV 正弦信号，用示波器观察放大电路输出波形是否失真，并用交流毫伏表测量输出电压，调节负反馈支路中 W_F，使负反馈电压放大倍数 $A_V\geqslant 3$。

4)撤除信号源，恢复 *A*、*B* 点的连接关系，将 *RC* 串并联选频网络接入电路，观察起振后的 V_o 波形，测量 V_o 的幅值。调节双联电位器 W_3、W_4，测量输出信号的频率调节范围。

6. 预习要求

(1)复习文氏桥振荡电路的工作原理，估算振荡频率可调范围。

(2)拟定测频方案，说明原理。

(3)设计记录测量结果所需的表格。

7. 实验报告

(1)整理实验数据。

(2)分析实测振荡频率与理论估算振荡频率之间的误差和产生误差的原因。

(3)记录重要的实验现象和故障分析结论。

8. 思考题

(1)为什么起振前后放大器的静态工作点会不同?

(2)改变负反馈的增益是否会影响振荡波形的幅度?

3.9 电压比较器及其应用

1. 实验目的

(1)掌握使用集成运算放大器组成的电压比较器和矩形波、三角波、锯齿波等波形发生电路的特点和分析方法。

(2)熟悉电压比较器、波形发生器的设计方法及测试方法。

(3)了解集成运算放大器在构成电压比较器和波形发生器时应注意的一些问题。

2. 实验设备

(1)双踪示波器。

(2)函数信号发生器。

(3)交流毫伏表。

(4)直流稳压电源。

(5)数字万用表。

(6)正弦波振荡电路实验板。

3. 实验原理

电压比较器是集成运放非线性应用电路，它将一个模拟量电压信号和一个参考电压相比较，在两者幅度相等的附近，输出电压将产生跃变，相应输出高电平或低电平。电压比较器可以组成非正弦波形变换电路，可以应用于模拟信号与数字信号转换等领域。

图 3.42(a)为一个最简单的电压比较器，V_{REF}为参考电压，加在运放的反相输入端，输入电压 V_i加在运放的同相输入端。当 $V_i>V_{REF}$时，运放输出高电平；当 $V_i<V_{REF}$时，运放输出低电平，因此，以 V_{REF}为界，当输入电压 V_i变化时，输出端反映出两种状态，即高电位和低电位。表示输出电压与输入电压之间关系的特性曲线，称为传输特性。图 3.42(b)为电压比较器的传输特性。

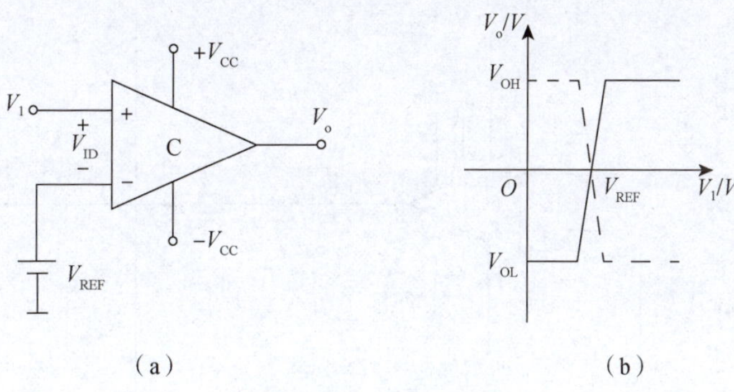

图 3.42　电压比较器

(a)电路；(b)传输特性

常用的电压比较器有单门限比较器、滞回比较器、窗口比较器等。

单门限比较器在实际工作时，如果输入电压恰好在参考值附近，那么由于零点漂移或干扰等因素的存在，输出电压将不断由一个极限值转换到另一个极限值，导致比较器输出不稳定，这在控制系统中对执行机构是很不利的。解决这一问题的一种方法就是采用滞回比较器。滞回比较器是一个具有迟滞回环传输特性的比较器，其电路如图 3.43(a)所示，图 3.43(b)为其传输特性。滞回比较器在单门限比较器的基础上引入了正反馈网络，这种比较器的门限电压是随输出电压的变化而改变的，这样它的抗干扰能力就大大提高了。

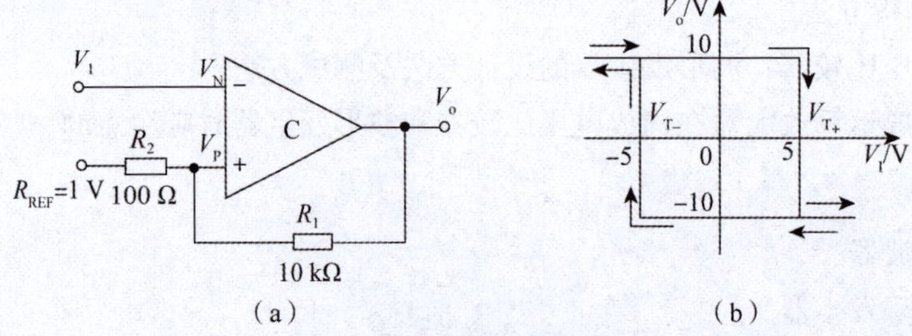

图 3.43 滞回比较器

(a)电路；(b)传输特性

滞回比较器的门限电压为

$$V_{T+}=\frac{R_1V_{REF}}{R_1+R_2}+\frac{R_2V_{OH}}{R_1+R_2}$$

$$V_{T-}=\frac{R_1V_{REF}}{R_1+R_2}+\frac{R_2V_{OL}}{R_1+R_2}$$

在滞回比较器的基础上增加电阻、电容、稳压管等元件就可以构成方波、矩形波、三角波、锯齿波等波形发生电路，其实验电路如图 3.44、图 3.45 所示。

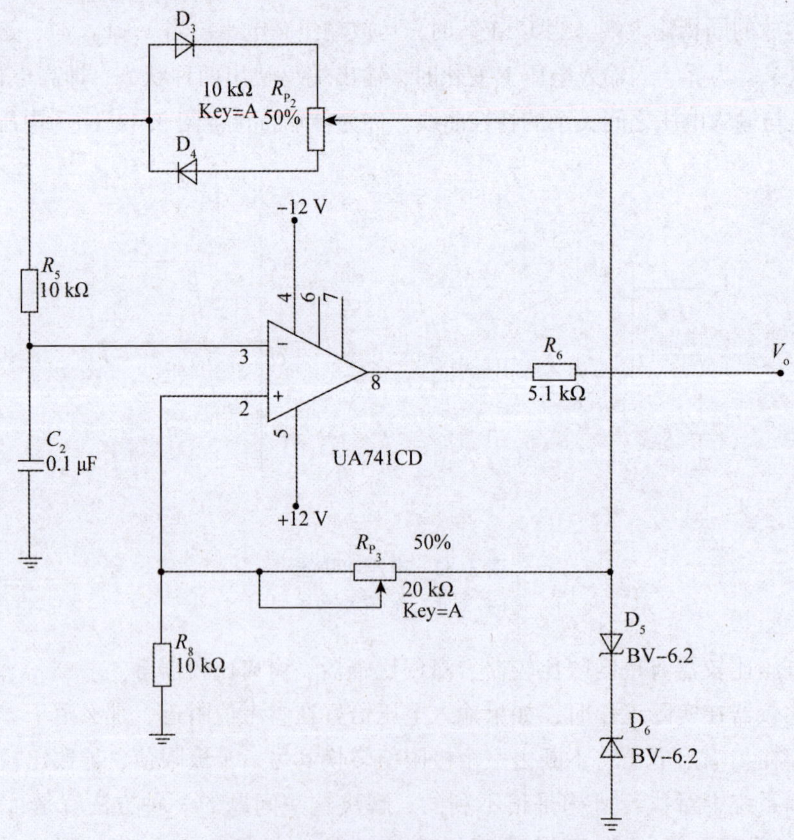

图 3.44 方波和矩形波(脉冲波)发生器

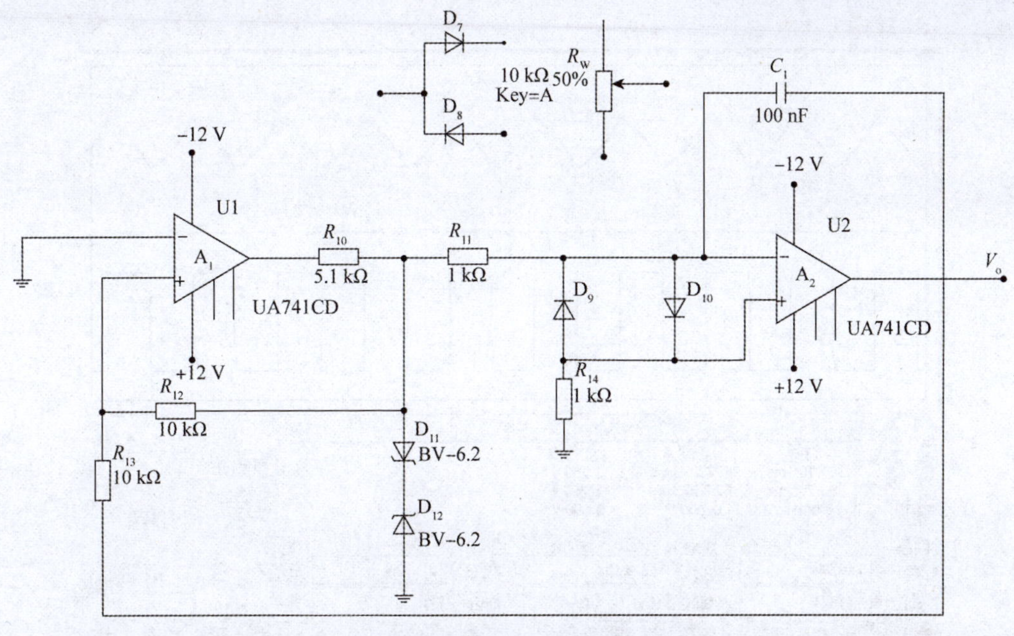

图 3.45　三角波、锯齿波发生器

4. 电路仿真

在 Multisim 中，按图 3. 44 和图 3. 55 绘制方波和矩形波发生器、三角波、锯齿波发生器原理图，按电路给定参数设置并进行仿真。

(1) 电源电压 12 V，按照图 3. 44 连接电路，用示波器观察输出波形。调节 R_{P_3} 观察矩形波周期的变化，调节 R_{P_2} 观察矩形波占空比的变化，矩形波仿真输出波形如图 3. 46 所示，通道 A 为电容 C_2 的电压波形，通道 B 为输出波形。调节 R_{P_2}、R_{P_3} 产生周期为 10 ms 的方波，方波仿真输出波形如图 3. 47 所示。

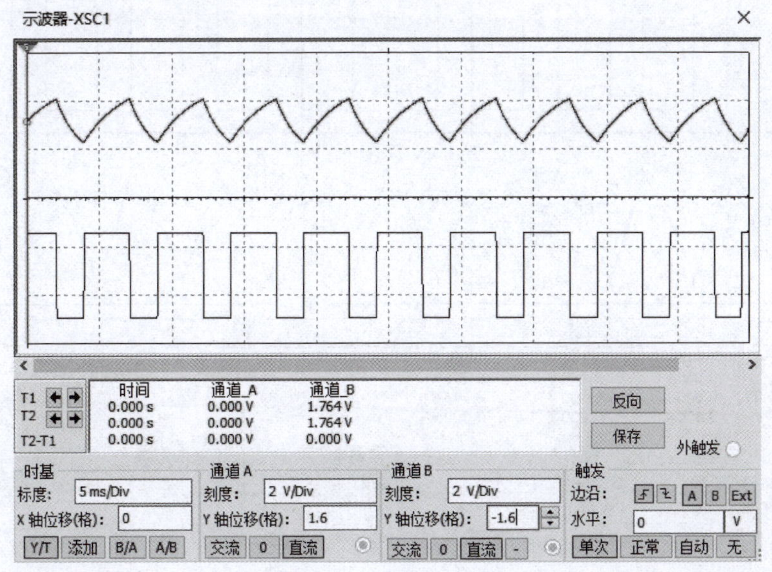

图 3.46　矩形波仿真输出波形

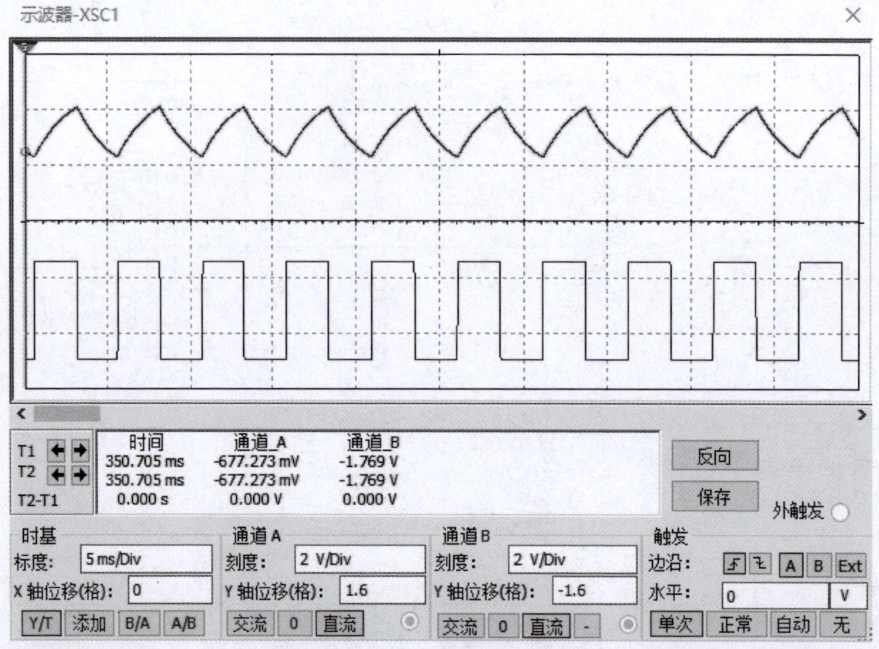

图 3.47　方波仿真输出波形

(2)在仿真测试(1)的基础上，按照图 3.45 的连接电路，用示波器观察输出波形。调节 R_{P_2}、R_{P_3}观察波形的上升时间 T_1、下降时间 T_2、频率 f 和幅值 V_m。锯齿波仿真输出波形如图 3.48 所示，通道 A 为第一级输出矩形波电压波形，通道 B 为锯齿波输出信号波形。调节 R_{P_2}、R_{P_3}产生方波、三角波仿真输出波形如图 3.49 所示。

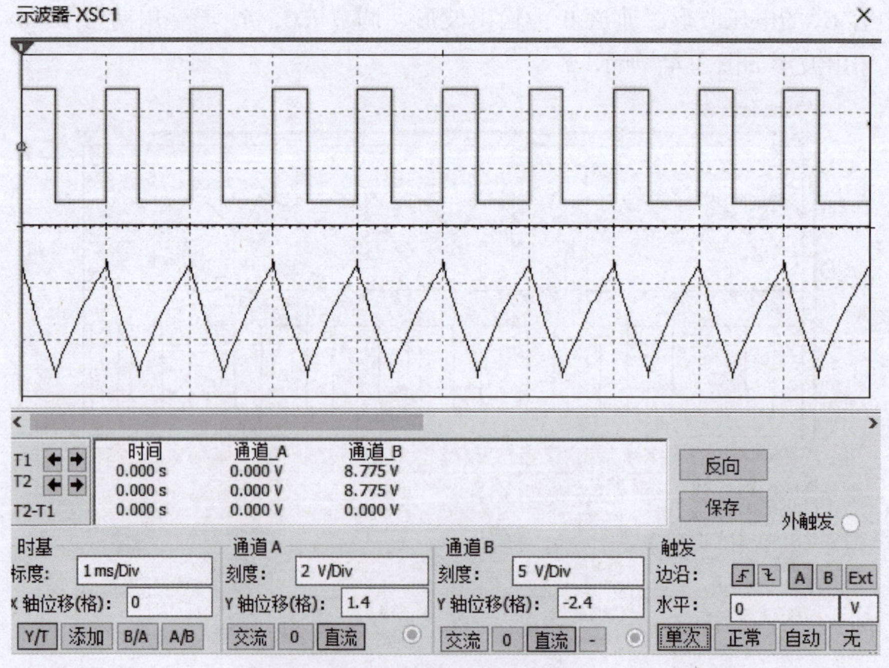

图 3.48　锯齿波仿真输出波形

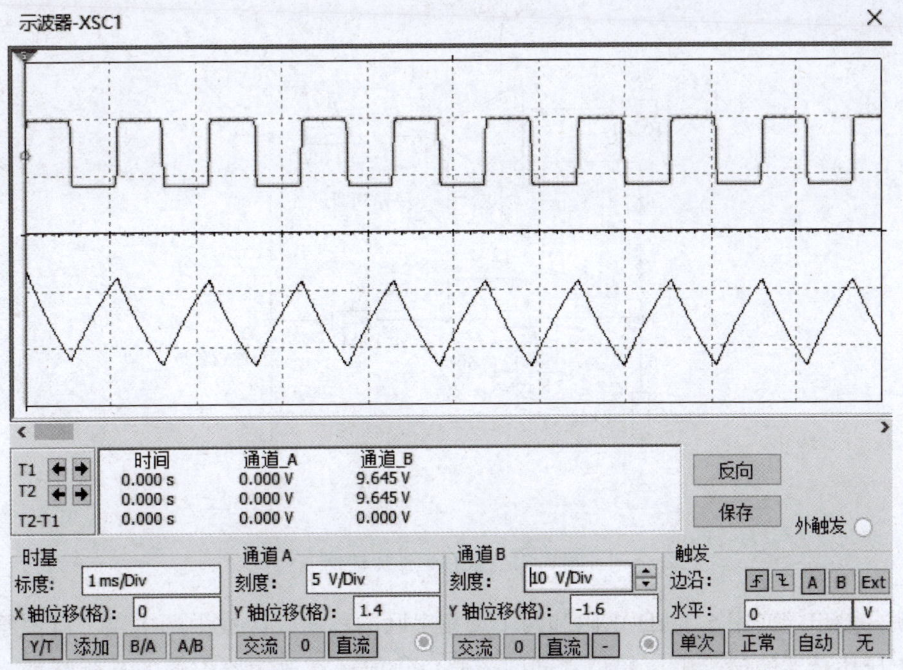

图 3.49　方波、三角波仿真输出波形

5. 实验内容与要求

(1)调零。

比例运算电路首先要进行闭环调零。按图 3.50 所示连接电路，令输入电压为 0，用万用表直流电压挡监测输出电压，调节运算放大器的调零电位器 R_P，使输出电压为 0。

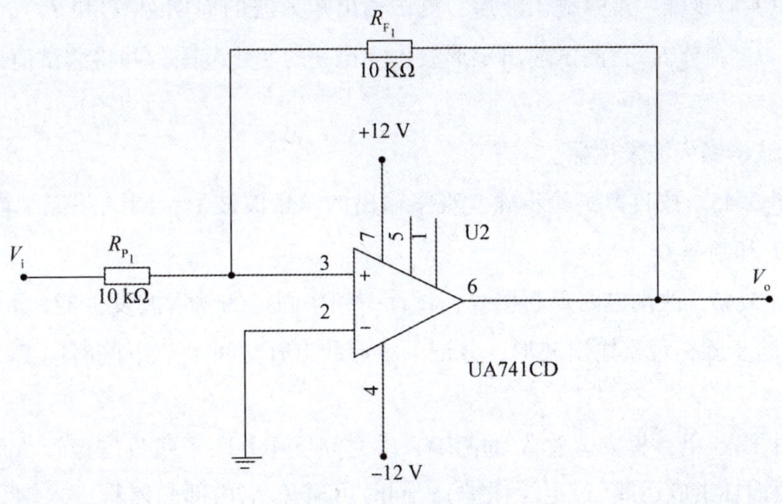

图 3.50　调零电路

(2)反相迟滞比较器。

当输入信号为正弦波(信号频率、幅值自定)时，参照图 3.51 估算 V_{T+} 和 V_{T-}。按自拟的实验步骤观察输出波形，测试并记录 V_{T+} 和 V_{T-}。

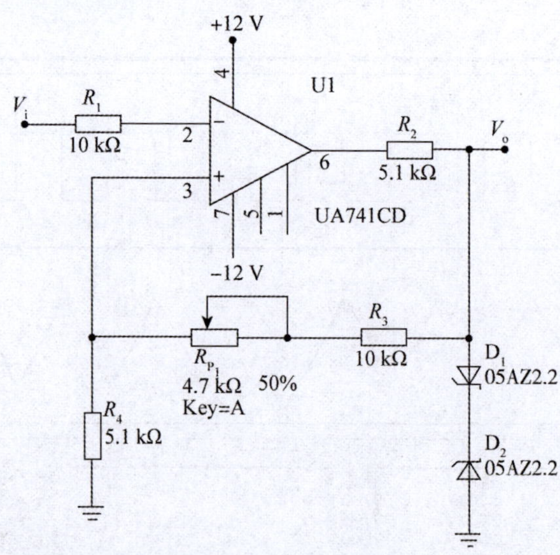

图 3.51 反相迟滞比较器

说明：输出端使用 5.1 kΩ 电阻和两个反相串联的稳压管构成限幅电路，可按照实际需要减小电压比较器的输出电压幅值；同时，避免集成运算放大器内部的晶体管进入深度饱和，这样有利于提高电压比较器的响应速度。

(3)方波和矩形波(脉冲波)发生器。

1)图 3.44 为方波和矩形波(脉冲波)发电器电路，若要产生周期约为 10 ms 的矩形波，确定可选件 R_{P_3}数值；若要求产生方波，确定应如何调节 R_{P_2}。

2)按所选 R_{P_2}，计算此电路输出矩形波占空比 q 的变化范围。

3)按自拟实验步骤，观察输出波形，测试输出矩形波的周期 T(T_1和 T_2)、幅值 V_m、频率 f 及占空比 q；调节 R_{P_2}，测试输出矩形波占空比 q 的变化范围，并将测试值记录在自拟表格中。

(4)三角波、锯齿波发生器。

1)参照图 3.45，按自拟实验步骤，观察输出的三角波波形，测试并记录输出波形的幅值 V_m、周期 T 和频率 f。

2)参照图 3.45，改动电路重新接线，设计一频率固定的锯齿波发生器(可利用 D_7、D_8、R_w)。自拟实验步骤，观察输出波形，并记录波形的上升时间 T_1、下降时间 T_2、频率 f 和幅值 V_m。

说明：图 3.45 中，集成运放 A_2的两输入端之间反相并联了两只二极管，是为了防止输入信号过大而损坏集成运放(过电压保护)，同时可避免 A_2内部晶体管进入饱和，从而提高运放的响应速度。此电路输出的三角波的线性度好，并且调整周期时不会影响输出波形的电压幅值。

6. 预习要求

(1)复习电压比较器及信号发生电路的基本原理和分析方法。

(2) 设计各实验的接线方案，确定有关元件参数，并完成实验要求中有关的理论估算。

(3) 自拟测试步骤和测试数据记录表格，制定测试方案。

7. 实验报告

(1) 记录实验所要求的数据和波形。

(2) 分析估计值和实测值存在误差的原因。

8. 思考题

(1) 电压比较器和波形发生器电路需要调零吗？为什么？

(2) 电压比较器和波形发生器电路中是否要求 $R_N = R_P$？为什么？

(3) 实验电路均为双极性输出，若要将其改为单极性输出，应该怎么办？

(4) 不改变振荡频率，只增大矩形波占空比的可调范围，应如何改动电路结构和参数？

(5) 如何改变锯齿波的输出频率？

3.10　OTL/OCL 功率放大电路

1. 实验目的

(1) 熟悉和掌握 OTL(Output Transformer Less)、OCL(Output Capacitor Less) 功率放大器的工作原理。

(2) 学会 OTL、OCL 电路的调试方法及主要性能指标的测试方法。

2. 实验设备

(1) 双踪示波器。

(2) 函数信号发生器。

(3) 交流毫伏表。

(4) 直流稳压电源。

(5) 数字万用表。

(6) OTL/OCL 功率放大电路实验板。

3. 实验原理

OTL 电路为推挽式无输出变压器功率放大电路，采用互补对称电路(NPN、PNP 参数一致，互补对称，均为射极跟随器组态，串联，中间两只晶体管的发射极作为输出)，通常采用单电源供电，输出端通过电容耦合输出信号。省去输出变压器的功率放大电路通常称为 OTL 电路，它的特点是有输出电容，单电源供电，电路轻便可靠；缺点是需要能把一组电源变成两组对称正、负电源的大电容，低频特性差。OTL 功率放大电路如图 3.52 所示。

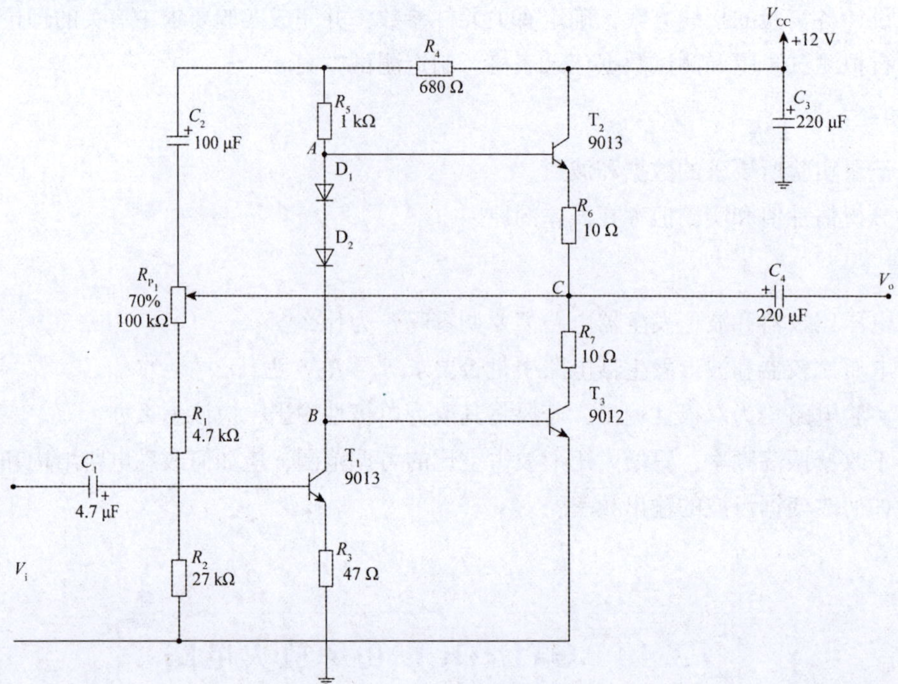

图 3.52　OTL 功率放大电路

当输入正弦交流信号 V_i时，经 T_1放大、倒相后同时作用于 T_2、T_3的基极，当输入信号处在负半周期时，T_2 导通，T_3 截止，于是 T_2 以射级输出的形式将信号传递给负载，同时向 C_4 充电，因为 C_4 电容量大，故其上的电压基本不变，维持在 $1/2V_{CC}$。已充电的 C_4 充当 T_3 的电源，当输入信号处在正半周期时，T_3 导通，T_2 截止，T_3 也以射级输出的形式将信号传递给负载，这样在负载上得到了完整的输出波形。图中的 R_4、R_5 是 T_1 的集电极电阻，其中，R_4 和 C_2 组成自举电路，D_1、D_2 在 T_2 和 T_3 之间提供电压差，R_1、R_2 是 T_1 的偏流电阻。

OTL 功率电路的主要性能指标有以下两点。

(1)最大不失真输出功率 P_{om}。

理想情况下 $P_{om}=\dfrac{V_{CC}^2}{8R_L}$，在实验中，可以通过测量 R_L两端的电压有效值来求得实际情况下的 $P_{om}=\dfrac{V_o^2}{R_L}$。

(2)效率 η。

$\eta=\dfrac{P_{om}}{P_E}\times 100\%$，式中，$P_E$为直流电源供给的平均功率。

注意：所有电子仪器、仪表的接地端必须与实验板上的参考地连接。

4. 电路仿真

在 Multisim 中，绘制 OCL 功率放大电路原理图，按电路给定参数设置并进行仿真。

按图 3.53 连接电路。在 V_i端输入 100 mV_{p-p}、1 kHz 正弦波，使用双踪示波器观察输入波形和输出波形，通道 A 为输入波形，通道 B 为输出波形，观察输出电压幅值的变化。连

接电解电容 C_2，在示波器中观察输出波形有什么变化。OCL 功率放大电路输出波形如图 3.54 所示。

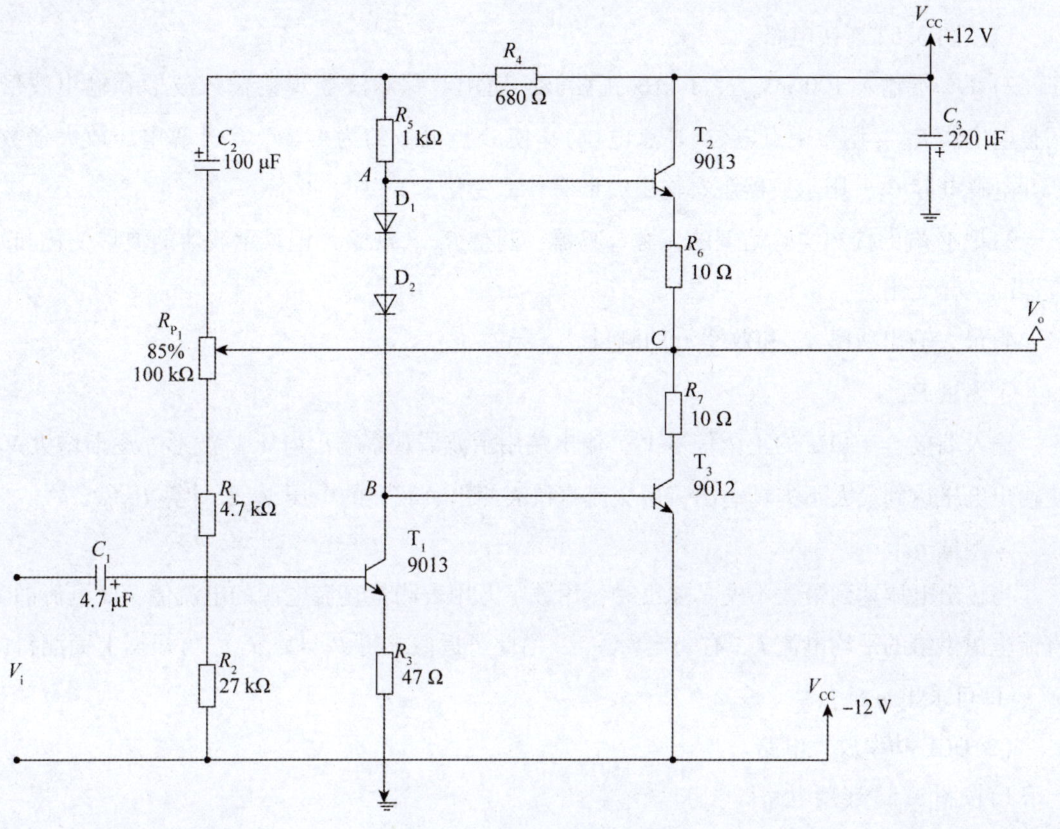

图 3.53　OCL 功率放大电路

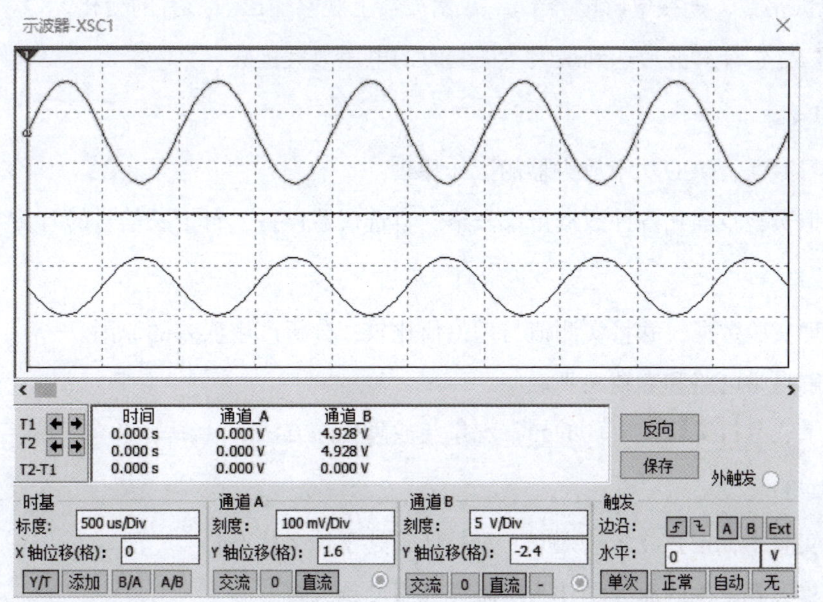

图 3.54　OCL 功率放大电路输出波形

5. 实验内容及步骤

(1) OTL 功率放大电路。

1) 按图 3.52 连接电路。

2) 在 V_i 端输入 100 mV_{p-p}、1 kHz 正弦波，使用双踪示波器观察输入波形和输出波形，调整电位器 R_{P_1}，调整中点电位（C 点电位），使 C 点电位约为 $1/2V_{CC}$，计算电压放大倍数；断开电解电容 C_4，用示波器观察输出波形有什么变化。

3) 把 V_o 端的接到实验箱上的无源蜂鸣器，调整 R_{P_1}，观察并记录示波器的波形变化和蜂鸣器的声音变化。

4) 最大输出功率 P_{om} 和效率 η 的测量。

①测量 P_{om}。

输入端接 $f=1$ kHz 的正弦信号 V_i，输出端用示波器观察输出电压 V_o 波形。逐渐增大 V_i，使输出电压达到最大不失真输出，用交流毫伏表测出负载上的电压 V_{om}，计算 P_{om}。

②测量 η。

当输出电压达到最大不失真输出时，用数字万用表测量直流电源的电流值，此电流即为直流电源供给的平均电流 I_{dc}（有一定误差），由此可近似求得 $P_E=V_{CC}I_{dc}$，再根据上面测得的 P_{om}，即可求出 η。

(2) OCL 功率放大电路。

1) 按图 3.53 连接电路。

2) 在 V_i 端输入 100 mV_{p-p}、1 kHz 正弦波，使用双踪示波器观察输入波形和输出波形，计算电压放大倍数，连接电解电容 C_2，在示波器上观察输出波形有的变化。

3) 调整 R_{P_1}，计算波形达到最大不失真时的电压放大倍数。

6. 预习要求

(1) 预习 OTL、OCL 功率放大器的工作原理。

(2) 自拟实验步骤和各种数据记录表格，自选仪器设备，自定义信号的有关参数。

7. 实验报告

(1) 整理实验数据，并将实测值与理论值比较，分析产生误差的原因。

(2) 了解自举电路和交越失真。

(3) 记录、分析实验中出现的异常现象与故障排除方法。

8. 思考题

(1) 在实验中，正弦波未输入时 3 只晶体管处于什么状态？

(2) 交越失真产生的原因是什么？怎样克服交越失真？

(3) 去掉电路中的 R_{P_1} 对波形有什么影响？

3.11　集成功率放大器

1. 实验目的

(1)熟悉集成功率放大器的特点。

(2)掌握集成功率放大器的主要性能指标及其测量方法。

2. 实验设备

(1)双踪示波器。

(2)函数信号发生器。

(3)交流毫伏表。

(4)直流稳压电源。

(5)数字万用表。

(6)集成功率放大电路实验板。

3. 实验原理

LM386是美国国家半导体公司生产的音频功率放大器，具有功耗低、电压增益可调整、电源电压范围大、外接元件少和总谐波失真小等优点，主要应用于低电压消费类产品。为使外围元件最少，将电压增益内置为20，但在引脚1和引脚8之间增加一只外接电阻和电容，便可将电压增益调为任意值，直至200。输入端以地位为参考，同时输出端被自动偏置到电源电压的一半，在6 V的电源电压下，它的静态功耗仅为24 mW，这使LM386特别适用于电池供电的场合。

LM386内部电路如图3.55所示。与通用型集成运放相类似，它是一个三级放大电路。第一级为差分放大电路，T_1和T_2、T_3和T_4分别构成复合管，作为差分放大电路的放大管，T_5和T_6组成镜像电流源，作为T_2和T_4的有源负载，信号从T_1和T_3的基极输入，从T_4的集电极输出，为双端输入单端输出差分放大电路。使用镜像电流源作为差分放大电路的有源负载，可使单端输出电路的电压放大倍数近似等于双端输出电路的电压放大倍数。第二级为共射放大电路，T_7为放大管，恒流源作有源负载，以增大电压放大倍数。第三级中的T_8和T_9复合成PNP型管，与NPN型管T_{10}构成准互补输出级。二极管D_1和D_2为输出级提供合适的偏置电压，可以消除交越失真现象。

引脚2为反相输入端，引脚3为同相输入端。电路由单电源供电，故为OTL电路。输出端(引脚5)应先外接输出电容后再接负载。电阻R_7从输出端连接到T_2的发射极，形成反馈通路，并与R_5和R_6构成反馈网络，从而引入了深度电压串联负反馈，使整个电路具有稳定的电压增益。

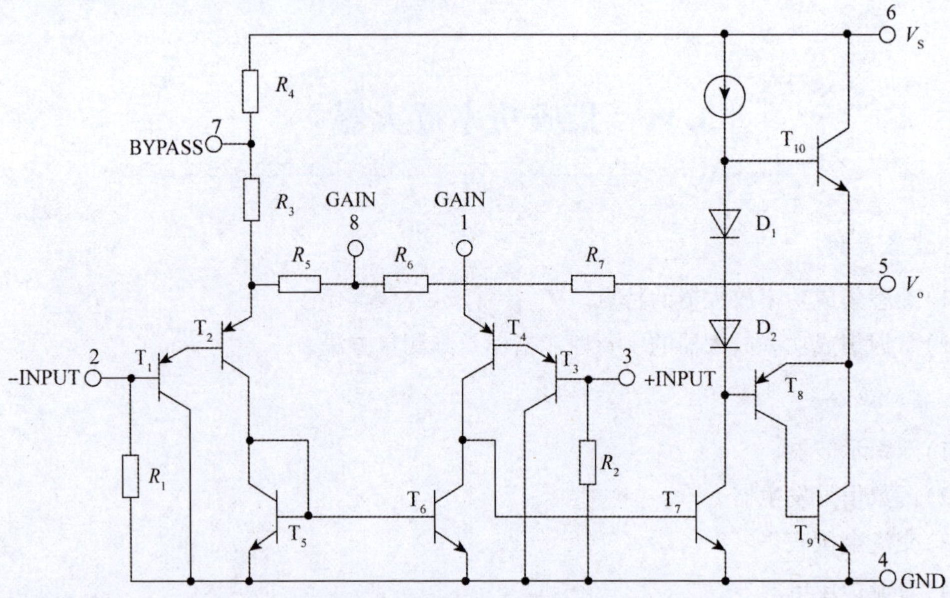

图 3.55　LM386 内部电路

4. 电路仿真

在 Multisim 中，绘制集成功率放大电路原理图，按电路给定参数设置并进行仿真。

按图 3.56 连接电路，在 V_i端输入 100 mV_{p-p}、1 kHz 正弦波，输出端接蜂鸣器，使用双踪示波器观察输入波形和输出波形，通道 A 为输入波形，通道 B 为输出波形，观察输出电压幅值的变化及蜂鸣器音量的变化。集成功率放大电路仿真结果如图 3.57 所示。

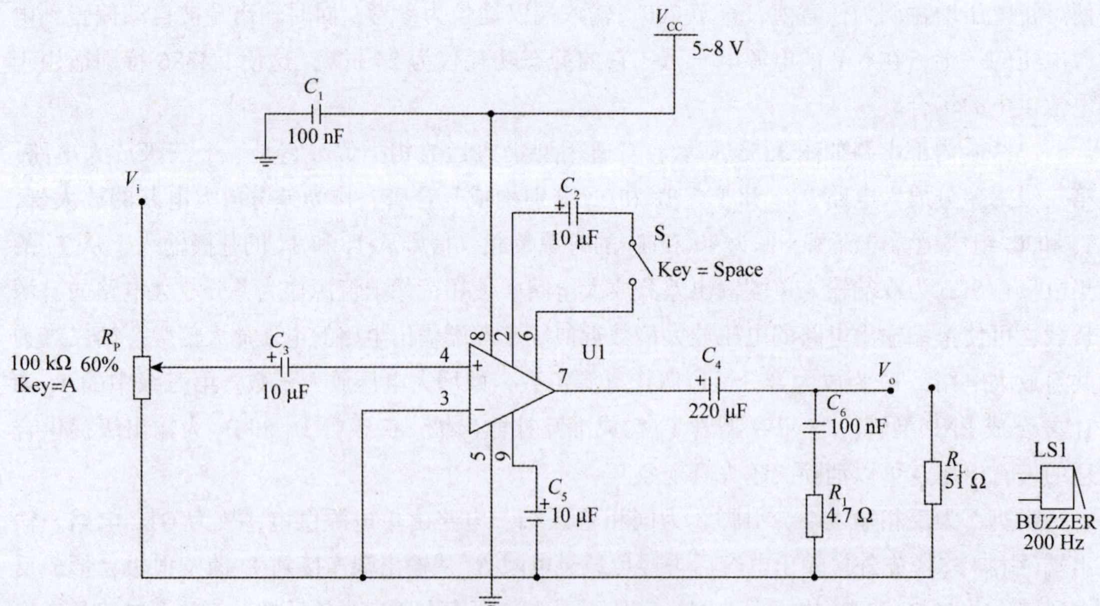

图 3.56　集成功率放大电路

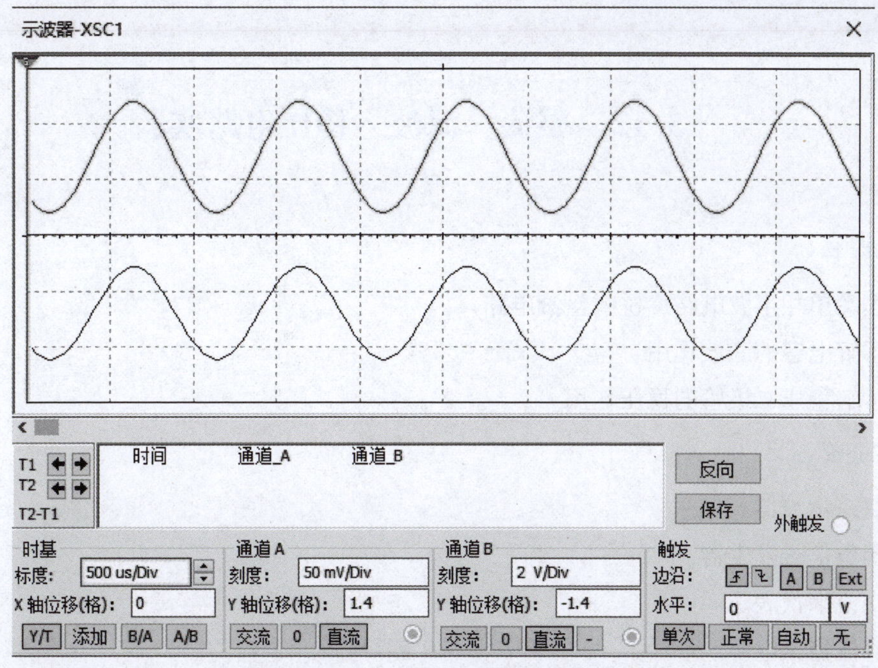

图 3.57　集成功率放大器仿真结果

5. 实验内容及步骤

(1)按图 3.56 在实验板上插装电路，不加信号时测量静态工作电流。

(2)在 V_i 端接入 10 mV、1 kHz 正弦电压信号，调节 R_P 音量电位器，逐渐增加输入电压幅度，用示波器观察输出波形，直至出现失真为止。记录此时的输入电压和输出电压有效值，测量工作电流(电源电流)，并记录输出波形。

(3)断开 10 μF 电容 C_2，重复上述步骤。

(4)改变电源电压(5~8 V，步进 1 V 调节)，重复上述实验。

6. 预习要求

(1)复习集成功率放大器的工作原理，对照图 3.55 分析实验电路工作原理。

(2)在图 3.56 中，若 $V_{CC}=8$ V，$R_L=51\ \Omega$，估算该电路的最大交流输出功率 P_{om}、电源功耗 P_V 和效率 η。

(3)阅读实验内容，准备记录表格。

7. 实验报告

(1)根据实验测量值，计算各种情况下的 P_{om}、P_V 及 η。

(2)作出电源电压与输出电压、输出功率的关系曲线。

(3)对实验数据进行分析。

8. 思考题

(1)要想扩大输出电压的动态范围可以采取哪些措施?

(2)如果电路有自激现象，应如何消除?

3.12 整流、滤波、稳压电路实验

1. 实验目的

(1)熟悉单相半波电路、桥式整流电路。

(2)了解电容的滤波作用。

(3)了解稳压二极管的稳压作用。

2. 实验设备

(1)双踪示波器。

(2)函数信号发生器。

(3)交流毫伏表。

(4)直流稳压电源。

(5)稳压电源-串联晶体管稳压电路实验板。

3. 实验原理

直流稳压电源由电源变压器、整流、滤波和稳压电路等部分组成，常见的整流电路有单相半波、全波、桥式和倍压整流电路。它们都是利用二极管的单向导电性，将交流电流变成单向脉动电流，使输出电压中包含一定的直流分量。滤波电路是利用电容、电感在电路中的储能作用及其对不同频率有不同电抗的特性来组成低通滤波电路，以减小输出电压中的纹波，得到比较平滑的直流电流。例如，在负载的两端并联电容或与负载串联电感，以及由电容、电感组合而成的各种复式滤波电路。由于电抗元件在电路中有储能作用，所以并联的电容在电源电压升高时能把部分能量存储起来，而当电源电压降低时，就把能量释放出来，使负载电压比较平滑，即电容具有平波的作用。与负载串联的电感，当电源供给的电流增加(电源电压增加)时，它把能量存储起来，而当电流减小时，又把能量释放出来，使负载电流比较平滑，即电感也具有平波的作用。交流电流经过整流滤波可得到平滑的直流电压，但当电网电压波动和负载变化时输出电压也将随之变化，在对直流供电要求较高的场合，还需要使用稳压电路，以保证输出直流电压更加稳定。

4. 电路仿真

在 Multisim 中，绘制半波、桥式整流电路原理图，按电路给定参数设置并进行仿真。

(1)按照图 3.58 连接电路，输入 20 V 正弦波，使用双通道示波器观察输入、输出波形，仿真结果如图 3.59 所示。通道 A 为变压器二次(侧)电压波形，通道 B 为整流输出波形。

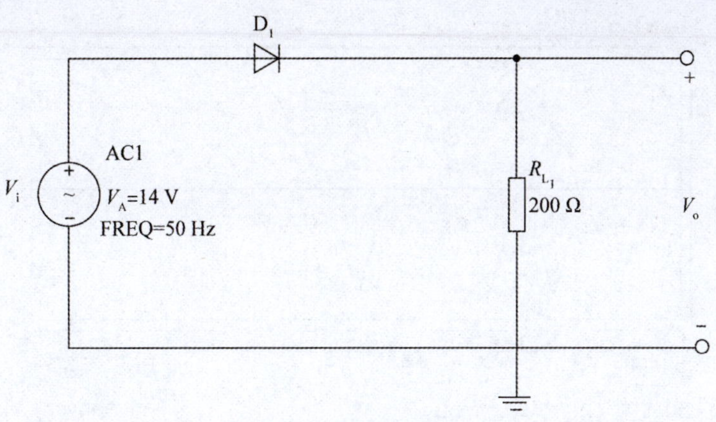

图 3.58　半波整流电路

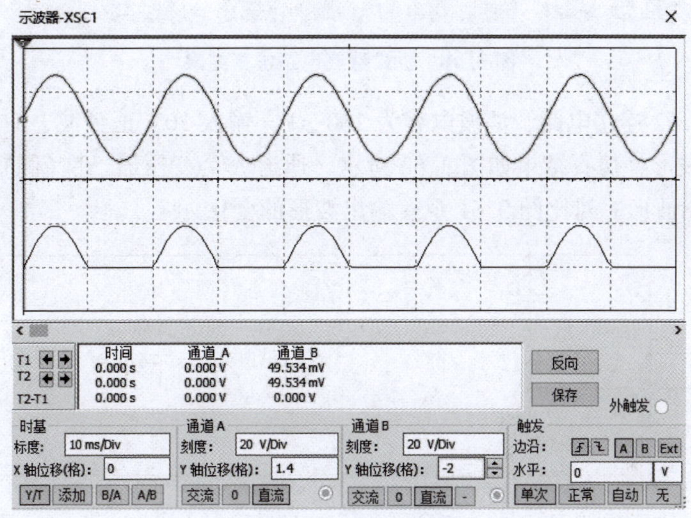

图 3.59　半波整流电路仿真结果

(2)按照图 3.60 连接电路，输入 20 V 正弦波，使用双通道示波器观察输入、输出波形，仿真结果如图 3.61 所示。通道 A 为变压器二次(侧)电压波形，通道 B 为整流输出波形。对比图 3.59 观察输出波形的变化。

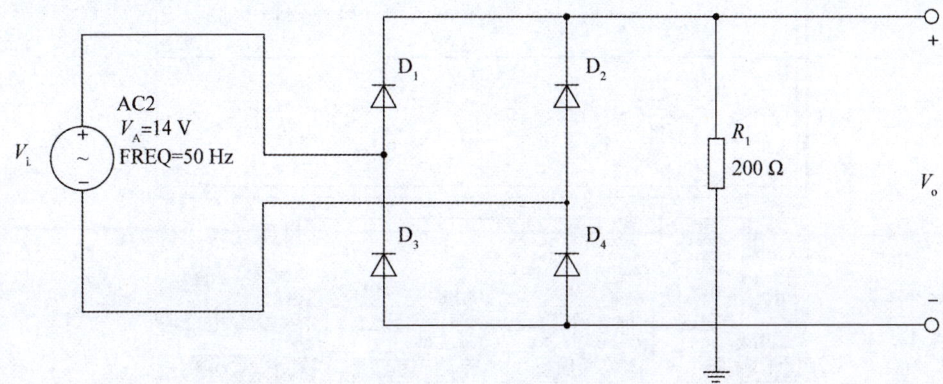

图 3.60　桥式整流电路

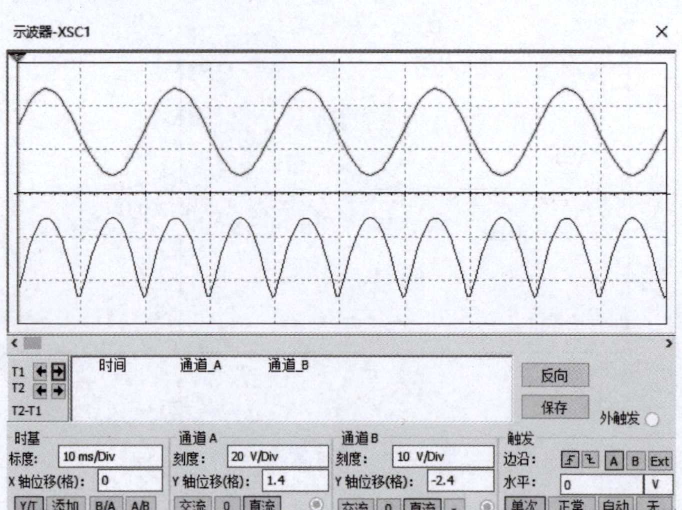

图 3.61 桥式整流电路仿真结果

(3)按照图 3.62 连接电路，滤波电容为 100 μF，输入 20V 正弦波，使用双通道示波器观察输入、输出波形，仿真结果如图 3.63 所示。通道 A 为变压器二次(侧)电压波形，通道 B 为整流滤波输出波形，对比图 3.61 观察输出波形的变化。

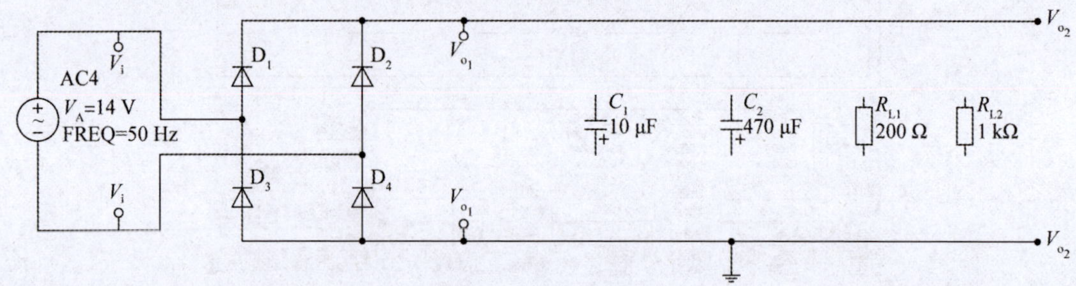

图 3.62 桥式整流电容滤波电路

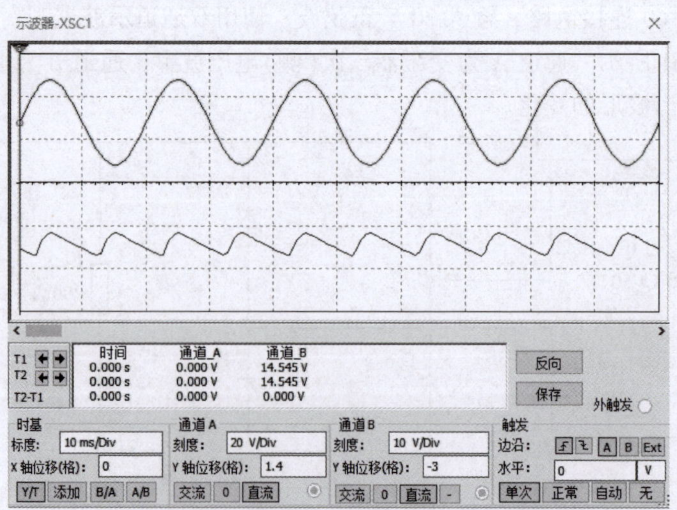

图 3.63 桥式整流电容滤波电路仿真结果

(4)按照图 3.64 连接电路，滤波电容 500 μF，输入 20 V 正弦波，使用双通道示波器观察输入、输出波形，仿真结果如图 3.65 所示。通道 A 为变压器二次(侧)电压波形，通道 B 为整流滤波输出波形。对比观察图 3.61，体会不同大小的滤波电容产生的滤波效果。

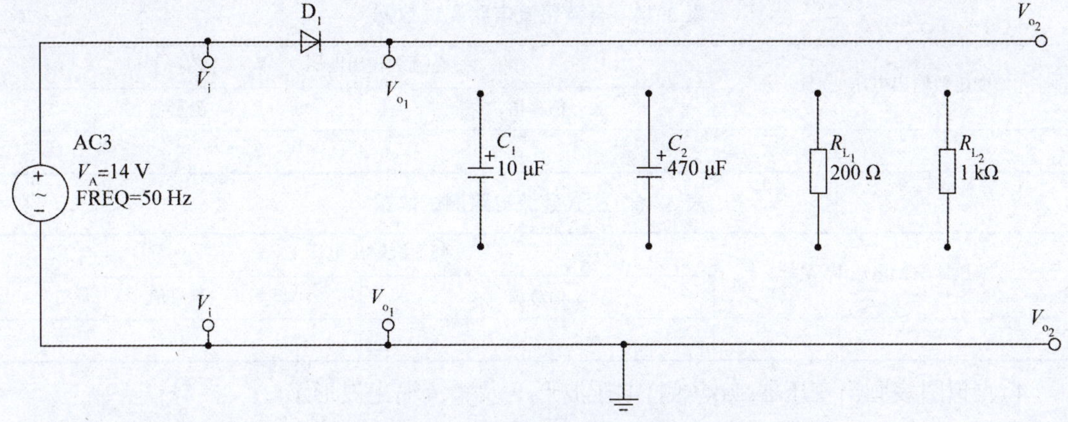

图 3.64　半波整流电容滤波电路

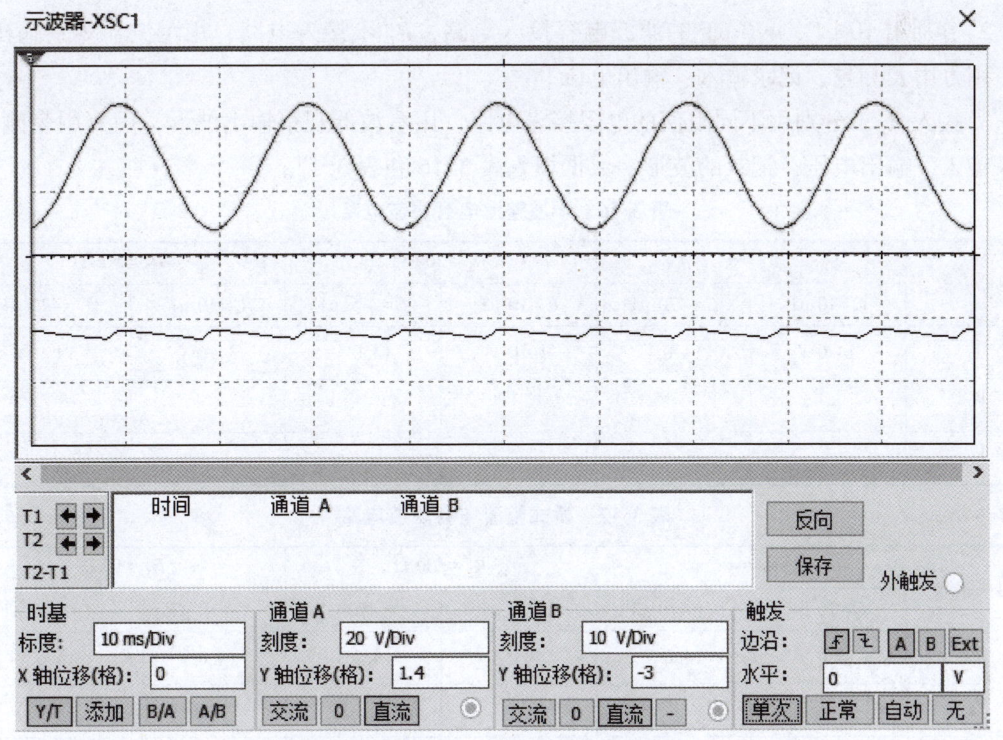

图 3.65　半波整流电容滤波电路仿真结果

5. 实验内容及步骤

(1)半波、桥式整流电路。

注意：接线要准确，确定无误后再上电，否则易烧坏保险管。

1)按图 3.58 和图 3.60 分别接成半波整流电路和桥式整流电路。

2)接线后仔细检查，确认无误后接通电源。

3)用示波器观察 V_i 及 V_o 的波形，用万用表测量电压值并记录于表 3.14 和表 3.15 中，记录示波器观察到的变压器二次(侧)电压波形和整流输出波形。

表 3.14　半波整流电路测试数据

变压器输出电压 V_i/V	整流级输出电压 V_o/V	
	估算值	测量值

表 3.15　桥式整流电路测试数据

变压器输出电压 V_i/V	整流级输出电压 V_o/V	
	估算值	测量值

4)自拟图表画出变压器二次(侧)电压波形 V_i 及整流输出波形 V_o。

(2)电容滤波电路。

1)实验电路如图 3.62 和图 3.64 所示。

2)分别用 10 μF、470 μF 的滤波电容接入电路，R_L 不接入电路，用示波器观察输出波形，用万用表测量、记录输入、输出电压。

3)接入 R_L，分别用不同阻值的电阻接入电路，用示波器观察输出波形，用万用表测量、记录输入、输出电压，记录的波形、数据填入表 3.16 和表 3.17。

表 3.16　半波整流电容滤波电路

电路参数	$R_L=\infty$		$R_L=200\ \Omega$		$R_L=1\ k\Omega$	
	$C=10\ \mu F$	$C=470\ \mu F$	$C=10\ \mu F$	$C=470\ \mu F$	$C=10\ \mu F$	$C=470\ \mu F$
V_i	14.0 V	14.0 V	14.0 V	14.0 V	14.0 V	14.0 V
V_{o_1}						
V_{o_2}						

表 3.17　桥式整流电容滤波电路

电路参数	$R_L=\infty$		$R_L=200\ \Omega$		$R_L=1\ k\Omega$	
	$C=10\ \mu F$	$C=470\ \mu F$	$C=10\ \mu F$	$C=470\ \mu F$	$C=10\ \mu F$	$C=470\ \mu F$
V_i	14.0 V	14.0 V	14.0 V	14.0 V	14.0 V	14.0 V
V_{o_1}						
V_{o_2}						

(3)并联稳压电路。

1)实验电路如图 3.66 所示。

2)电源电压不变，负载变化时电路的稳压性能。

改变负载电阻使负载电流 I_o 分别为 5 mA、10 mA、20 mA、25 mA，分别测量 R_1 和 R_L 两端的电压及流过的电流大小，计算电源输出电阻。

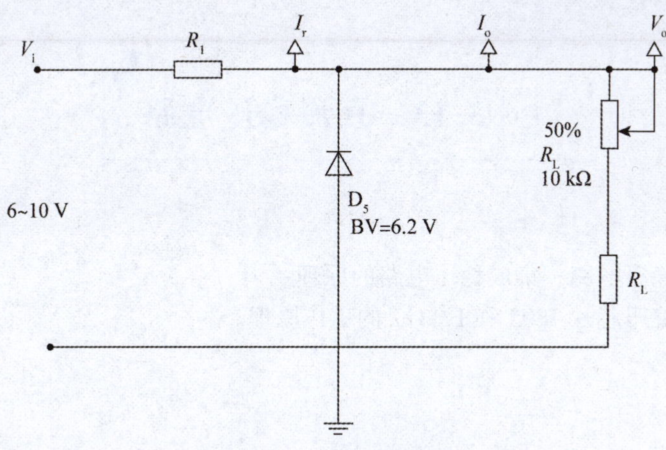

图 3.66　并联稳压电路

3) 负载不变，电源电压变化时电路的稳压性能。

用可以调节的直流电源电压的变化模拟交流电源电压的变化，电路接入前可将输入电源电压调节到 8 V，然后分别调到 6 V、7 V、9 V、10 V(模拟电网波动)，用万用表测量并记录负载 R_L 两端的电压 V_o 及流过 R_1 和 R_L 的电流大小 I_r、I_o，将结果填入表 3.18，计算稳压系数。

表 3.18　并联稳压电路

V_i/V	V_o/V	I_r/mA	I_o/mA
6			
7			
8			
9			
10			

6. 预习要求

(1) 复习半波整流、桥式整流、滤波电路、稳压二极管的工作原理。

(2) 根据实验内容设计数据表格，并理论估算相应的数值。

7. 实验报告

整理并分析实验数据，画出观察到的所有波形。

8. 思考题

(1) 图 3.62 中，在输出端接入负载 R_L 足够大的条件下，二极管桥式整流电路输出的平均直流电压大约是多大？如果再加入滤波电容，其输出的平均直流电压大约是多大？哪种条件下电路输出的平均直流电压更大？

(2) 在桥式整流电路中，如果某只二极管发生开路、短路或反接，将会出现什么问题？

3.13 直流稳压电路

1. 实验目的

(1)理解串联稳压电路、集成稳压电路的原理。

(2)了解线性稳压芯片 7805 和 LM317 的工作原理。

2. 实验设备

(1)交流毫伏表。

(2)数字万用表。

(3)稳压电源。

(4)稳压电源 1-串联稳压电路实验板/稳压电源 2-集成稳压电路实验板。

3. 实验原理

整流滤波后的电压是不稳定的电压，在电网电压波动或负载变化时，该电压都会变化。因此，整流滤波后还需经过稳压电路，这样才能使输出电压在一定的范围内稳定不变。图 3.67 为串联稳压电路，该电路采用电压串联负反馈稳压电路结构，经过整流滤波后的直流电源电压输入后，经过调整管 T_1、T_2，由稳压二极管 D_6 作基准电压，R_5、R_{P_2}、R_6 取样后经调整管 T_3 放大反馈给调整管 T_1、T_2，使输入电压波动时输出电压能保持稳定。

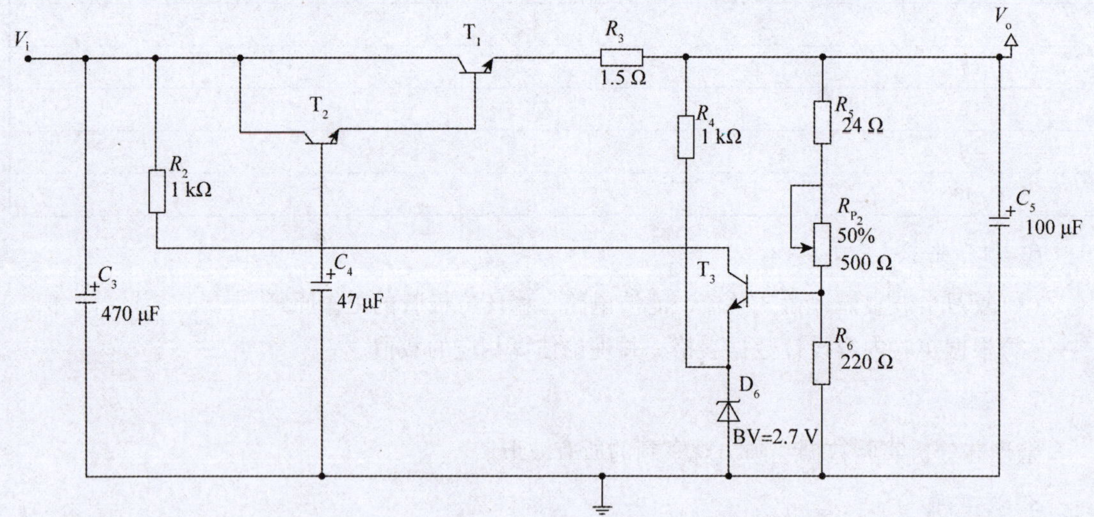

图 3.67 串联稳压电路

如果将前述的串联稳压电路全部集成在一块硅片上，增加过电压、过电流、过热保护后加以封装引出三端引脚，这样就构成三端集成稳压电源。常见的三端集成稳压电源有正电压输出的 78××系列和负电压输出的 79××系列，其中，××表示固定电压输出的数值。例如，7805、7806、7809、7812、7815、7818、7824，分别指输出电压 +5 V、+6 V、+9 V、+12 V、+15 V、+18 V、+24 V。79××系列也与之对应，只不过是负电压输出。该类型的线性稳压芯片外部电路较为简单，最少只需两只滤波电容即可正常工作。7805 内部电路如图

3.68 所示，7805 集成稳压电路如图 3.69 所示。

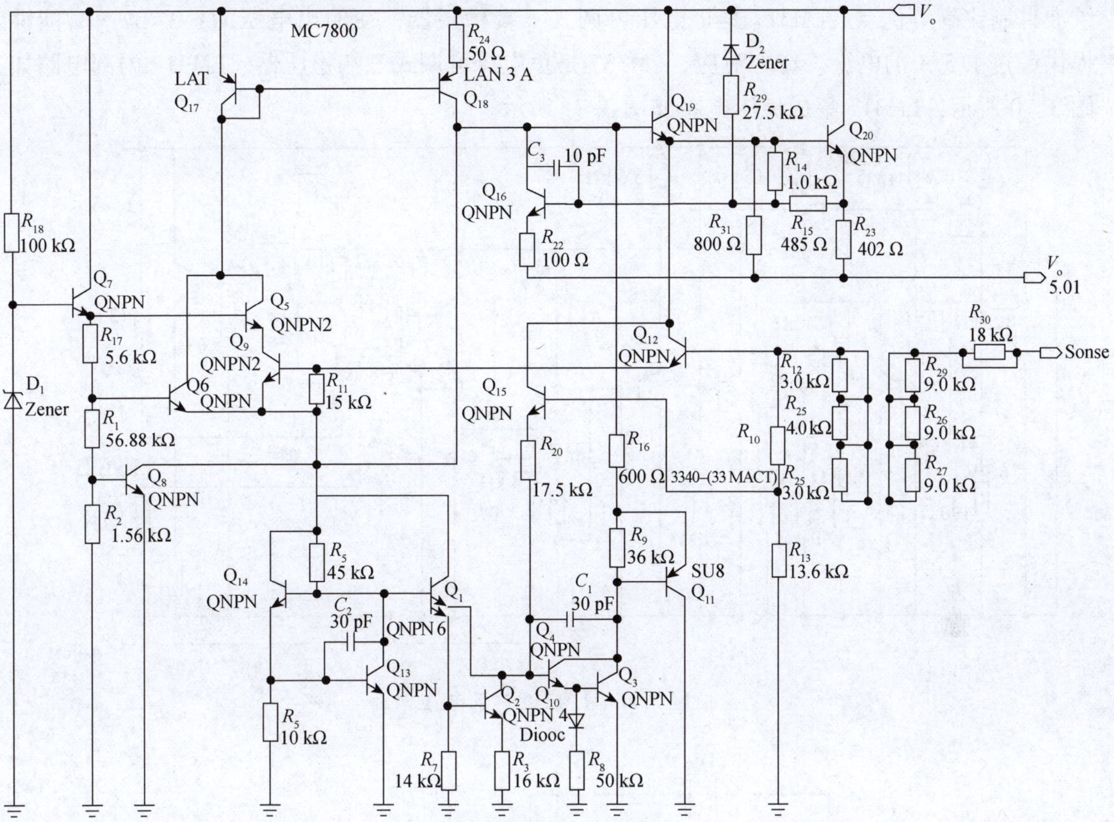

图 3.68　7805 内部电路

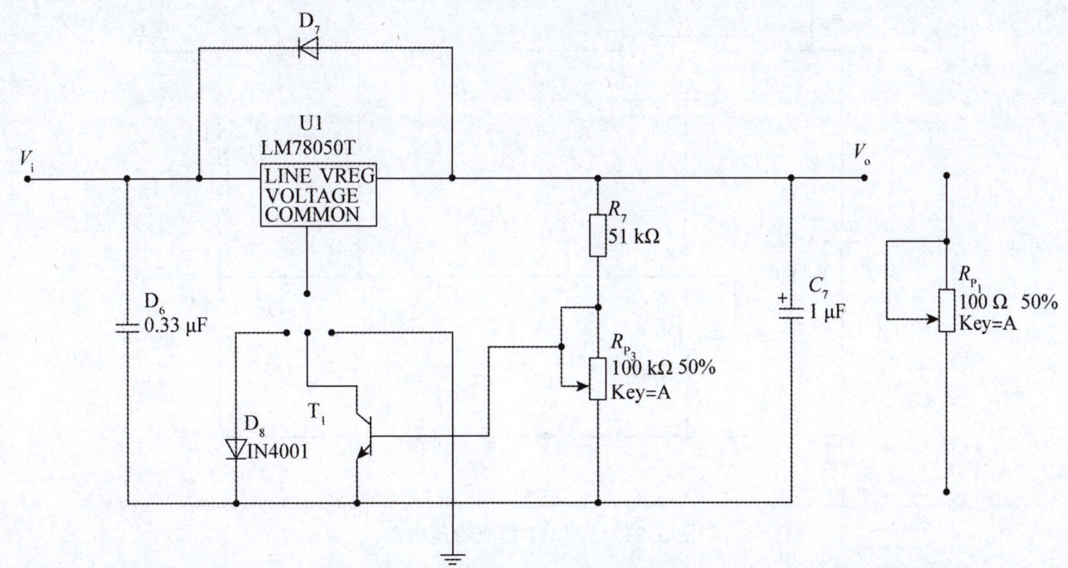

图 3.69　7805 集成稳压电路

除固定式三端稳压器外，还有一种可调式三端稳压器，它可以通过外接元件使输出电压可调。LM317 是应用最为广泛的电源集成电路之一，它不仅具有固定式三端稳压电路的最简单形式，而且具备输出电压可调的特点。此外，它还具有调压范围宽、稳压性能好、噪声低、纹波抑制比高等优点。LM317是正电压可调式三端稳压器，在输出电压为1.2~37 V时能够提供超过1.5 A的电流。与之对应，LM337是负电压可调式三端稳压器。LM317内部电路如图3.70所示，LM317集成稳压电路如图3.71所示。

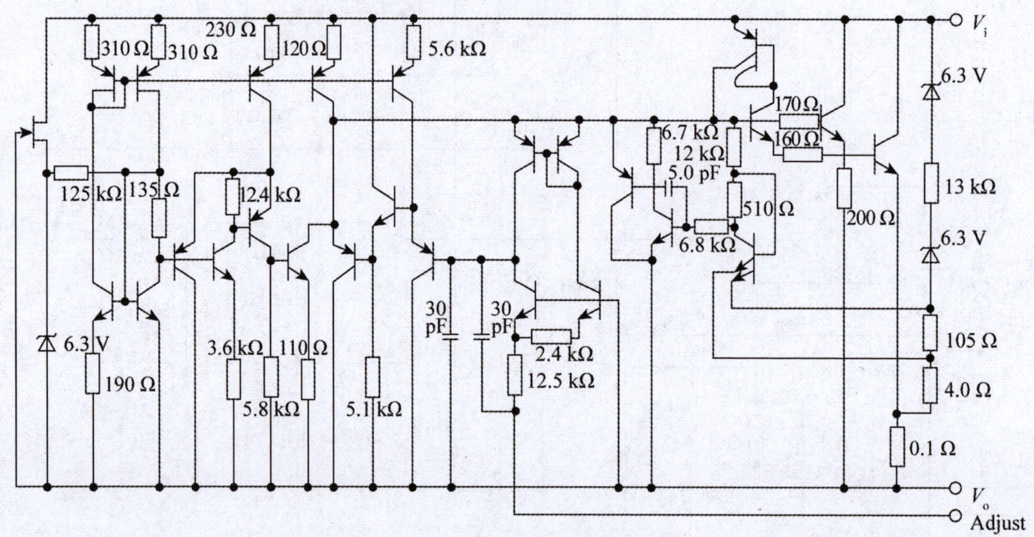

图 3.70　LM317 内部电路

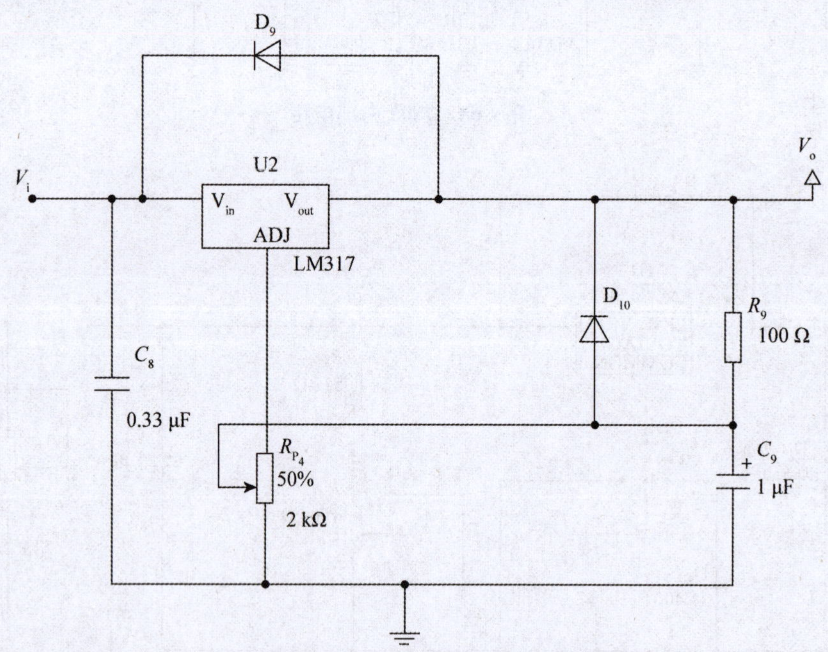

图 3.71　LM317 集成稳压电路

4. 实验内容及步骤

(1) 串联稳压电路。

1) 实验电路如图3.67示，连接实验箱地线与子板电路地线，并在 V_i 端接入+12 V直流电源。

2) 调整 R_{P_2} 到最小值并逐渐增大，观察 V_o 最大值与最小值。

3) 关闭电源，断开 V_i 端的直流电源，在 V_i 端接入图 3.72 所示的经过整流滤波电路后的直流电源，观察 V_o 的最大值与最小值。

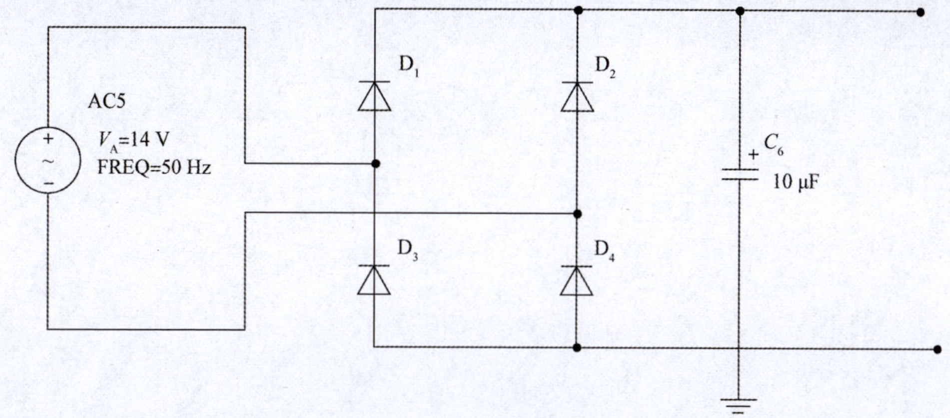

图 3.72　整流滤波电路

(2) 7805 集成稳压电路。

1) 实验电路如图 3.69 所示，连接 7805 的 GND 引脚到子板电路的地线，并连接实验箱地线与子板电路地线，在 V_i 端接入+12 V 直流电源，打开电源通电后测量空载电压。

2) 关闭电源，断开 7805 的 GND 引脚与子板电路地线的连接，把 7805 的 GND 引脚连接到二极管 D_8 的正极，打开电源，通电后测量空载电压。

3) 关闭电源，断开 7805 的 GND 脚与二极管 D_8 正极的连接，把 7805 的 GND 脚连接到三极管 T_1 的集电极，打开电源，通电后测量空载电压，调整电位器 R_{P_3}，观察 V_o 最大值与最小值。

4) 关闭电源，接上 100*R* 电位器作为负载，打开电源，通电后测量负载电压，调整电位器 R_{P_3}，观察 V_o 最大值与最小值。

(3) LM317 集成稳压电路。

实验电路如图 3.71 所示，连接实验箱地线与子板电路地线，在 V_i 端接入+12 V 直流电源，通电后测量空载电压，调整电位器 R_{P_4}，观察 V_o 最大值与最小值。

5. 预习要求

(1) 复习直流稳压电源工作原理，了解直流稳压电源主要性能参数的定义。

(2) 了解集成稳压芯片 7805 和 LM317 相关参数和使用方法。

(3) 拟定实验步骤，记录实验数据于表格中，并选择确定每一测试步骤所需使用的测量仪器。

6. 实验报告

(1) 整理测量数据，说明直流稳压电源各性能参数的物理意义。

(2) 记录实验中出现的问题，分析问题并说明解决问题的办法。

(3) 分析测量误差，说明产生误差的原因。

7. 思考题

(1)在图 3.69 和图 3.71 中，集成稳压芯片输出端和输入端间的二极管有何作用?

(2)在图 3.69 和图 3.71 中，可调节输出电压的原理是否相同?

(3)在图 3.71 中，怎样改进电路从而使 LM317 最小输出电压为 0?

第 4 章

数字电子技术实验

4.1　集成门电路逻辑功能测试

1. 实验目的

(1)熟悉集成门电路的工作原理和主要参数。

(2)熟悉集成门电路的外形、引脚及其使用注意事项。

(3)掌握集成门电路的逻辑功能测试方法。

2. 实验设备

(1)数模电实验箱。

(2)数字万用表。

3. 实验原理

使用最广泛的数字集成门电路为 TTL 和 CMOS。

(1)TTL 集成门电路的工作原理。

1)TTL 集成门电路主要有与非门、集电极开路(Open Collector，OC)与非门、三态输出与非门(三态门)、异或门等。为了正确使用集成门电路，必须了解它们的逻辑功能及其测试方法。

2)OC 与非门简称 OC 门，这种电路的最大特点是可以实现线与逻辑，即几个 OC 门的输出端可以直接连在一起，通过一只提升电阻接到电源 V_{CC} 上。此外，OC 门还可以用来实现电平移位功能。与 OC 门相对应，CMOS 集成门电路也有漏极开路输出的门电路，其特点也和 OC 门类似。

OC 门可以根据需要来选择负载电阻和电源电压，并且能够实现多个信号间的相与关系(称为线与)。使用 OC 门时必须注意合理选择负载电阻，这样才能实现正确的逻辑关系。

3)三态输出与非门是一种重要的接口电路，在计算机和各种数字系统中的应用极为广泛，它具有 3 种输出状态，除了输出端为高电平和低电平(这两种状态均为低电阻状态)，还有第三种状态，通常称为高阻状态或开路状态。通过改变控制端(或称选通端)的电平可以改变电路的工作状态。三态门可以同 OC 门一样把若干个门的输出端接连到同一公用总线上(称为线或)，分时传送数据，组成 TTL 系统和总线的接口电路。

4) TTL 集成门电路除了标准形式，还有其他 4 种结构形式，高速 TTL(74H 系列)和低功耗 TTL(74L 系列)这两种结构与标准 TTL 的主要区别是电路中各电阻阻值不同，另外两种结构形式是高速肖特基 TTL(74S 系列)和低功耗肖特基 TTL(74LS 系列)。

(2) CMOS 集成门电路的工作原理。

CMOS 集成门电路是在 TTL 集成门电路问世之后，所开发出的第二种广泛应用的数字集成器件，从发展趋势来看，CMOS 集成门电路的性能将超越 TTL 集成门电路成为占主导地位的逻辑器件。CMOS 集成门电路的功耗和抗干扰能力远优于 TTL 集成门电路，工作速度可与 TTL 集成门电路相比较。

CMOS 集成门电路产品有 4000 系列和 4500 系列。近几年有与 TTL 兼容的 CMOS 器件，例如 74HCT 系列等产品可与 TTL 器件交换使用。

(3) 使用注意事项。

1) TTL 集成门电路。

①通常 TTL 集成门电路要求电源电压 $V_{CC}=(5\pm0.25)$ V。

②TTL 集成门电路输出端不允许与电源短路，但可以通过使用提升电阻连到电源，以提高输出高电平。

③TTL 集成门电路中不用的输入端通常有两种处理方法，一种是与其他使用的输入端并联；另一种是把不用的输入端按其逻辑功能特点接至相应的逻辑电平上，不宜悬空。

④TTL 集成门电路对输入信号边沿有要求，通常要求其上升沿或下降沿小于 50~100 ns/V。当外加输入信号边沿变化很慢时，必须添加整形电路(如施密特触发器)。

2) CMOS 集成门电路。

①CMOS 集成门电路不用的输入端不允许悬空，应根据逻辑需要接 V_{DD} 或 V_{SS} 端，或者将它们与使用的输入端并联。

②CMOS 集成门电路在工作或测试时，必须先接通电源，再加入信号。工作结束后，应先撤除信号，再关闭电源。

③CMOS 集成门电路不允许在接通电源的情况下插入或拔出组件。

④CMOS 集成门电路的输入信号不可大于 V_{DD} 或小于 V_{SS}。

⑤焊接 CMOS 集成门电路时，电烙铁接地要可靠，或者使电烙铁断电后，用余热快速焊接。储存时，一般使用金属箔或导电泡棉将组件各引管短路。

(4) 集成门电路的外形及引脚(以 74LS 系列为主)。

集成门电路的外形及引脚如图 4.1 所示。

本实验中使用的 TTL 集成门电路是双列直插型的集成门电路，其引脚识别方法如下：将 TTL 集成门电路正面(印有集成门电路型号标记)正对自己，有缺口或有圆点的一端置向左方，左下方第一个引脚即为引脚 1，按逆时针方向数，依次为 1、2、3、4……如图 4.1

(a)所示。具体的各个引脚的功能可通过查找相关手册得知。

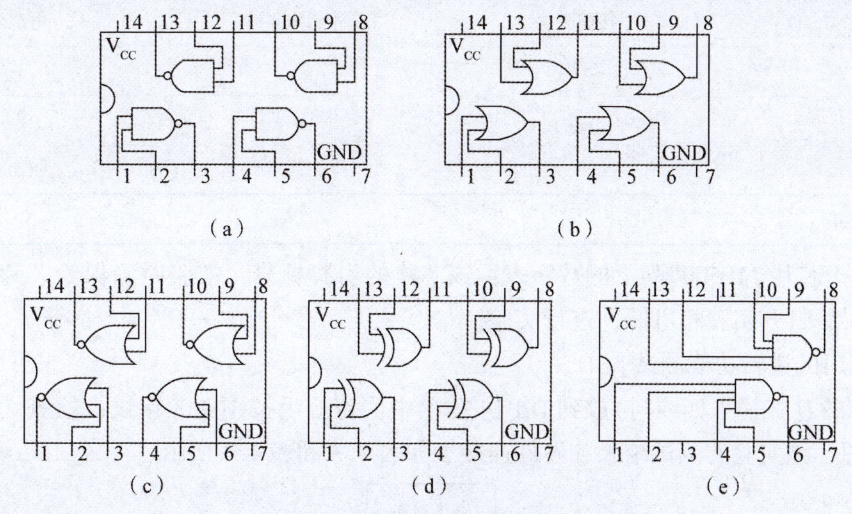

图 4.1　集成门电路的外形及引脚

(a)74LS00(二输入四与非门)；(b)74LS32(二输入四或门)；
(c)74LS02(二输入四或非门)；(d)74LS86(二输入四异或门)；(e)74LS20(四输入二与非门)

4. 实验内容及步骤

(1)与非门的逻辑功能测试。

将 74LS00(二输入四与非门)放到 DIP14 插槽中固定好后按图 4.2 接线，检查无误后打开实验箱电源，该实验的测试结果和硬件连接表如表 4.1 和表 4.2 所示。

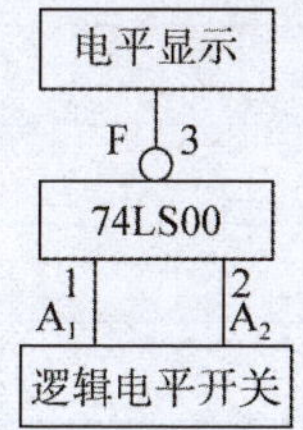

图 4.2　与非门的逻辑功能测试连接

表 4.1　与非门的逻辑功能测试结果

输入端	输出电压	输出逻辑
00		
01		
10		
11		

表 4.2　与非门的逻辑功能测试硬件连接表

芯片 74LS00	拨码开关	逻辑电平	电源
1	SW_1		

续表

芯片 74LS00	拨码开关	逻辑电平	电源
2	SW_2		
3		D_1	
7			GND
14			+5 V

注意："芯片 74L500"列下的数字表示该芯片的引脚标号，实验时确保给芯片上电，接线检查无误后打开实验箱电源，进行实验。

(2)或门的逻辑功能测试。

将 74LS32(二输入四或门)放到 DIP14 插槽中固定好后按图 4.3 接线，检查无误后打开实验箱电源，该实验的测试结果和硬件连接表如表 4.3 和表 4.4 所示。

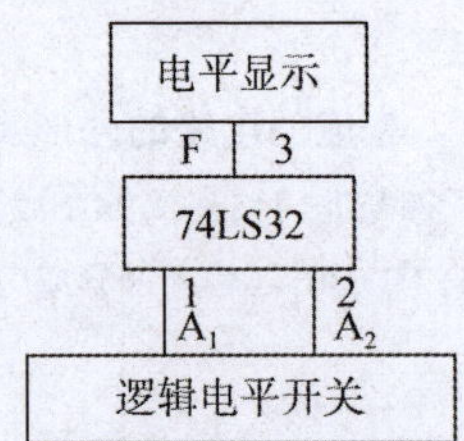

图 4.3 或门的逻辑功能测试连接

表 4.3 或门的逻辑功能测试结果

输入端	输出电压	输出逻辑
00		
01		
10		
11		

表 4.4 或门的逻辑功能测试硬件连接表

芯片 74LS32	拨码开关	逻辑电平	电源
1	SW_1		
2	SW_2		
3		D_1	
7			GND
14			+5 V

(3)或非门的逻辑功能测试。

将 74LS02(二输入四或非门)放到 DIP14 插槽中固定后好按图 4.4 接线，检查无误后打开实验箱电源，该实验的测试结果和硬件连接表如表 4.5 和表 4.6 所示。

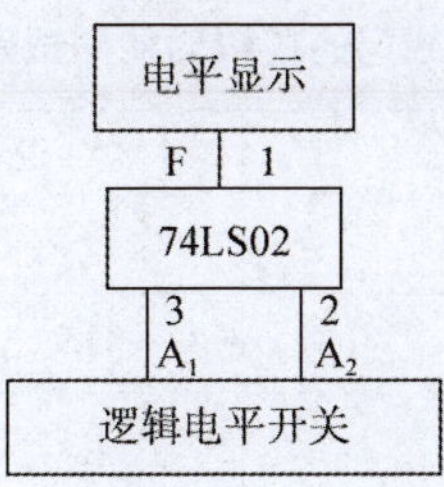

图 4.4　或非门的逻辑功能测试连接

表 4.5　或非门的逻辑功能测试结果

输入端	输出电压	输出逻辑
00		
01		
10		
11		

表 4.6　或非门的逻辑功能测试硬件连接表

芯片 74LS02	拨码开关	逻辑电平	电源
1		D_1	
2	SW_1		
3	SW_2		
7			GND
14			+5 V

(4)异或门的逻辑功能测试。

将 74LS86(二输入四异或门)放到 DIP14 插槽中固定好后按图 4.5 接线，检查无误后打开实验箱电源，该实验的测试结果和硬件连接表如表 4.7 和表 4.8 所示。

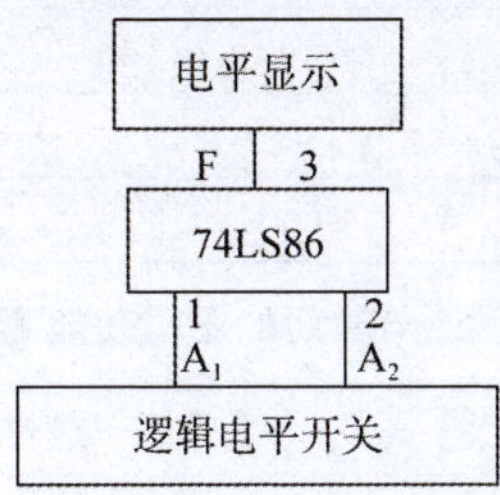

图 4.5　异或门的逻辑功能测试连接

表 4.7　异或门的逻辑功能测试结果

输入端	输出电压	输出逻辑
00		
01		
11		
11		

表 4.8 异或门的逻辑功能测试硬件连接表

芯片 74LS86	拨码开关	逻辑电平	电源
1	SW_1		
2	SW_2		
3		D_1	
7			GND
14			+5 V

(5)四输入二与非门的逻辑功能测试。

将 74LS20(四输入二与非门)放到 DIP14 插槽中固定好后按图 4.6 接线，检查无误后打开实验箱电源，该实验的测试结果和硬件连接表如表 4.9 和表 4.10 所示。

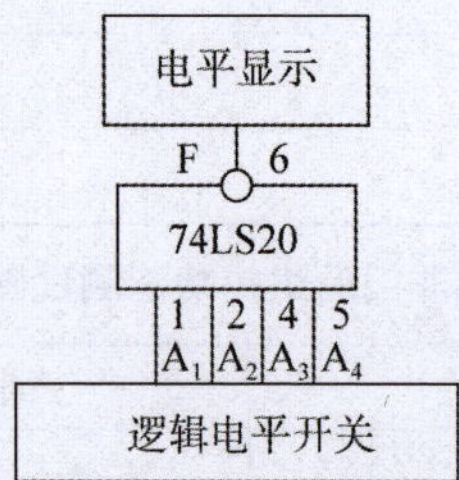

图 4.6 四输入二与非门的逻辑功能测试连接

表 4.9 四输入二与非门的逻辑功能测试结果

输入端	输出电压	输出逻辑
0000		
0001		
0011		
0111		
1000		
1011		
1111		

表 4.10 四输入二与非门的逻辑功能测试硬件连接表

芯片 74LS20	拨码开关	逻辑电平	电源
1	SW_1		
2	SW_2		
4	SW_3		
5	SW_4		
6		D_1	
7			GND
14			+5 V

(6)非门的逻辑功能测试。

将 74LS04(非门)放到 DIP14 插槽中固定好后按图 4.7 接线，检查无误后打开实验箱电源，该实验的测试结果和硬件连接表如表 4.11 和表 4.12 所示。

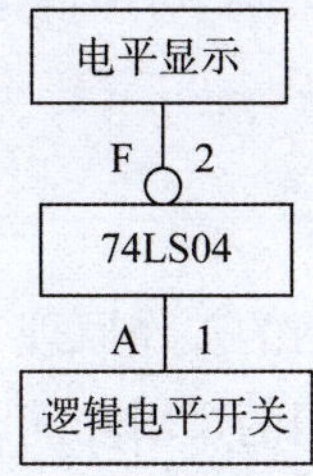

图 4.7　非门的逻辑功能测试连接图

表 4.11　非门的逻辑功能测试结果

输入端	输出电压	输出逻辑
0		
1		

表 4.12　非门的逻辑功能测试硬件连接表

芯片 74LS04	拨码开关	逻辑电平	电源
1	SW_1		
2		D_1	
7			GND
14			+5 V

5. 预习要求

(1)复习集成门电路的工作原理及相应逻辑表达式。

(2)了解 TTL 集成门电路和 CMOS 集成门电路的功能、特点。

(3)复习非门、与门、或门、或非门、与非门及三态门的逻辑功能。

(4)复习逻辑代数及逻辑表达式之间的转换方式。

(5)用 Multisim 对实验进行仿真并分析实验是否成功。

6. 实验报告

(1)按照实验要求填写真值表，并写出集成门电路的逻辑表达式。

(2)整理实验数据，得出实验结果，并将其与预习时的结果进行比较。

7. 思考题

(1)TTL 集成门电路和 CMOS 集成门电路有什么区别?

(2)使用与非门实现其他逻辑功能的方法和步骤是什么?

4.2 TTL 集电极开路门与三态门的应用

1. 实验目的

(1)熟悉 TTL 集电极开路门和三态门的工作原理。

(2)熟悉 TTL 集电极开路门和三态门的逻辑功能。

(3)掌握三态门的典型应用。

2. 实验设备

(1)仿真软件 Multisim。

(2)数字万用表。

3. 实验原理

(1)TTL 集电极开路门。

集电极开路与非门(OC 门)可以根据需要来选择负载电阻和电源电压，并且能够实现多个信号间的相与关系(称为线与)。使用 OC 门时必须注意合理选择负载电阻，这样才能实现正确的逻辑关系。

74LS01 是集电极开路二输入四与非门芯片，与之逻辑功能相同的还有 74LS00，不同之处在于 74LS01 可直接将几个逻辑门(OC 门)的输出端相连。这种输出端直接相连，实现输出与功能的方式称为线与，但是普通 TTL 与非门的输出端是不允许直接相连的，因为当一个门的输出为高电平(Y_1)，另一个门的输出为低电平(Y_2)时，将有一个很大的电流从 V_{CC} 经 Y_1 流到 Y_2，对器件造成损坏。

将几个 OC 门的输出端连在一起，公共负载电阻及电源外接。只有当所有 OC 门的输出都是高电平时，电路的总输出才为高电平，而当任意一个 OC 门的输出为低电平时，电路的总输出为低电平。但这种与功能并不是由与门来实现的，而是通过输出线的连接来实现的，故称为线与。普通的 TTL 与非门不能实现线与。

(2)三态门。

三态门是一种重要的接口电路，在计算机和各种数字系统中的应用极为广泛，它具有 3 种输出状态，除了输出端为高电平和低电平(这两种状态均为低电阻状态)，还有第三种状态，通常称为高阻状态或开路状态。通过改变控制端(或称选通端)的电平可以改变电路的工作状态。三态门可以同 OC 门一样把若干个门的输出端连接到同一公用总线上(称为线或)，分时传送数据，组成 TTL 系统和总线的接口电路。当 $EN=0$ 时，逻辑关系 $Q=A$；当 $EN=1$ 时，输出为高阻态。

4. 实验内容及步骤

(1)OC 门实验。

1)OC 门实验电路如图 4.8(a)所示，74LS01 引脚如图 4.8(b)所示。

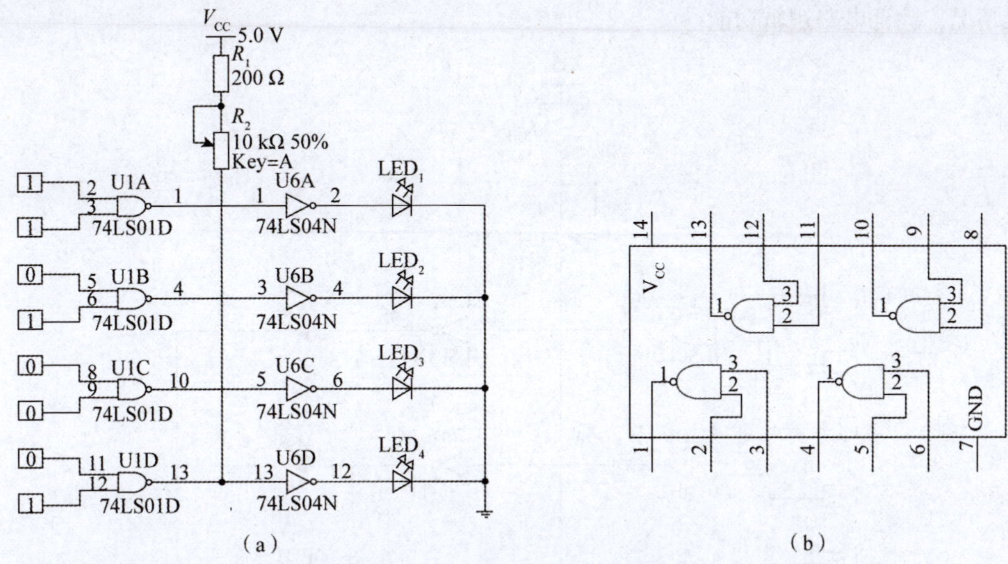

图 4.8　OC 门实验电路及 74LS01 引脚

(a) OC 门实验电路；(b) 74LS01 引脚

2) 该实验电路的硬件连接表如表 4.13 所示。

表 4.13　OC 门实验电路的硬件连接表

芯片 74LS01	芯片 74LS04	拨码开关	逻辑电平	10 kΩ 电阻	电源
1	1			3	
2		SW_1			
3		SW_2			
4	3			3	
5		SW_3			
6		SW_4			
7	7			3	GND
8		SW_5			
9		SW_6			
10	5			3	
11		SW_7			
12		SW_8			
13	13				
14	14				+5 V
	2		D_1		
	4		D_2		
	6		D_3		
	12		D_4		
				引脚 1、2 相连	+5 V

3) 实验仿真。

在 Multisim 中，按照图 4.8(a) 接线，给定输入信号 11110001，按照图中逻辑关系，线与输出低电平，发光二极管亮，仿真结果如图 4.9 所示。改变输入信号，观察发光二极管的亮灭情况，验证电路逻辑功能。

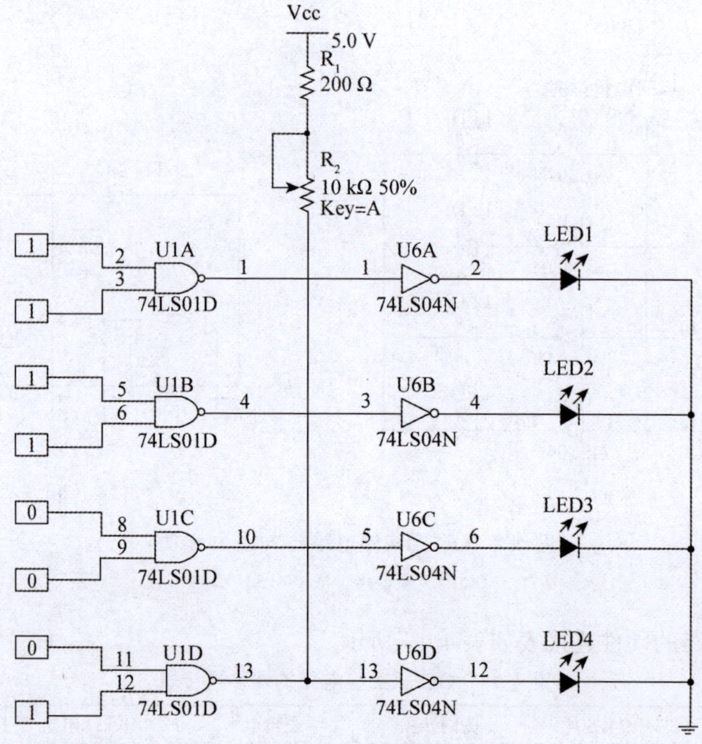

图 4.9　OC 门实验仿真电路

4）按照 OC 门实验的硬件连线表连接电路，参照实验 4.1 设计实验数据表格，将测得的数据填入数据表。

（2）三态门实验。

1）三态门实验电路如图 4.10（a）所示，74LS125 引脚如图 4.10（b）所示。

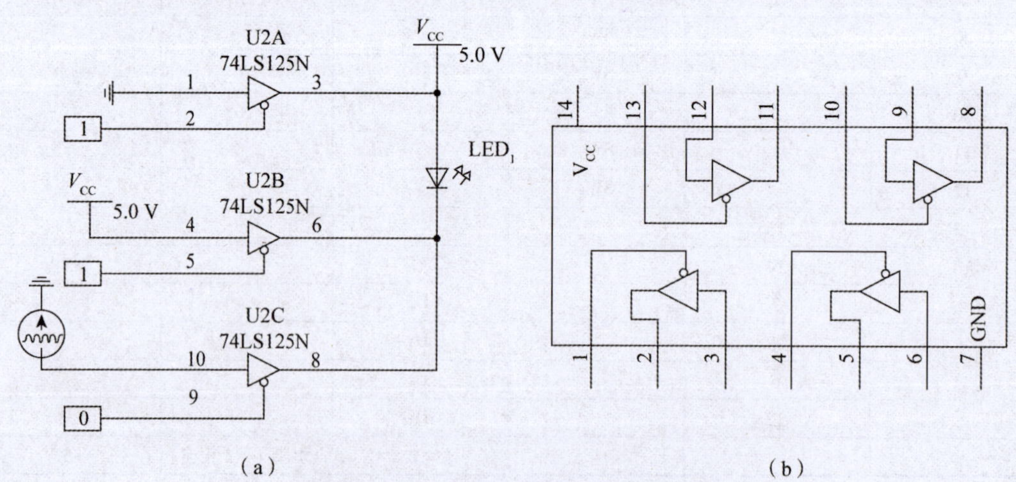

图 4.10　三态门实验电路及 74LS125 引脚

（a）三态门实验电路；（b）74LS125 引脚

2) 该实验电路的硬件连接表如表 4.14 所示。

表 4.14　三态门实验电路的硬件连接表

芯片 74LS125	拨码开关	逻辑电平	频率输出	电源
1	SW_1			
2				GND
3		D_1		
4	SW_2			
5				+5 V
6		D_2		
7				GND
8		D_3		
9			频率输出	
10	SW_3			
14				+5 V

3) 实验仿真。

在 Multisim 中，按照图 4.10(a) 接线，给定输入信号，仿真结果如图 4.11 所示。改变输入信号，观察发光二极管的亮灭情况，验证电路逻辑功能。

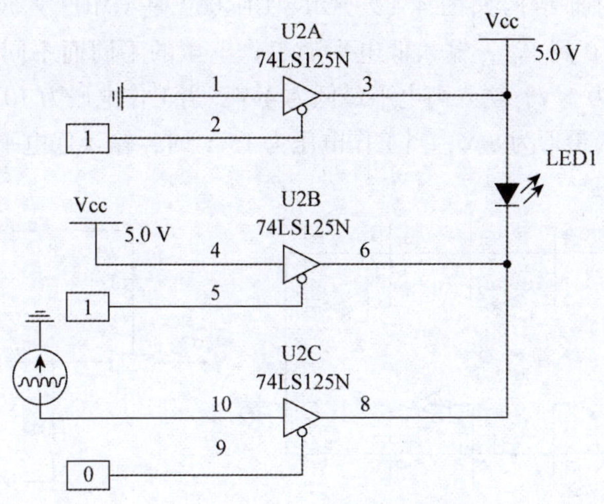

图 4.11　三态门实验仿真电路

4) 按照三态门实验的硬件连线表连接电路，参照实验 4.1 设计实验数据表格，将测试数据填入数据表。

5. 预习要求

(1) 复习门电路的工作原理及相应逻辑表达式。

(2) 了解常用 TTL 集成门电路和 CMOS 集成门电路的功能、特点。

(3) 用 Multisim 对实验进行仿真并分析实验。

6. 实验报告

(1)按照实验要求填写真值表，并写出门电路的逻辑表达式。

(2)整理实验数据，得出实验结果，并将其与预习时的结果进行比较。

(3)总结并掌握 TTL 集电极开路门和三态门的应用方法。

4.3 TTL 与 CMOS 互连

1. 实验目的

(1)熟悉 TTL 集电极开路门和 CMOS 的工作原理。

(2)熟悉 TTL 集电极开路门和三态门的逻辑功能。

(3)掌握 TTL 与 CMOS 互连的电平转换方法。

2. 实验设备

(1)仿真软件 Multisim。

(2)数字万用表。

3. 实验原理

CD4069 引脚及内部结构如图 4.12 所示。CD4069 是 CMOS 六反相器，工作电压为 3~15 V，输入电压从 0 到 V_{DD}，输入低电平随工作电压的不同而不同，当工作电压为 5 V 时，输入低电平最高为 1 V，输入高电平最低为 4 V；当工作电压为 10 V 时，输入低电平最高为 2 V，输入高电平最低为 8 V；当工作电压为 15 V 时，输入低电平最高为 3 V，输入高电平最低为 12 V。

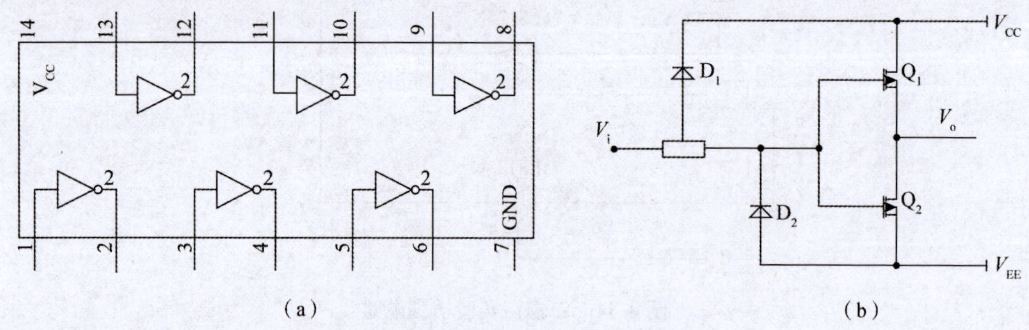

图 4.12 CD4069 引脚及内部结构

(a)CD4069 引脚；(b)内部结构

4. 实验内容及步骤

(1)使用 74LS00、74LS01 及 CD4069 来实现 TTL 电平驱动 CMOS 电路的电平转换。

(2)在 Multisim 中搭建图 4.13 所示电路。

(3)分析电平逻辑，写出逻辑表达式。

(4)进行仿真，观察电平变化。

1)74LS00 的引脚 1 输入脉冲，引脚 2 输入低电平，用示波器观察到的输出状态如图 4.14 所示，分析逻辑关系及输出电平。

2)74LS00 的引脚 1 输入脉冲，引脚 2 输入高电平，连接示波器，如图 4.15 所示。用示波器观察到的输出状态如图 4.16 所示，通道 A 为 CD4069 输出波形，通道 B 为 74LS00 的引脚 1 输入脉冲，观察电平的变化。

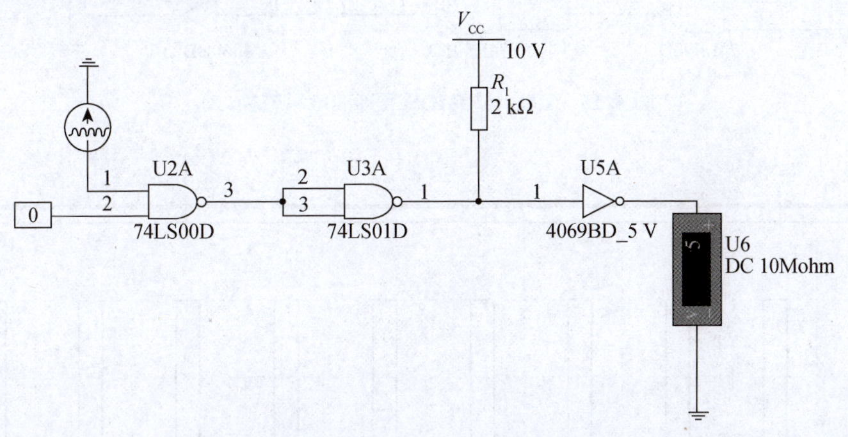

图 4.13　TTL 与 CMOS 互连的电平转换(1)

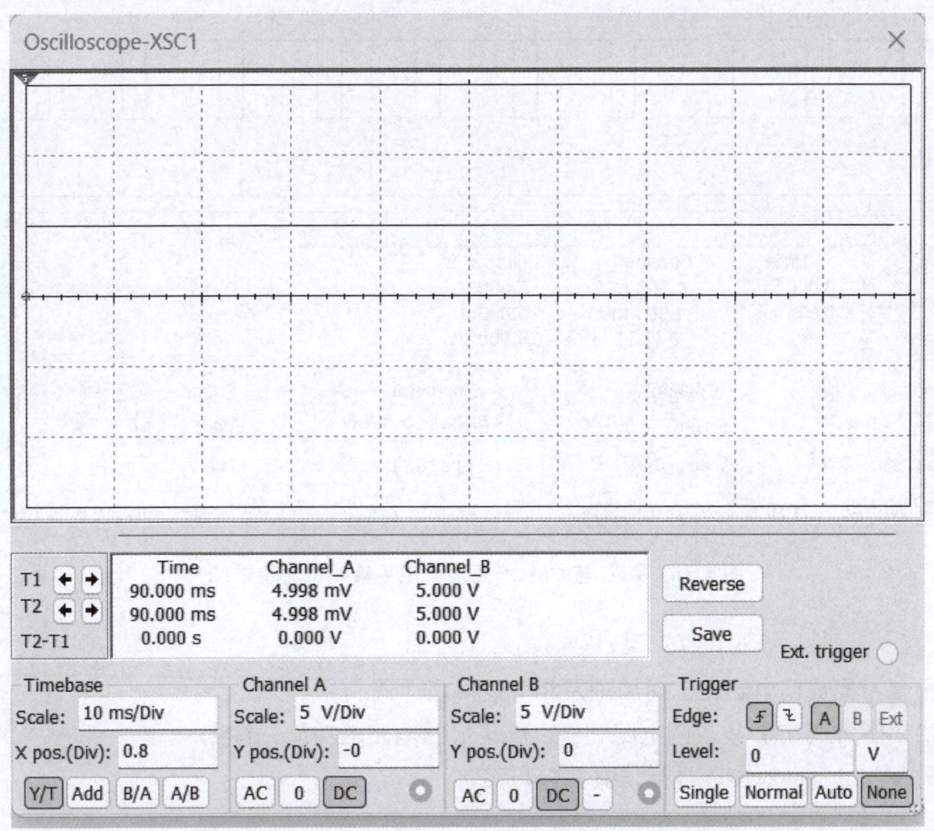

图 4.14　TTL 与 CMOS 互连的电平转换仿真结果(1)

XSC1
Ex1 Trig
A
B
V_{CC}
10 V
R_1
2 kΩ
U2A
U3A
U5A
1
2
3
74LS00D
74LS01D
4069BD_5 V

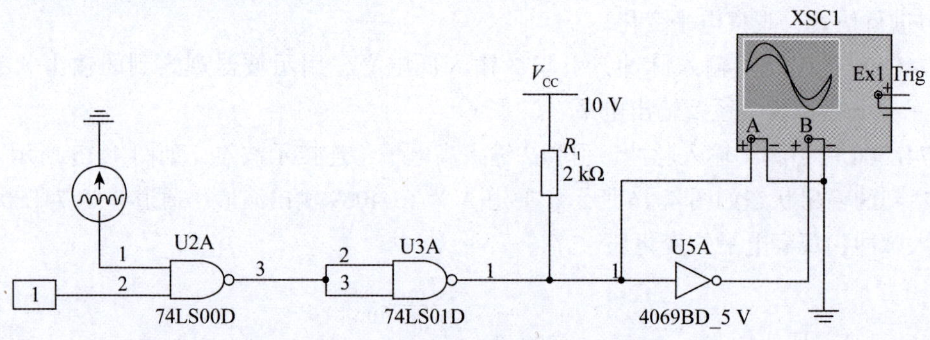

图 4.15　TTL 与 CMOS 互连的电平转换(2)

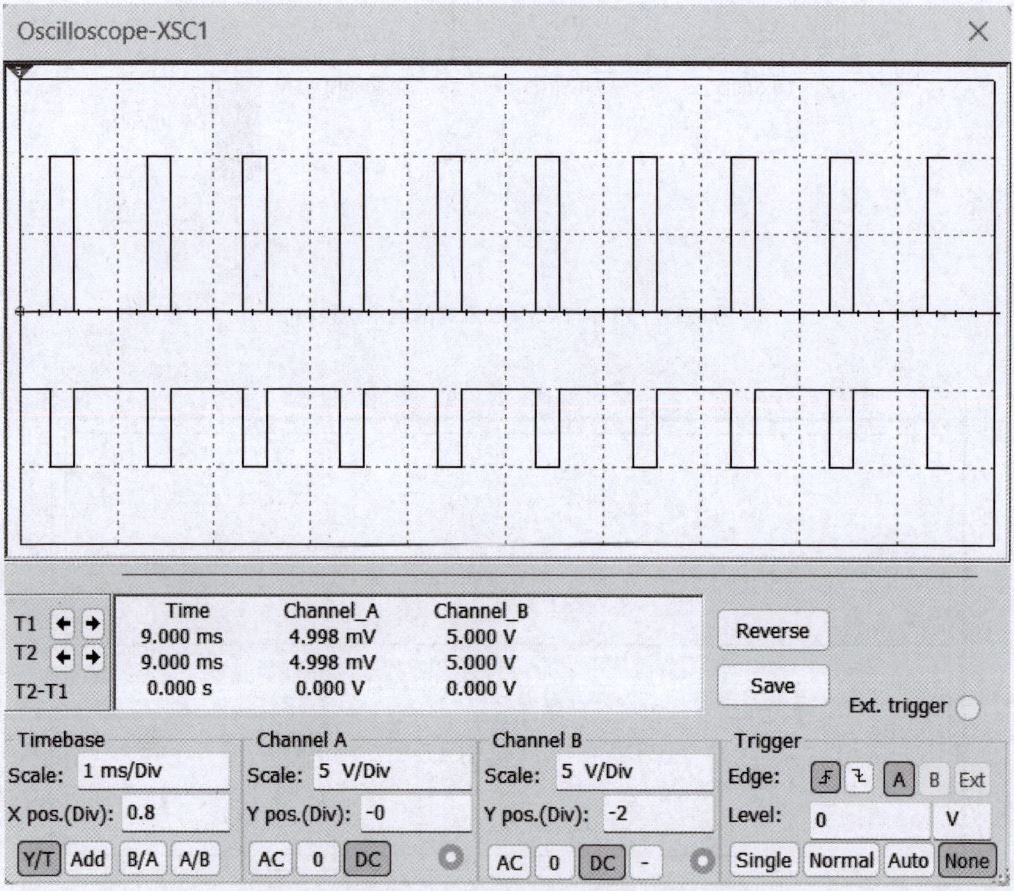

Oscilloscope-XSC1
Time
Channel_A
Channel_B
T1
9.000 ms
4.998 mV
5.000 V
T2
9.000 ms
4.998 mV
5.000 V
T2-T1
0.000 s
0.000 V
0.000 V
Reverse
Save
Ext. trigger
Timebase
Scale: 1 ms/Div
X pos.(Div): 0.8
Y/T Add B/A A/B
Channel A
Scale: 5 V/Div
Y pos.(Div): -0
AC 0 DC
Channel B
Scale: 5 V/Div
Y pos.(Div): -2
AC 0 DC -
Trigger
Edge:
A B Ext
Level: 0 V
Single Normal Auto None

图 4.16　TTL 与 CMOS 互连的电平转换仿真结果(2)

5. 预习要求

(1)复习集成门电路的工作原理及相应逻辑表达式。

(2)了解常用 TTL 集成门电路和 CMOS 集成门电路的功能、特点。

(3)用 Multisim 对实验进行仿真并分析实验。

6. 实验报告

(1)写出各集成门电路的逻辑表达式。

(2)整理实验数据，得出实验结果，并将其与预习时的结果进行比较。

(3)总结并掌握TTL与CMOS互连的电平转换方法。

4.4　半加器和全加器

1. 实验目的

(1)掌握半加器的工作原理及电路组成。

(2)掌握全加器的工作原理及电路组成。

(3)掌握组合逻辑电路的设计、调试方法。

2. 实验设备

(1)数模电实验箱。

(2)数字万用表。

3. 实验原理

(1)半加器。

两个二进制数相加称为半加，实现半加操作的电路称为半加器。图4.17(a)是半加器的符号；图4.17(b)是半加器的真值表，A表示被加数，B表示加数，S表示半加数和，C表示向高位的进位数。

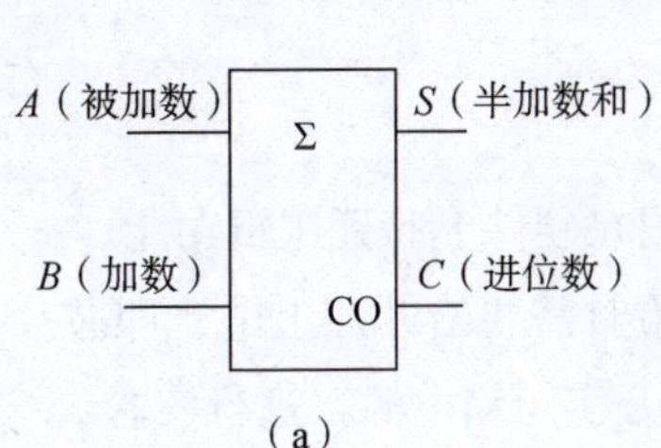

(a)

A	B	S	C
0	0	0	0
0	1	1	0
1	0	1	0
1	1	0	1

(b)

图4.17　半加器

(a)半加器的符号；(b)半加器的真值表

从二进制数加法的角度看，真值表中只考虑了两个加数本身，没有考虑低位来的进位数，这就是“半加器”一词的由来。由真值表可得半加器的逻辑表达式为

$$S = A'B + AB' = A \oplus B$$

$$C = AB$$

(2)全加器。

全加器能进行加数、被加数和低位来的进位信号的相加，并能根据求和的结果给出该位的进位信号。图4.18(a)是全加器的符号，如果用A_i、B_i表示A、B两个数的第i位，用

C_i−1 表示相邻低位来的进位数，用 S_i 表示本位和数(称为全加和)，用 C_i 表示向相邻高位的进位数，则根据全加运算规则可以列出全加器的真值表，如图 4.18(b)所示。利用图形法可以很容易地求出 S、C 的简化函数表达式。

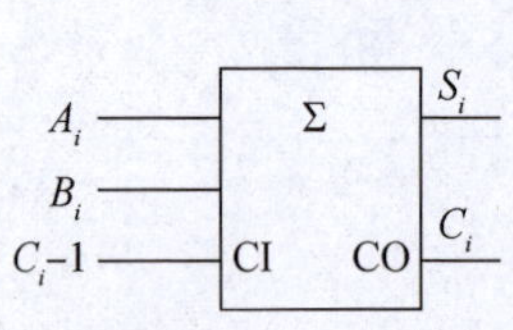

(a)

A_i	B_i	C_i−1	S_i	C_i
0	0	0	0	0
0	0	1	1	0
0	1	0	1	0
0	1	1	0	1
1	0	0	1	0
1	0	1	0	1
1	1	0	0	1
1	1	1	1	1

(b)

图 4.18 全加器

(a)全加器的符号；(b)全加器的真值表

由真值表可得全加器的逻辑表达式为

$$S_i = A_i \oplus B_i \oplus C_{i-1}$$

$$C_i = (A_i \oplus B_i)\,C_{i-1} + A_iB_i$$

4. 实验内容及步骤

(1)半加器。

用异或门 74LS86 及与非门 74LS00 设计一个半加器。

1)列出真值表。

2)根据真值表用卡诺图写出逻辑表达式。

3)设计逻辑电路图。

4)自拟记录表格，根据自己设计的逻辑电路图在硬件上验证逻辑功能。

5)根据自己设计的逻辑电路图连接硬件，实验时需要给芯片上电，即芯片上 V_{CC} 引脚接 +5 V，GND 引脚接地(GND)。接线检查无误后打开实验箱电源，进行实验。

6)半加器参考逻辑电路如图 4.19 所示。

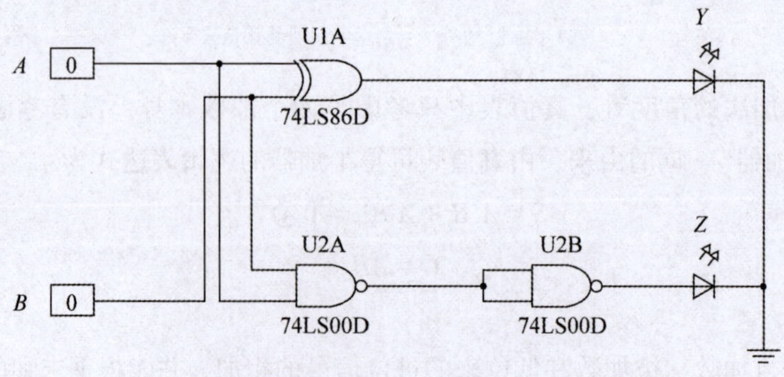

图 4.19 半加器参考逻辑电路

7) 该实验电路的硬件连接表如表 4.15 所示。

表 4.15 半加器实验电路的硬件连接表

芯片 74LS86	芯片 74LS00	拨码开关	逻辑电平	电源
1	1	SW_1		
2	2	SW_2		
3			D_1	
7	14			GND
14	14			+5 V
	3 与 4、5 相连			
	6		D_2	

8) 在 Multisim 中验证所设计的半加器电路是否正确。

在 Multisim 中，A、B 分别输入高、低电平时，半加器仿真电路如图 4.20 所示，改变 A、B 输入的逻辑电平验证真值表。

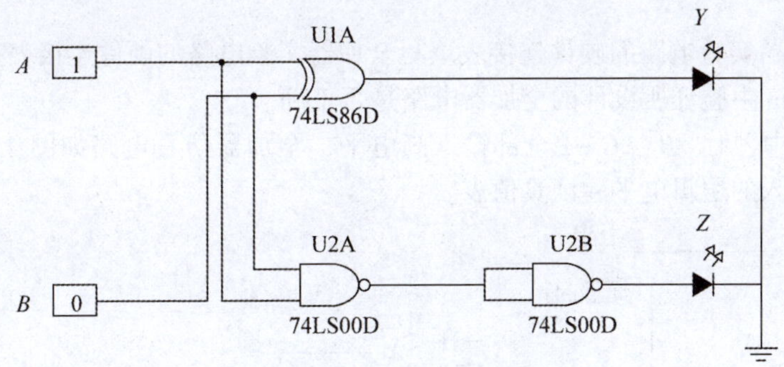

图 4.20 半加器仿真电路

(2) 全加器。

用异或门 74LS86 及与非门 74LS00 设计一个全加器。

1) 列出真值表。

2) 根据真值表用卡诺图写出逻辑表达式。

3) 设计逻辑电路图。

4) 自拟记录表格，根据自己设计的逻辑电路图在硬件上验证逻辑功能。

5) 根据自己设计的逻辑电路图连接硬件，实验时需要给芯片上电，即芯片上 V_{CC} 引脚接+5 V，GND 引脚接地(GND)。接线检查无误后打开实验箱电源，进行实验。

6) 全加器参考逻辑电路如图 4.21 所示。

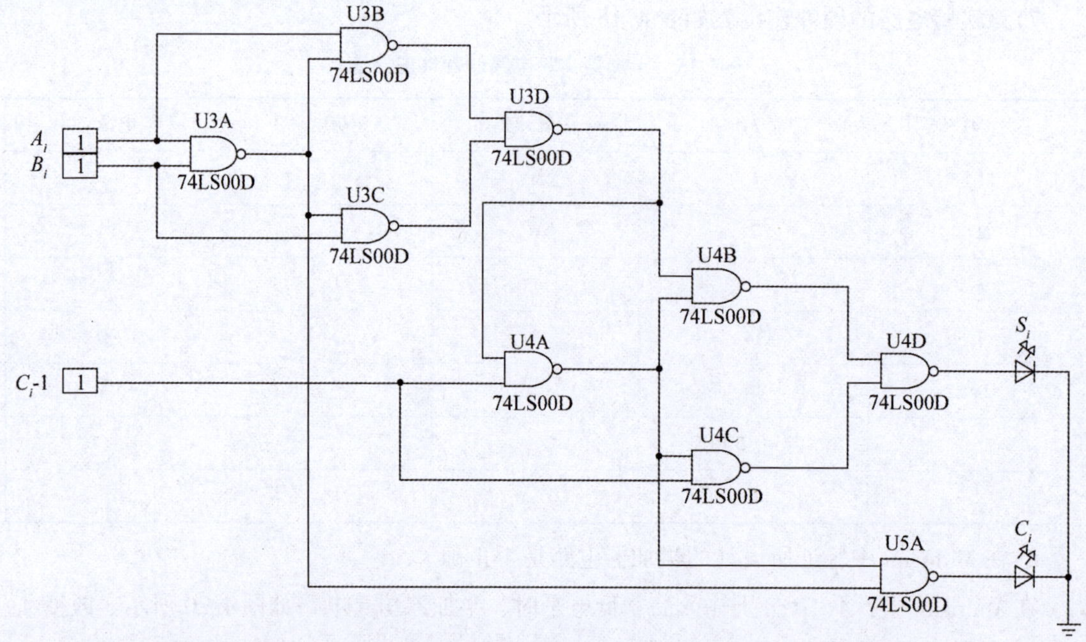

图 4.21　全加器参考逻辑电路

7)参照半加器实验电路的硬件连接表填写全加器实验电路的硬件连接表。

8)在 Multisim 中验证所设计的全加器电路是否正确。

在 Multisim 中，A_i、B_i、C_i-1 全部输入高电平，全加器仿真电路如图 4.22 所示，改变 A_i、B_i、C_i-1 输入的逻辑电平验证真值表。

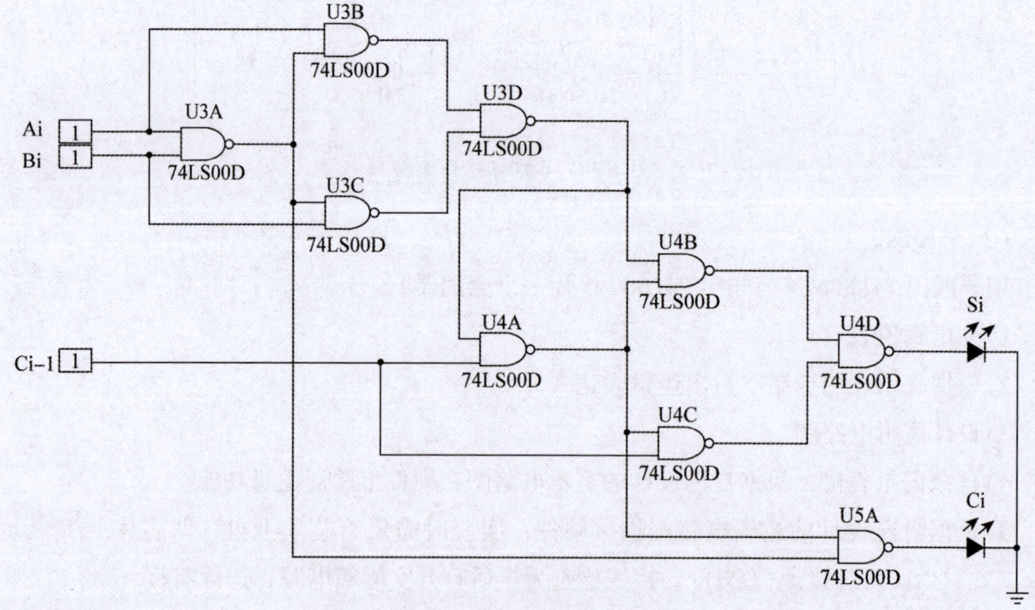

图 4.22　全加器仿真电路

5. 预习要求

(1)熟悉 74LS86、74LS00 的引脚及各引脚的功能。

(2)推导由与非门构成半加器、全加器的逻辑表达式。

(3)按实验内容要求设计半加器、全加器的实验电路。

6. 实验报告

(1)列写出实验任务的设计过程，画出设计的电路图。

(2)对所设计的电路进行实验测试，记录测试结果。

(3)分析实验结果与理论值是否相等。

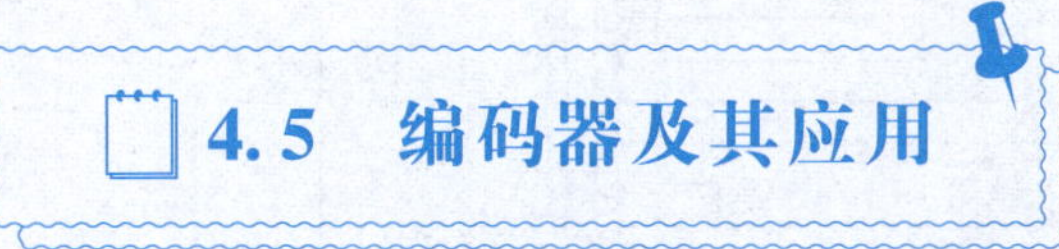

4.5　编码器及其应用

1. 实验目的

(1)掌握中规模集成编码器的逻辑功能和使用方法。

(2)掌握编码器的级联方法及测试方法。

2. 实验设备

(1)数模电实验箱。

(2)数字万用表。

3. 实验原理

8 线-3 线优先编码器 74LS148 的作用是将输入 $I_0 \sim I_7$ 8 个状态分别编成二进制码输出，它的功能表如表 4.16 所示。它有 8 个输入端、3 个二进制码输出端、输入使能端 EI、输出使能端 EO 和优先编码工作状态标志 GS。该编码器的优先级分别从 I_7 至 I_0 递减。

表 4.16　74LS148 的功能表

输入									输出				
EI	0	1	2	3	4	5	6	7	A_2	A_1	A_0	GS	EO
H	×	×	×	×	×	×	×	×	H	H	H	H	H
L	H	H	H	H	H	H	H	H	H	H	H	H	L
L	×	×	×	×	×	×	×	L	L	L	L	L	H
L	×	×	×	×	×	×	L	H	L	L	H	L	H
L	×	×	×	×	×	L	H	H	L	H	L	L	H
L	×	×	×	×	L	H	H	H	L	H	H	L	H
L	×	×	×	L	H	H	H	H	H	L	L	L	H
L	×	×	L	H	H	H	H	H	H	L	H	L	H
L	×	L	H	H	H	H	H	H	H	H	L	L	H
L	L	H	H	H	H	H	H	H	H	H	H	L	H

4. 实验内容及步骤

(1)在实验箱上找到 DIP16 插槽，将芯片 74LS148 插到 DIP16 插槽中并固定，并将

DIP16 插槽的引脚 8 接实验箱的地(GND)，引脚 16 接电源(+5 V)。74LS148 的 8 个输入端 $I_0 \sim I_7$ 及 EO、EI 接拨动开关(实验箱的逻辑开关单元)，输出端接发光二极管进行显示(实验箱的逻辑电平显示单元)。74LS148 编码器实验电路如图 4.23 所示。

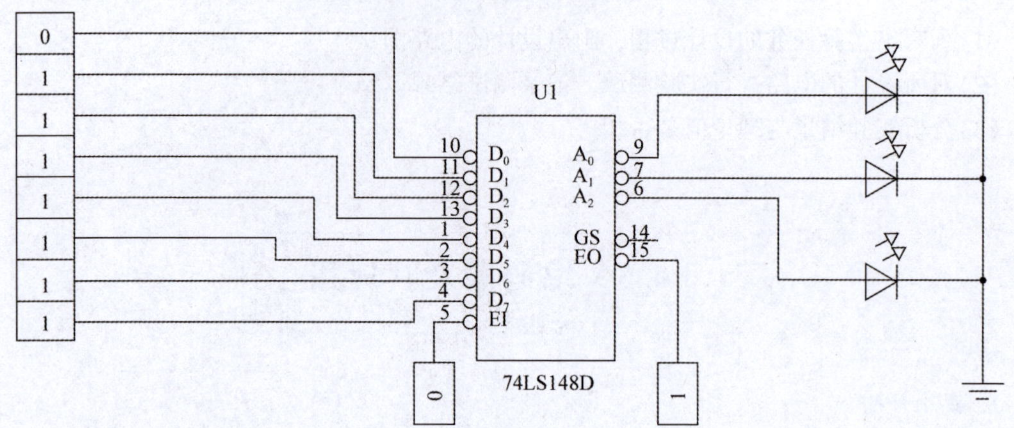

图 4.23　74LS148 编码器实验电路

(2)该实验电路的硬件连接表如表 4.17 所示。

表 4.17　编码器实验电路的硬件连接表

芯片 74LS148	拨动开关	逻辑电平	电源
10	SW_1		
11	SW_2		
12	SW_3		
13	SW_4		
1	SW_5		
2	SW_6		
3	SW_7		
4	SW_8		
6		D_1	
7		D_2	
9		D_3	
16，15			+5 V
8，5			GND

注意：“芯片 74LS148”列下的数字表示该芯片的引脚标号，根据其逻辑功能将引脚 15 和 5 接到相应的逻辑电平，实验时确保芯片接线正确，检查无误后打开实验箱电源，进行实验。

(3)在 Multisim 中验证编码器电路的功能。

在 Multisim 中，$D_0 \sim D_7$ 分别输入高、低电平，编码器仿真电路如图 4.24 所示，输入 11111011，输出 101，注意反码输出。按照功能表取值改变 $D_0 \sim D_7$ 输入的逻辑电平验证其逻辑功能。

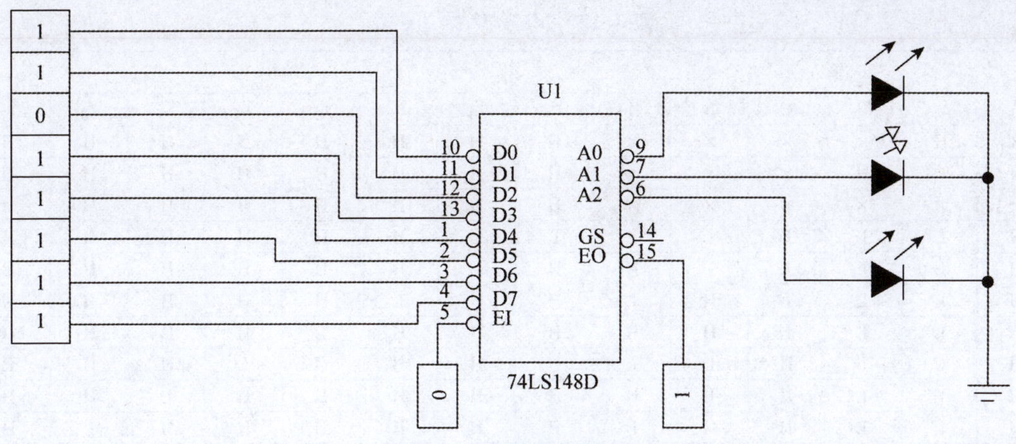

图 4.24　编码器仿真电路

5. 预习要求

(1) 复习编码器的原理。

(2) 查阅编码器相关的芯片手册，了解其引脚功能及分布。

(3) 根据实验任务，设计所需的实验电路及记录表格。

6. 实验报告

(1) 整理实验数据，分析实验结果与理论值是否相等。

(2) 总结中规模集成编码器的使用方法及功能。

7. 思考题

74LS148 的输入信号 EI 和输出信号 GS、EO 的作用分别是什么？

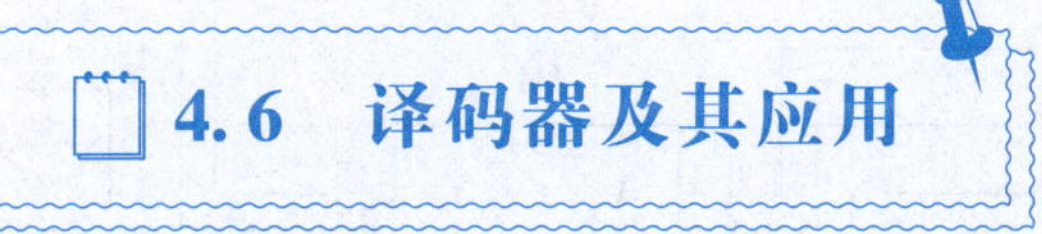

4.6　译码器及其应用

1. 实验目的

(1) 掌握中规模集成译码器的逻辑功能和使用方法。

(2) 掌握译码器的级联方法及测试方法。

2. 实验设备

(1) 数模电实验箱。

(2) 数字万用表。

3. 实验原理

3 线-8 线译码器 74LS138 有 3 个地址输入端 A、B、C，共有 8 种状态的组合，即可译出 8 个输出信号 $Y_0 \sim Y_7$。另外它还有 3 个使能输入端 E_1、E_2、E_3。它的引脚图如图 4.25 所示，功能表如表 4.18 所示。

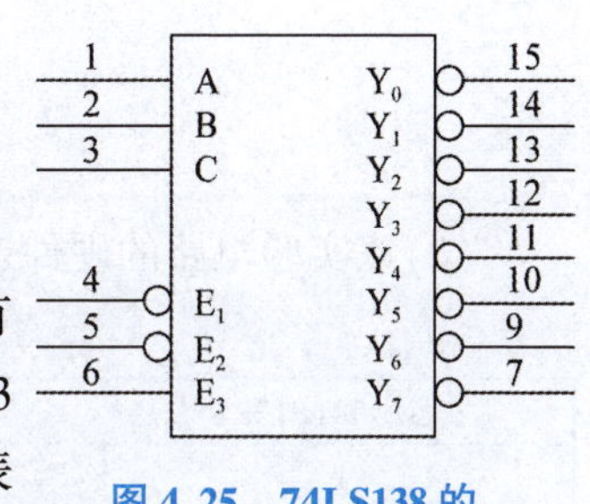

图 4.25　74LS138 的引脚

表 4.18　74LS138 的功能表

输入						输出							
E_3	E_1	E_2	C	B	A	Y_0	Y_1	Y_2	Y_3	Y_4	Y_5	Y_6	Y_7
×	H	×	×	×	×	H	H	H	H	H	H	H	H
×	×	H	×	×	×	H	H	H	H	H	H	H	H
L	×	×	×	×	×	H	H	H	H	H	H	H	H
H	L	L	L	L	L	L	H	H	H	H	H	H	H
H	L	L	L	L	H	H	L	H	H	H	H	H	H
H	L	L	L	H	L	H	H	L	H	H	H	H	H
H	L	L	L	H	H	H	H	H	L	H	H	H	H
H	L	L	H	L	L	H	H	H	H	L	H	H	H
H	L	L	H	L	H	H	H	H	H	H	L	H	H
H	L	L	H	H	L	H	H	H	H	H	H	L	H
H	L	L	H	H	H	H	H	H	H	H	H	H	L

4. 实验内容及步骤

(1)在实验箱上找到 DIP16 插槽，将芯片 74LS138 插到 DIP16 插槽中并固定，将 DIP16 插槽的引脚 8 接实验箱的地(GND)，引脚 16 接电源(+5 V)。将 74LS138 的输入端 A、B、C、E_3、E_1、E_2 接拨动开关(实验箱的逻辑开关单元)，输出端 $Y_0 \sim Y_7$ 分别接到 8 只发光二极管上(实验箱的逻辑电平显示单元)，逐次拨动对应的开关，根据发光二极管的变化，测试 74LS138 译码器的逻辑功能。74LS138 译码器实验电路如图 4.26 所示。

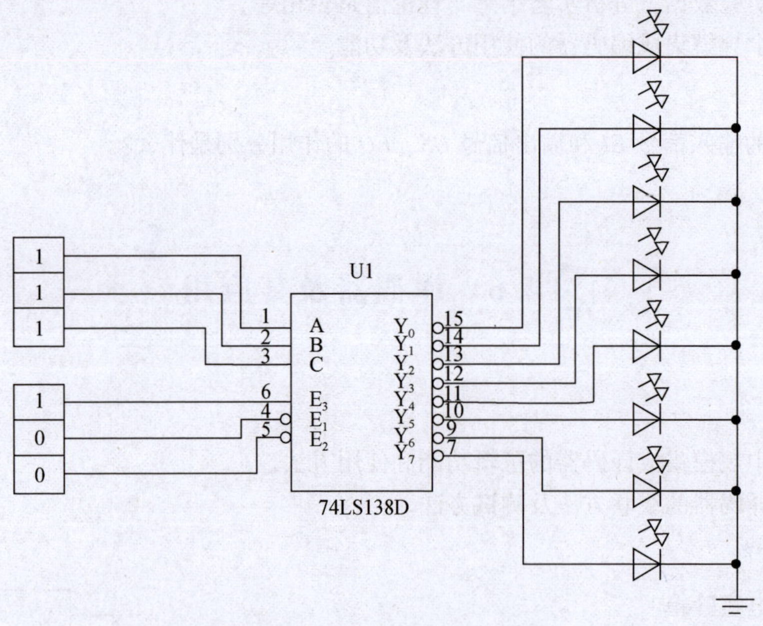

图 4.26　74LS138 译码器实验电路

(2)该实验电路的硬件连接表如表 4.19 所示。

表 4.19　译码器实验电路的硬件连接表

芯片 74LS138	拨动开关	逻辑电平	电源
1	SW_1		

续表

芯片 74LS138	拨动开关	逻辑电平	电源
2	SW_2		
3	SW_3		
4	SW_4(置 0)		
5	SW_5(置 0)		
6	SW_6(置 1)		
7		D_8	
8			GND
9		D_7	
10		D_6	
11		D_5	
12		D_4	
13		D_3	
14		D_2	
15		D_1	
16			+5 V

注意："芯片 74LS138"列下的数字表示该芯片的引脚标号，实验时确保给芯片上电，接线检查无误后打开实验箱电源，进行实验。

(3)在 Multisim 中验证译码器电路的功能。

1)E_3、E_1、E_2 输入 101，A、B、C 输入任意值，仿真结果如图 4.27 所示，全部输出高电平。

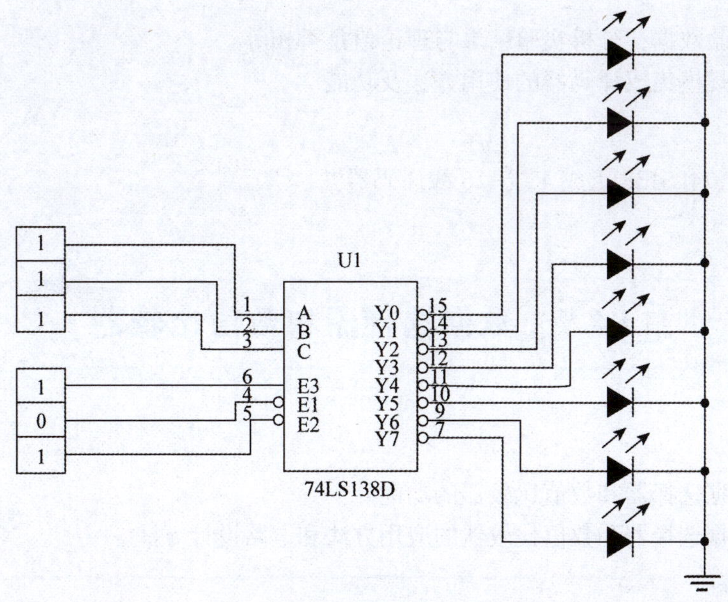

图 4.27　译码器仿真结果(1)

2)E_3、E_1、E_2 输入 1、0、0，A、B、C 输入 1、0、1，仿真结果如图 4.28 所示，只有 Y_5 输出低电平，发光二极管不亮。按照功能表取值改变 A、B、C 输入的逻辑电平验证其逻辑功能。

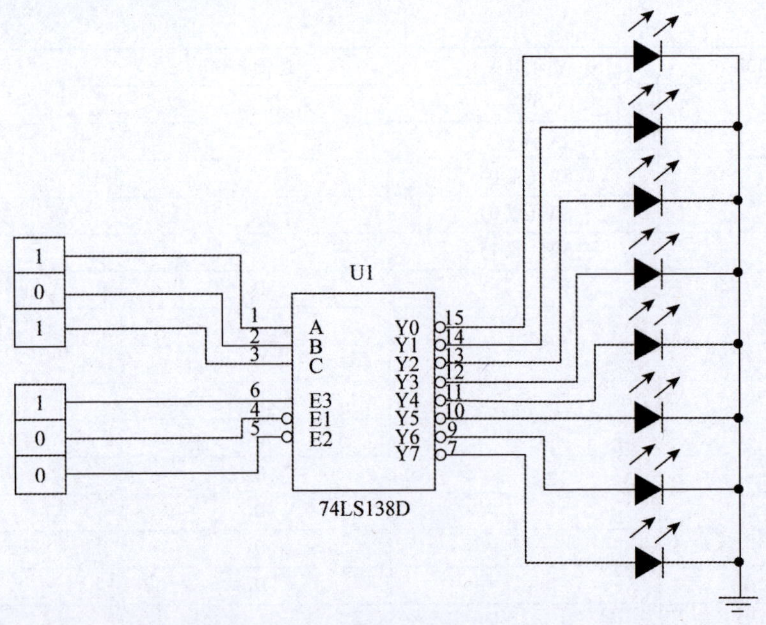

图 4.28　译码器仿真结果(2)

5. 预习要求

(1)查阅译码器相关的芯片手册，了解其引脚的功能及分布。

(2)复习译码器的原理，根据实验任务，设计所需的实验电路及记录表格。

6. 实验报告

(1)整理实验数据，分析实验结果与理论值是否相等。

(2)总结中规模集成译码器的使用方法及功能。

7. 思考题

如何用两片 74LS138 组成 4 线–16 线译码器？

4.7　数据选择器和数值比较器

1. 实验目的

(1)熟悉数据选择器和数值比较器的功能。

(2)掌握数据选择器和数值比较器的应用方法和电路设计方法。

2. 实验设备

(1)数模电实验箱。

(2)数字万用表。

3. 实验原理

74LS251 为“八选一”数据选择器，其中，A、B、C 为三位地址码输入端；$-G$ 为低电平选通输入端；$D_0 \sim D_7$ 为数据输入端；Y 为源码输出端；$-W$ 为反码输出端。

4. 实验内容及步骤

(1)数据选择器。

1)数据选择器实验电路如图 4.29 所示，将实验用 74LS251 置选通输入端-G 为低电平，数据选择器被选中，拨动开关，ABC 分别为 000，001，…，111(置数据输入端 $D_0 \sim D_7$ 分别为 10101010 或 11110000)，观察输出端 Y 和 $-W$ 的输出结果并记录。

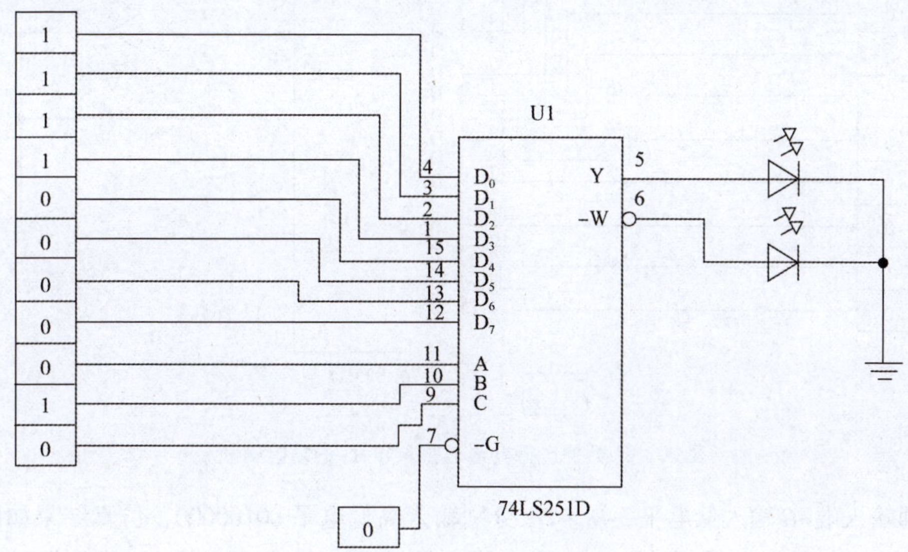

图 4.29　数据选择器实验电路

2)该实验电路的硬件连接表如表 4.20 所示。

表 4.20　数据选择器实验电路的硬件连接表

芯片 74LS251	拨动开关	逻辑电平	电源
4	SW_1		
3	SW_2		
2	SW_3		
1	SW_4		
15	SW_5		
14	SW_6		
13	SW_7		
12	SW_8		
11	SW_{10}		
10	SW_{11}		
9	SW_{12}		
7	SW_{13}		
5		LED	
6		LED	
16			+5 V
8			GND

3)数据选择器电路仿真。

在 Multisim 中，数据选择器选通输入端-G 的功能测试，低电平有效，高电平时的输出如图 4.30 所示。

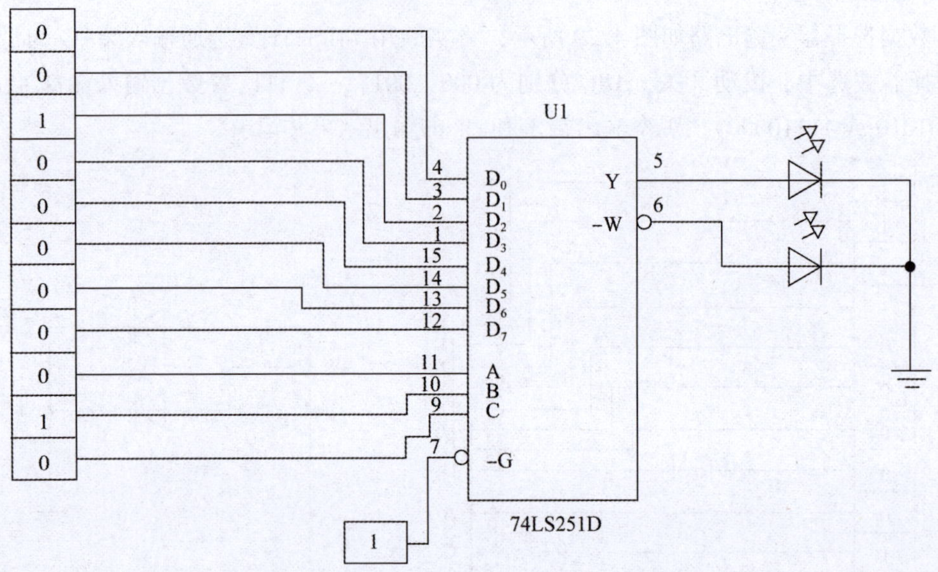

图 4.30　数据选择器选通输入端-G 的功能测试

选通输入端-G 输入低电平，$D_0 \sim D_7$ 分别输入高低电平 00100000，仿真结果如图 4.31 所示，ABC 分别为 010，数据 D_2 输出，输出端发光二极管亮，按照 ABC 分别为 000，001，…，111 验证其逻辑功能。

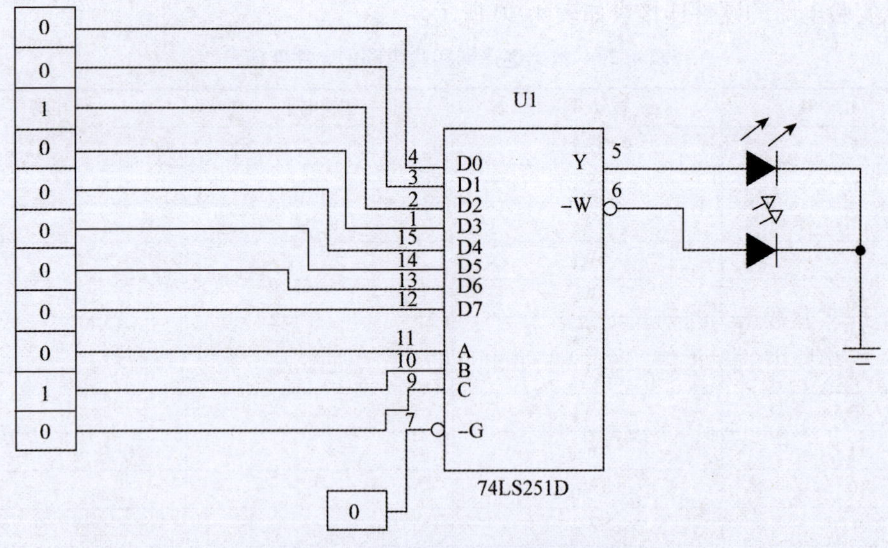

图 4.31　数据选择器功能仿真结果

(2)数值比较器。

1)在数字电路中，经常需要对两个位数相同的二进制数进行比较，以判断它们的相对大小，用来实现这一功能的逻辑电路就称为数值比较器。与非门 74LS00 和或非门 74LS02 构成的数值比较器电路如图 4. 32 所示。

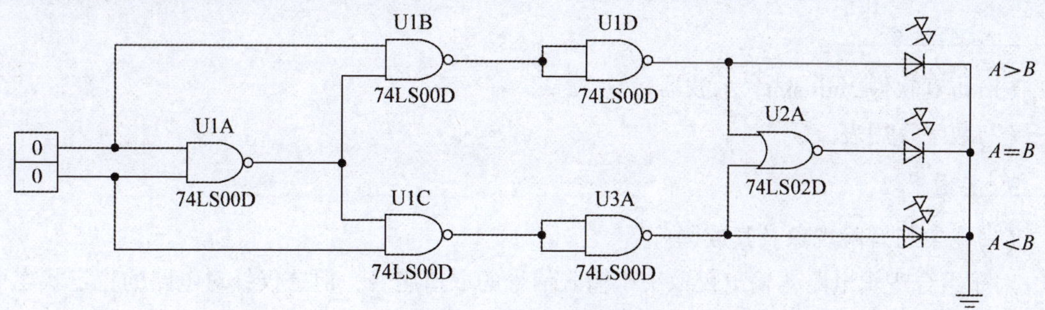

图 4. 32　数值比较器电路

2)数值比较器电路仿真。

在 Multisim 中进行仿真，*AB* 输入 01 时的仿真结果如图 4. 33 所示，当 $A<B$ 时，LED 亮。改变 *AB* 输入的数据，观察输出变化。设计数据表格，记录数据变化，参照仿真电路图进行硬件实验。

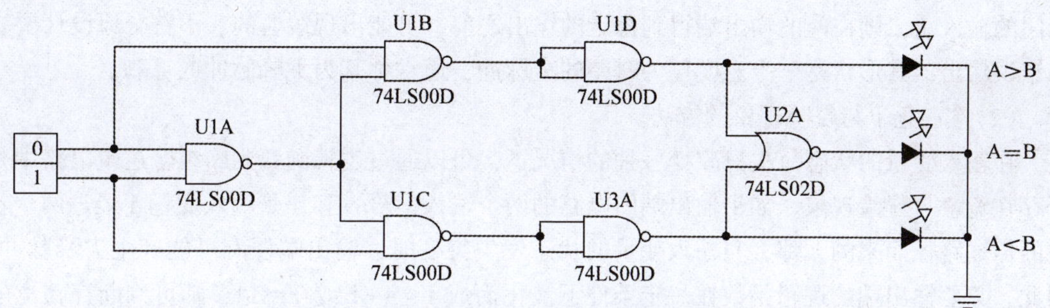

图 4. 33　数值比较器电路仿真结果

5. 预习要求

(1)了解数据选择器和数值比较器的功能、引脚排列及使用方法。

(2)了解组合逻辑电路的功能特点和结构特点。

(3)了解组合逻辑电路的一般分析方法及设计方法。

(4)用 Multisim 对实验电路进行仿真并分析仿真结果。

6. 实验报告

(1)整理实验数据，并列表记录。

(2)分析实验中的现象、操作中遇到的问题及其解决办法。

(3)总结分析、设计组合逻辑电路的步骤、方法及心得。

4.8　竞争与冒险

1. 实验目的

(1)熟悉竞争与冒险现象。

(2)掌握电路设计中避免竞争与冒险的方法。

2. 实验设备

(1)仿真软件 Multisim、示波器。

(2)数字万用表。

3. 实验原理

(1)竞争与冒险现象及其成因。

对于组合逻辑电路，输出仅取决于输入信号的取值组合，但这仅针对电路的稳定状态而言，没有涉及电路的暂态过程。实际上，在组合逻辑电路中，信号的传输可能通过不同的路径而汇合到某一门的输入端上。由于门电路的传输延迟，各路信号对于汇合点会有一定的时差，这种现象称为竞争。如果竞争现象的存在不会使电路产生错误的输出，则称为非临界竞争；如果竞争现象的存在使电路产生了错误的输出，则称为临界竞争，这种现象通常被称为逻辑冒险现象。一般来说，在组合逻辑电路中，如果有两个或两个以上的信号参差地加到同一门的输入端，则在门的输出端得到稳定的输出之前，可能出现短暂的、不符合原设计要求的错误输出，其形状是一个宽度仅为时差的窄脉冲，通常称其为尖峰脉冲或毛刺。

(2)检查竞争与冒险现象的方法。

在输入变量的状态每次只改变一种的情况下，可以通过逻辑函数判断组合逻辑电路中是否存在竞争与冒险现象。如果输出端门电路的两个输入信号 A 和 A 是输入变量 A 经过两个不同的传输路径而来的，那么当输入变量的状态发生突变时，输出端便有可能产生尖峰脉冲。因此，只要输出端的逻辑函数在一定条件下被化简成 $Y=A+A$ 或 $Y=AA$，则可判断存在竞争与冒险现象。

(3)消除竞争与冒险现象的方法。

1)接入滤波电路。在输出端并联一只很小的滤波电容，足以把尖峰脉冲的幅度削弱至门电路的阈值电压以下。

2)引入选通脉冲。对输出引进选通脉冲，避开竞争与冒险现象。

3)修改逻辑设计。在化简逻辑函数选择乘积项时，按照判断组合电路是否存在竞争与冒险现象的方法，选择不会使逻辑函数产生竞争与冒险的乘积项。也可采用增加冗余项的方法。选择消除竞争与冒险现象的方法应根据具体情况而定。组合逻辑电路的竞争与冒险现象是一个重要的实际问题。当设计出一个组合电路，安装后应首先进行静态测试，也就是用逻辑开关按真值表依次改变输入量，验证其逻辑功能。再进行动态测试，观察是否存在竞争与冒险现象。如果电路存在竞争与冒险现象，但不影响下一级电路的正常工作，就不必采取消除现象的措施；如果影响到下一级电路的正常工作，就要分析产生现象的原因，然后根据不同的情况采取措施加以消除。

4. 实验内容及步骤

(1)使用 74LS00 连接电路，如图 4. 34 所示。在 Multisim 中进行仿真实验，使用三通道示波器观察输入与输出，会看到最后一级有毛刺现象。仿真波形如图 4. 35 所示，通道 A 为输入波形，通道 B 为第一级输出波形，通道 C 为最后一级输出波形，可以看到最后一级有毛刺现象。

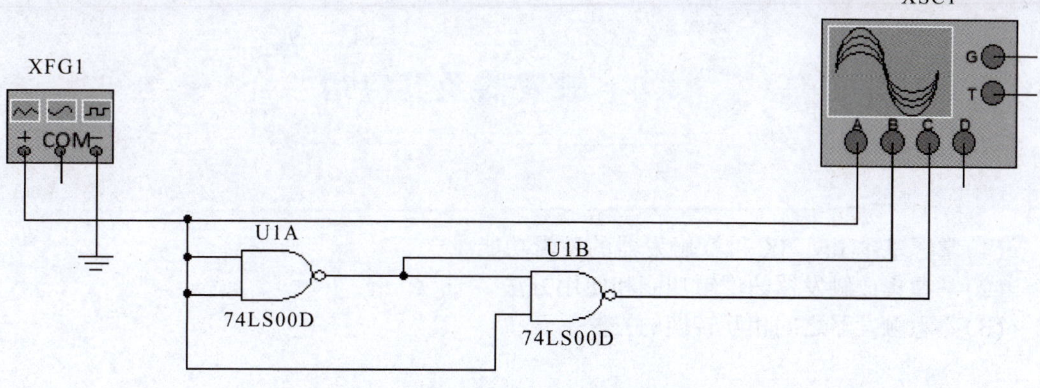

图 4.34　竞争与冒险现象实验电路

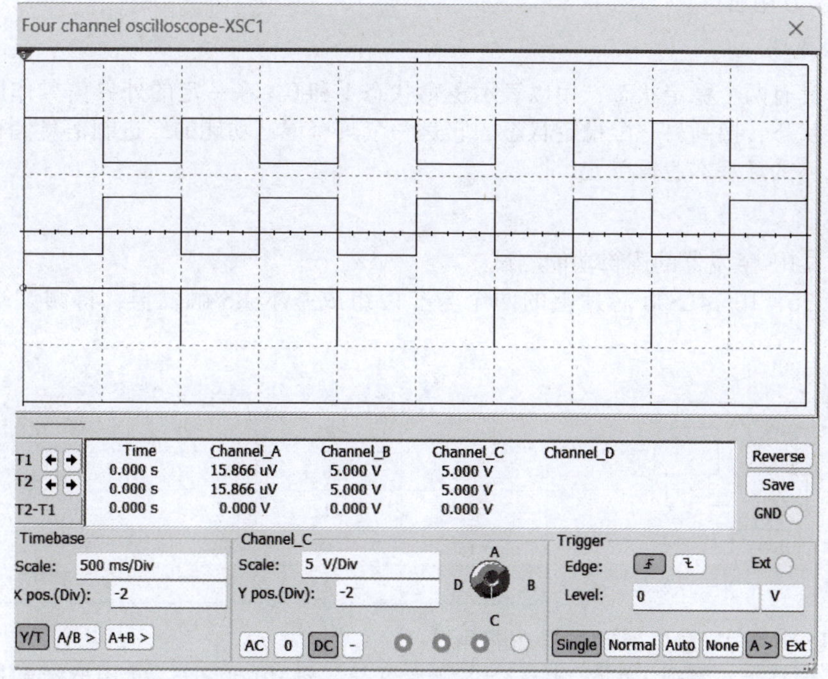

图 4.35　竞争与冒险现象仿真波形

(2) 参考仿真电路图搭建硬件电路，用示波器可以看到毛刺现象。

5. 预习要求

(1) 预习产生竞争与冒险现象的原因。

(2) 预习消除竞争与冒险现象的方法。

(3) 用 Multisim 对实验电路进行仿真。

6. 实验报告

(1) 整理实验数据，并列表记录。

(2) 分析实验中的现象，操作中遇到的问题及其解决办法。

(3) 总结消除竞争与冒险现象的步骤、方法及心得。

4.9 触发器及其应用

1. 实验目的

(1)掌握基本 RS、JK 和 D 触发器的逻辑功能。

(2)掌握集成触发器的逻辑功能和使用方法。

(3)熟悉触发器之间相互转换的方法。

2. 实验设备

(1)数模电实验箱。

(2)数字万用表。

3. 实验原理

触发器具有两个稳定状态，用以表示逻辑状态 1 和 0，在一定的外界信号作用下，可以从一个稳定状态转换到另一个稳定状态。它是一个具有记忆功能的二进制信息储存器件，是构成多种电路的最基本逻辑单元。

4. 实验内容及步骤

(1)基本 RS 触发器的逻辑功能测试。

按图 4.36，用 74LS00 芯片上的两个与非门组成基本 RS 触发器，将测试结果记录于表 4.21中。

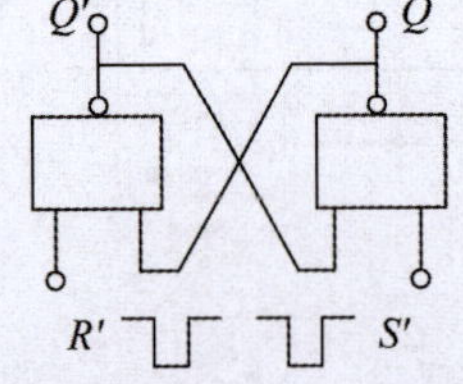

图 4.36 基本 RS 触发器

表 4.21 基本 RS 触发器的逻辑功能

S'	R'	Q	Q'
0	0		
0	1		
1	0		
1	1		

(2)74LS76 双 JK 触发器的逻辑功能测试。

在输入信号为双端输入的情况下，JK 触发器是一种功能完善、使用灵活和通用性较强的触发器。本实验采用 74LS76 双 JK 触发器，它是下降沿触发的边沿触发器。双 JK 触发器的引脚及符号如图 4.37 所示，双 JK 触发器的状态方程为

$$Q^* = JQ'_n + K'Q_n$$

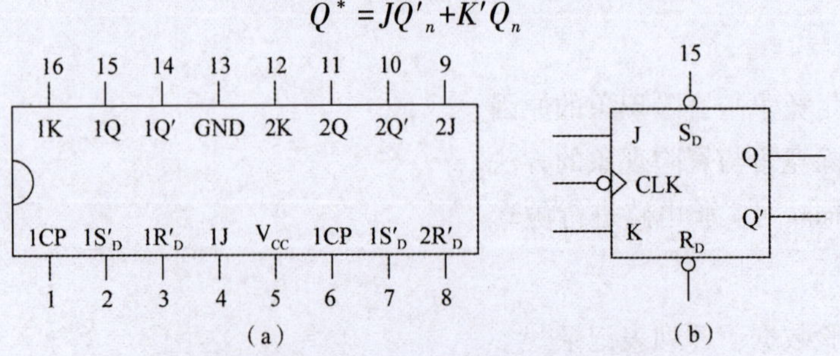

图 4.37 双 JK 触发器的引脚及符号

(a)引脚；(b)符号

1) 按图 4.37 进行异步置位及复位功能的测试，使用 74LS76 芯片的一个 JK 触发器，将 J、K、CLK 端断开(或置于任意状态)，改变 S'_D 和 R'_D 的状态。观察输出 Q 和 Q' 的状态，并将其记录于表 4.22 中。

表 4.22　异步置位及复位功能的测试

S'_D	R'_D	Q	Q'
1	0→1		
	1→0		
1→0	1		
0→1			
0	0		

2) 逻辑功能的测试使用实验箱上的单脉冲作为 JK 触发器的 CLK 脉冲源，当将触发器的初始状态置 1 或置 0 时，将测试结果记录于表 4.23 中。

表 4.23　JK 触发器逻辑功能的测试

J	K	CLK	Q^*	
			$Q=1$	$Q=0$
0	0	0→1		
0	0	1→0		
0	1	0→1		
0	1	1→0		
1	0	0→1		
1	0	1→0		
1	1	0→1		
1	1	1→0		

3) 该实验电路的硬件连接表如表 4.24 所示。

表 4.24　双 JK 触发器逻辑功能测试实验电路的硬件连接表

芯片 74LS76	拨动开关	逻辑电平	脉冲	电源
1			单脉冲	
2	SW_1			
3	SW_2			
4	SW_3			
16	SW_4			
14		D_1		
15		D_2		
5				+5 V
13				GND

注意：“芯片 74LS76”列下的数字表示该芯片的引脚标号，实验时确保给芯片上电，接线检查无误后打开实验箱电源，进行实验。

4) JK 触发器逻辑功能的仿真。

在 Multisim 中进行仿真，仿真电路如图 4.38 所示。*J*、*K* 接入高电平，时钟 *CLK* 输入 2 kHz脉冲信号，仿真结果如图 4.39 所示。通道 A 为 JK 触发器的输出波形，通道 B 为时钟脉冲波形，观察时钟下降沿输出状态的变化，分析 JK 触发器的逻辑功能。

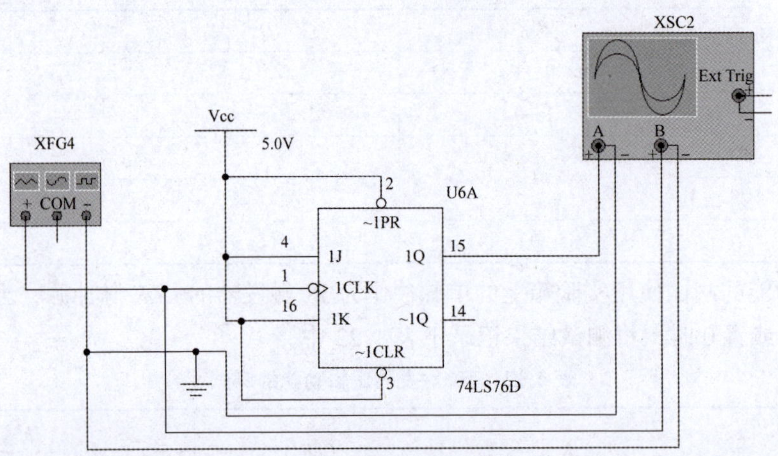

图 4.38　JK 触发器仿真电路

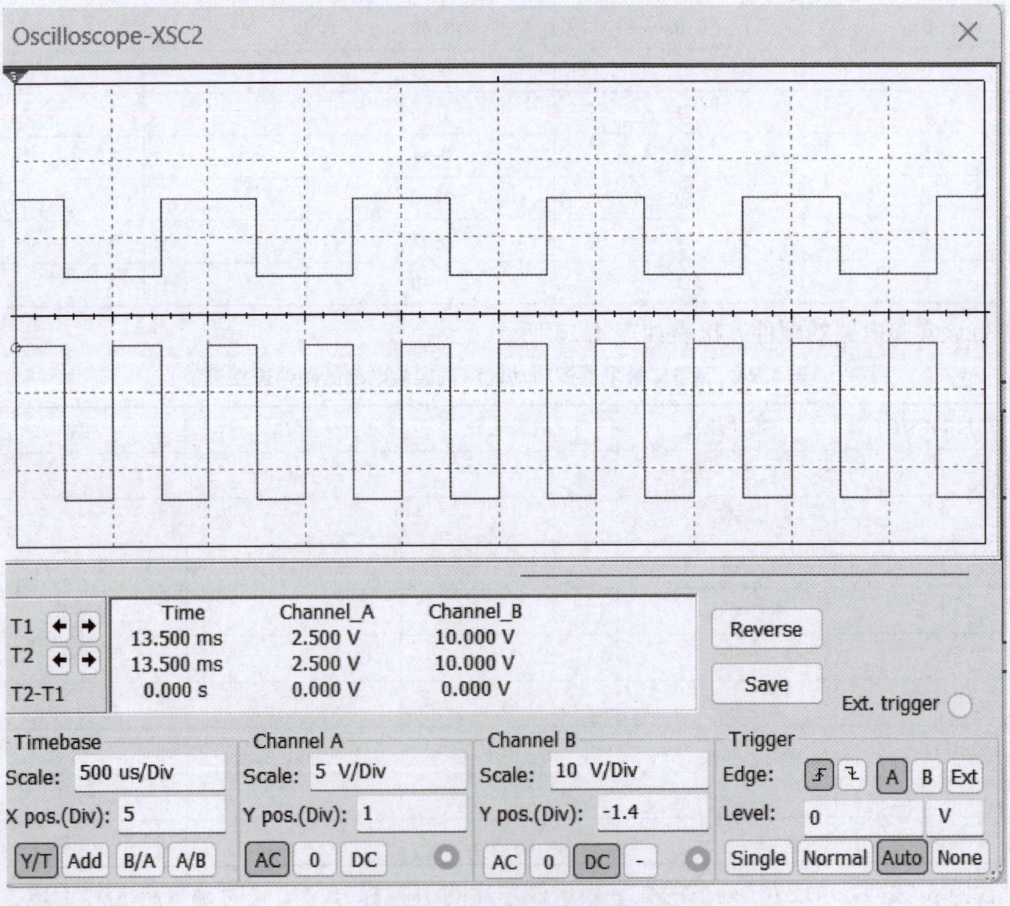

图 4.39　JK 触发器仿真波形

(3)74LS74 双 D 触发器的逻辑功能测试。

在输入信号为单端输入的情况下，D 触发器使用起来最为方便，其状态方程为 $Q^{*}=D_{n}$，其输出状态的更新发生在 *CLK* 脉冲的上升沿，故又称上升沿触发的边沿触发器。D 触发器的状态只取决于时钟到来前 *D* 端的状态。D 触发器的应用很广泛，可用作数字信号的寄存、移位寄存、分频和波形发生等，有很多种型号可供各种用途需要而选用。图 4.40 为 74LS74 双 D 触发器的引脚和符号。

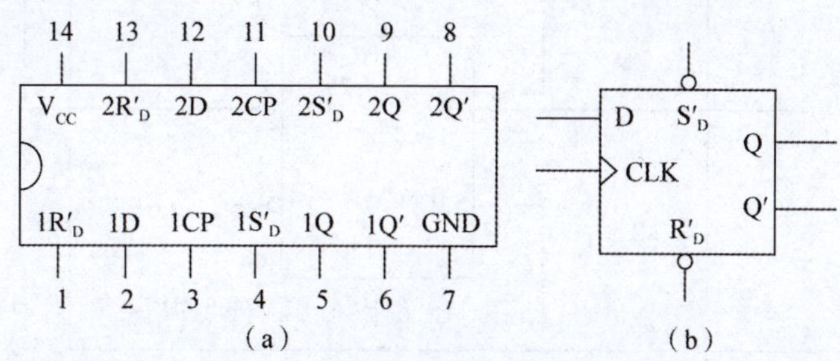

图 4.40　74LS74 双 D 触发器的引脚和符号

(a)引脚；(b)符号

1)按图 4.40 进行异步置位及复位功能的测试，使用 74LS74 芯片的一个触发器，改变 S'_{D}和R'_{D}的状态，观察输出 Q 和 Q'的状态，自拟表格记录。

2)逻辑功能的测试使用单次脉冲作为 D 触发器的 *CLK* 脉冲源，测试 D 触发器的功能，自拟表格记录。

3)该实验电路的硬件连接表如表 4.25 所示。

表 4.25　双 D 触发器逻辑功能测试实验电路的硬件连接表

芯片 74LS74	拨码开关	逻辑电平	脉冲	电源
1	SW_1			
2	SW_2			
3			脉冲	
4	SW_3			
5		D_1		
6		D_2		
14				+5 V
7				GND

注意："芯片 74LS74"列下的数字表示该芯片的引脚标号，实验时确保给芯片上电，接线检查无误后打开实验箱电源，进行实验。

4)D 触发器逻辑功能的仿真。

在 Multisim 中进行仿真，仿真电路如图 4.41 所示，时钟 *CLK* 输入 1 kHz 脉冲信号，仿真结果如图 4.42 所示。通道 A 为 D 触发器输入波形，通道 B 为时钟脉冲波形，通道 C 为 D 触发器输出波形，观察时钟上升沿输出状态的变化，分析 D 触发器的逻辑功能。

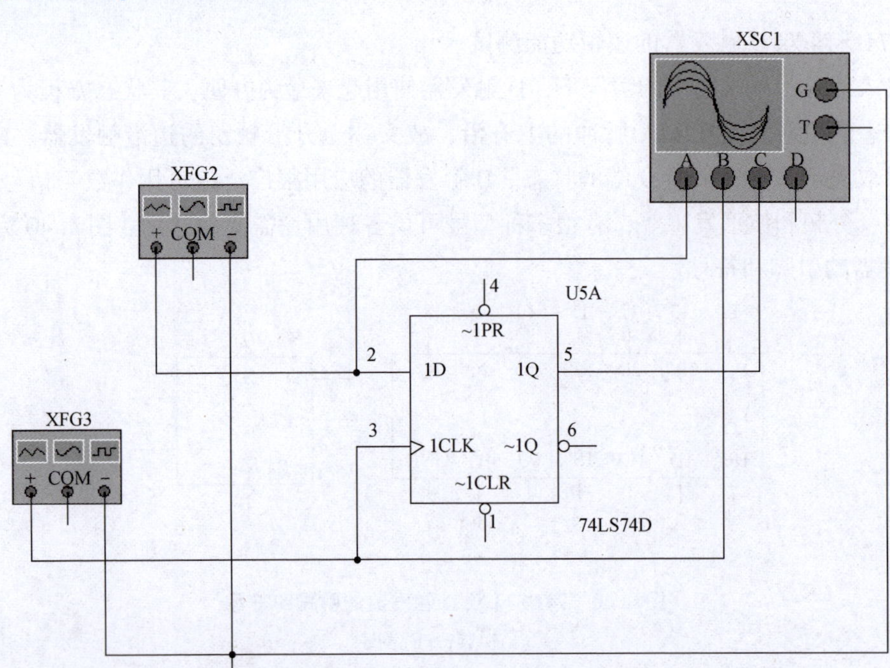

图 4.41 D 触发器仿真电路

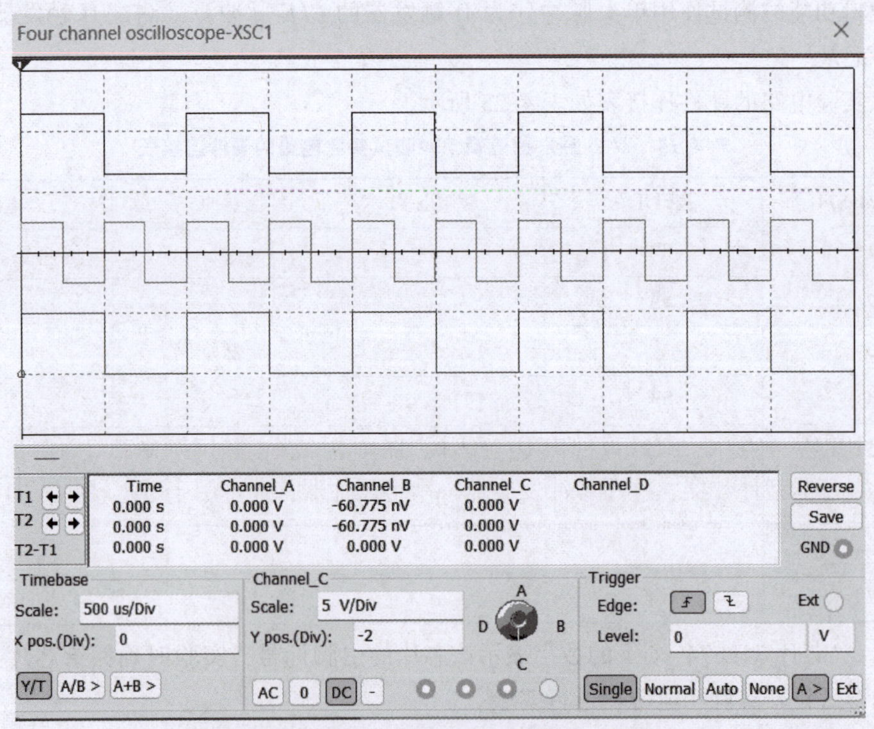

图 4.42 D 触发器仿真波形

5. 预习要求

(1) 预习有关触发器内容，熟悉各种触发器的引脚排列。

(2) 列出各触发器的功能测试表格。

(3) 查阅 74LS00、74LS74 和 74LS76 的逻辑功能。

6. 实验报告

(1) 整理实验数据，分析实验结果。

(2) 总结 S'_D、R'_D 及 S、R 各输入端的作用。

(3) 描述各种触发器之间的转换方法。

(4) 分析实验中的现象，操作中遇到的问题及其解决办法。

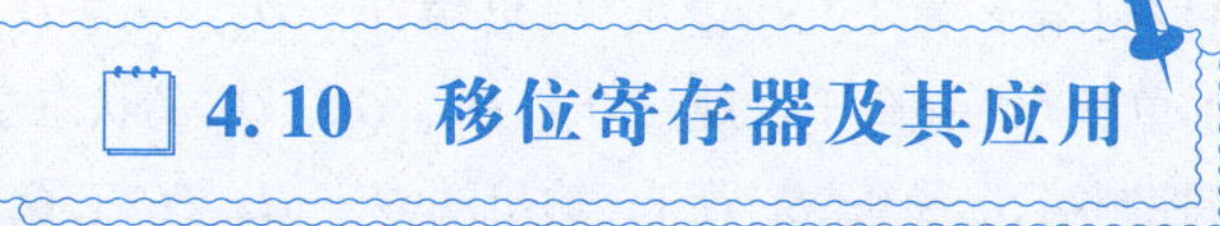

4.10　移位寄存器及其应用

1. 实验目的

(1) 掌握移位寄存器的工作原理及逻辑功能。

(2) 掌握移位寄存器的使用方法。

(3) 熟悉移位寄存器的调试方法。

2. 实验设备

(1) 数模电实验箱。

(2) 数字万用表。

3. 实验原理

移位寄存器是一种具有移位功能的寄存器，其中所存储的代码能够在移位脉冲的作用下依次左移或右移。既能左移又能右移的移位寄存器称为双向移位寄存器，只需要改变左、右移的控制信号便可以实现双向移位功能。移位寄存器存取信息的方式包括串入串出、串入并出、并入串出、并入并出 4 种。本实验选用四位双向移位寄存器，型号为 CC40194 或 74LS194，两者的功能相同，可互换使用。74LS194 有 5 种不同操作模式，即并行送数寄存、右移(方向由 $Q_0 \rightarrow Q_3$)、左移(方向由 $Q_3 \rightarrow Q_0$)、保持及置零。移位寄存器的应用很广泛，可构成移位寄存器型计数器、顺序脉冲发生器、串行累加器；还可用于数据转换，即把串行数据转换为并行数据，或者把并行数据转换为串行数据等。

74LS194 的功能表如表 4.26 所示。

表 4.26　74LS194 的功能表

R'_D	S_1	S_0	工作状态
0	×	×	置零
1	0	0	保持
1	0	1	右移
1	1	0	左移
1	1	1	并行输入

4. 实验内容及步骤

(1)四位双向移位寄存器 74LS194 的逻辑功能测试。

1)存数功能。将 74LS194 芯片的电源及地线接好，控制端 S_1、S_0 分别置 1、1，数据输入端 A、B、C、D 分别置 1、0、1、1，输出端 Q_A、Q_B、Q_C、Q_D 分别接指示灯，在 CLK 端加单脉冲的条件下，观察 Q_A、Q_B、Q_C、Q_D 的状态变化，并加以记录。

2)动态保持功能。将控制端 S_1、S_0 置 0，输出端 Q_A、Q_B、Q_C、Q_D 均接指示灯，数据输入端 A、B、C、D 均置 0，在 CLK 端加单脉冲的条件下，观察 Q_A、Q_B、Q_C、Q_D 的状态变化，并加以记录。

3)左移功能。将控制端 S_1 置 1、S_0 置 0，输出端 Q_A、Q_B、Q_C、Q_D 均接指示灯，将 Q_A 接至 SL，在 CLK 端加单脉冲的条件下，观察 Q_A、Q_B、Q_C、Q_D 的状态变化，并加以记录。

4)右移功能。将控制端 S_1 置 0、S_0 置 1，输出端 Q_A、Q_B、Q_C、Q_D 均接指示灯，将 Q_D 接至 SR，在 CLK 端加单脉冲的条件下，观察 Q_A、Q_B、Q_C、Q_D 的状态变化，并加以记录。

(2)四位双向移位寄存器 74LS194 的逻辑功能验证。

74LS194 的右移逻辑功能测试电路如图 4.43 所示。

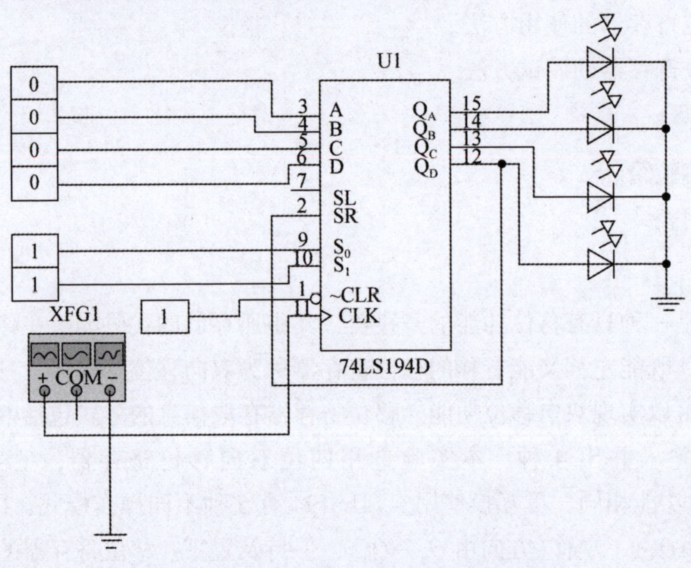

图 4.43　74LS194 的右移逻辑功能测试电路

(3)该实验电路的硬件连接表如表 4.27 所示。

表 4.27　74LS194 逻辑功能测试实验电路的硬件连接表

芯片 74LS194	拨码开关	逻辑电平	脉冲	电源
1	SW_1(置 1)			
2，12		D_4		
3	SW_2			
4	SW_3			
5	SW_4			

续表

芯片 74LS194	拨码开关	逻辑电平	脉冲	电源
6	SW_5			
9	SW_6(置 1)			
10	SW_7(置 1)			
11			单脉冲	
13		D_3		
14		D_2		
15		D_1		
8				GND
16				+5 V

注意："芯片 74LS194"列下的数字表示该芯片的引脚标号，实验时确保给芯片上电，接线检查无误后打开实验箱电源，进行实验。

(4)在 Multisim 中，数据输入端 A、B、C、D 分别置 1、0、0、0 时，控制端 S_1、S_0 均置 1，仿真结果如图 4.44 所示，实现并行输入功能，观察发光二极管状态。

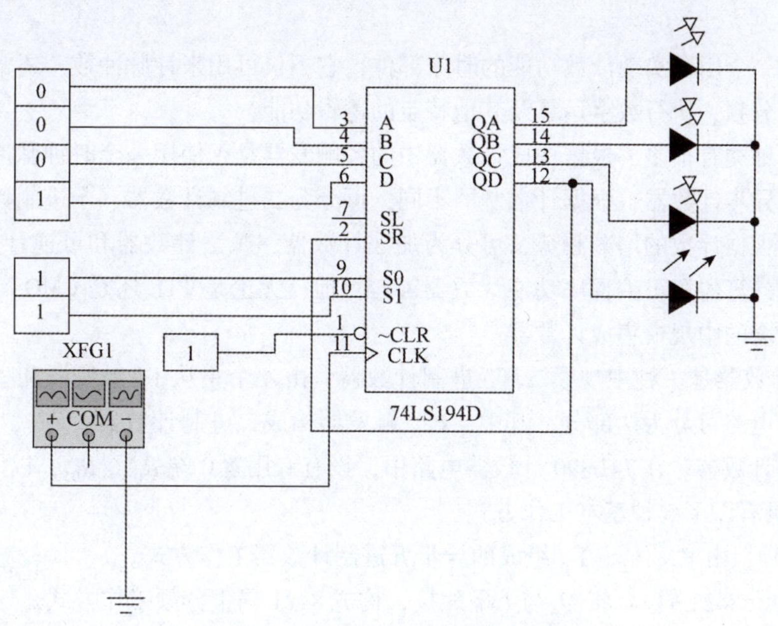

图 4.44　74LS194 的存数功能仿真结果

(5)用 74LS194 和 74LS00 构成七进制计数器。将控制端 S_1 置 0、S_0 置 1，用 74LS00 实现$(Q_CQ_D)'=D_{SR}$，R'_D端先清零，然后在 CLK 端输入连续脉冲，观察 CLK、Q_D 和 Q_C 的相对波形，并加以记录。

5. 预习要求

(1)预习移位寄存器的工作原理及逻辑功能。

(2)根据实验任务，设计出所需的实验电路及记录表格。

6. 实验报告

(1)正确画出各步骤的实验接线图及数据记录表格。

(2)记录观察到的输出波形并对其进行分析。

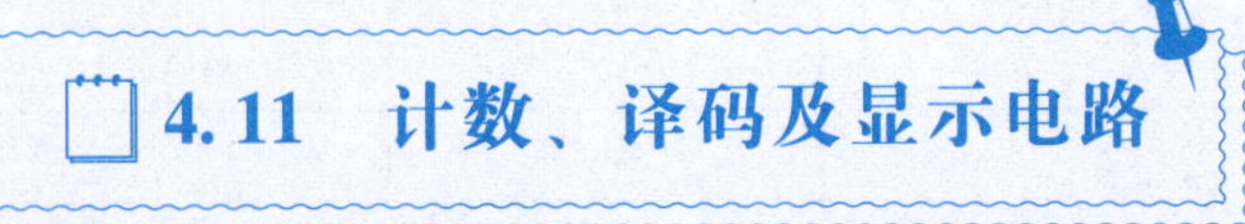

4.11 计数、译码及显示电路

1. 实验目的

(1)熟悉常用中规模集成计数器的逻辑功能。

(2)掌握计数、译码、显示电路的工作原理及应用。

2. 实验设备

(1)数模电实验箱。

(2)数字万用表。

3. 实验原理

计数器是一个用以实现计数功能的时序部件，它不仅可用来计脉冲数，还常用来实现数字系统定时、分频、执行数字运算及其他特定的逻辑功能。

计数器的种类有很多，根据构成计数器中的各触发器是否使用一个时钟脉冲源，可分为同步计数器和异步计数器；根据计数制的不同，可分为二进制计数器、十进制计数器和任意进制计数器；根据计数的增减趋势，可分为加法计数器、减法计数器和可逆计数器，此外，还有可预置数计算器和可编程序功能计数器等。目前，无论是 TTL 还是 CMOS 集成门电路，都有品种较齐全的中规模集成计数器。

74LS90 计数器是一种中规模二-五进制计数器，由 4 个主从 JK 触发器和一些附加门电路组成，整个电路可分为两部分，其中，FF_A 触发器构成二进制计数器；FF_B、FF_C、FF_D 构成异步五进制计数器。在 74LS90 计数器电路中，设有专用置 0 端 R_{01}、R_{02}，以及置 9 端 S_{91}、S_{92}。74LS90 具有以下 5 种基本工作方式。

(1)五分频：由 F_B、F_C、F_D 组成的异步五进制计数器工作方式。

(2)十分频(8421 码)：将 Q_A 与 IN_B 相接，构成 8421 码十分频工作方式。

(3)六分频：在十分频(8421 码)的基础上，将 Q_B 端接 R_{01}，Q_C 端接 R_{02}，其计数顺序为 000~101，当第六个脉冲作用后，出现状态 $Q_CQ_BQ_A=110$，利用 $Q_BQ_C=11$ 反馈到 R_{01} 和 R_{02} 的方式使电路置 0。

(4)九分频：$Q_A \to R_{01}$、$Q_D \to R_{02}$，构成原理同六分频工作方式。

(5)十分频(5421 码)：将五进制计数器的输出端 Q_D 接二进制计数器的脉冲输入端 IN_A，即可构成 5421 码十分频工作方式。

此外，据功能表可知，构成上述 5 种工作方式时，S_{91}、S_{92} 端最少应有一端接地；构成五分频和十分频时，R_{01}、R_{02} 端亦必须有一端接地。

74LS48 是一种常用的七段译码器，常用于各种数字电路和单片机系统的显示系统中。七段译码器 74LS48 是输出高电平有效的译码器，除了有实现七段译码器基本功能的输入(D、C、B、A)和输出($Ya \sim Yg$)端，还引入了灯测试输入端(LT)和动态灭零输入端(RBI)，以及既有输入功能又有输出功能的消隐输入/动态灭零输出(BI/RBO)端。

4. 实验内容及步骤

(1)用 74LS90 分别构成五分频、六分频、九分频、十分频(5421 码)工作方式的计数器。

1)画出 4 种工作方式的实验电路图。

2)输入连续脉冲信号，用示波器观察并记录输出波形。

(2)用 74LS90 构成 8421 BCD 码十进制计数器。

1)画出实验电路图。

2)输入端 CP_1 接单脉冲信号源，Q_D、Q_C、Q_B、Q_A 均接指示灯(发光二极管)。观察在单脉冲源的作用下，Q_D、Q_C、Q_B、Q_A 按 8421 BCD 码的变化规律。

3)输入端 CP_1 接连续脉冲源，用示波器观察 Q_D 和输入端的相对波形，并记录。

(3)计数、译码、显示。

1)用 74LS90、74LS48 及数码管 BT5161 构成计数、译码、显示实验电路。五进制计数器电路如图 4.45 所示。

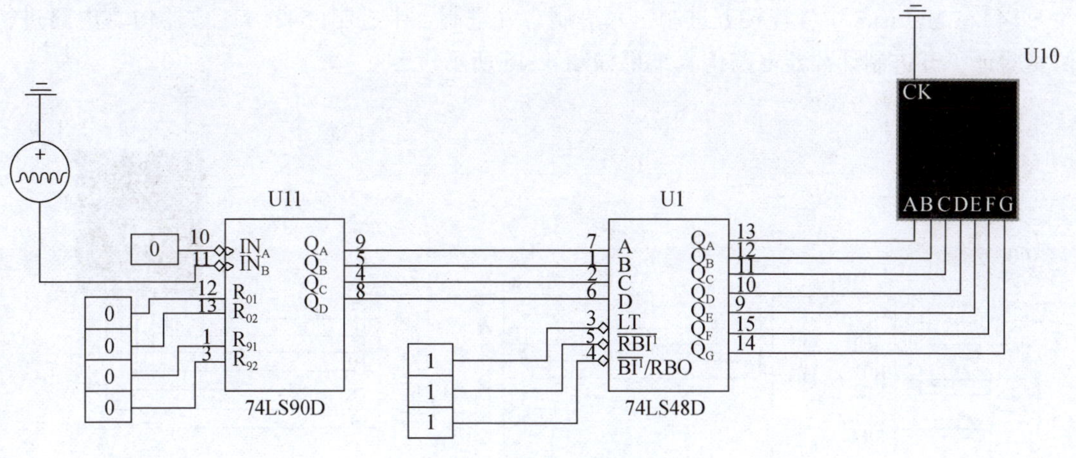

图 4.45　五进制计数器电路

2)该实验电路的硬件连接表如表 4.28 所示。

表 4.28　五进制计数器实验电路的硬件连接表

芯片 74LS90	芯片 74LS48	拨码开关	数码管引脚	脉冲	电源
1，12	7				
2		SW_1(置 0)			
3		SW_2(置 0)			
6		SW_3(置 0)			
7		SW_4(置 0)			

续表

芯片 74LS90	芯片 74LS48	拨码开关	数码管引脚	脉冲	电源
8	2				
9	1				
11	6				
14				单脉冲	
	3	SW_5(置 1)			
	4	SW_6(置 1)			
	5	SW_7(置 0)			
	13		S_A		
	12		S_B		
	11		S_C		
	10		S_D		
	9		S_E		
	15		S_F		
	14		S_G		
5	16				+5 V
10	8				GND

注意："芯片 74LS90""芯片 74LS48"列下的数字表示该芯片的引脚标号，实验时确保给芯片上电，接线检查无误后打开实验箱电源，进行实验。

(4)在 Multisim 中，连接五进制、六进制、九进制、十进制(5421)计数器仿真电路进行仿真验证，五进制计数器电路仿真结果如图 4.46 所示。

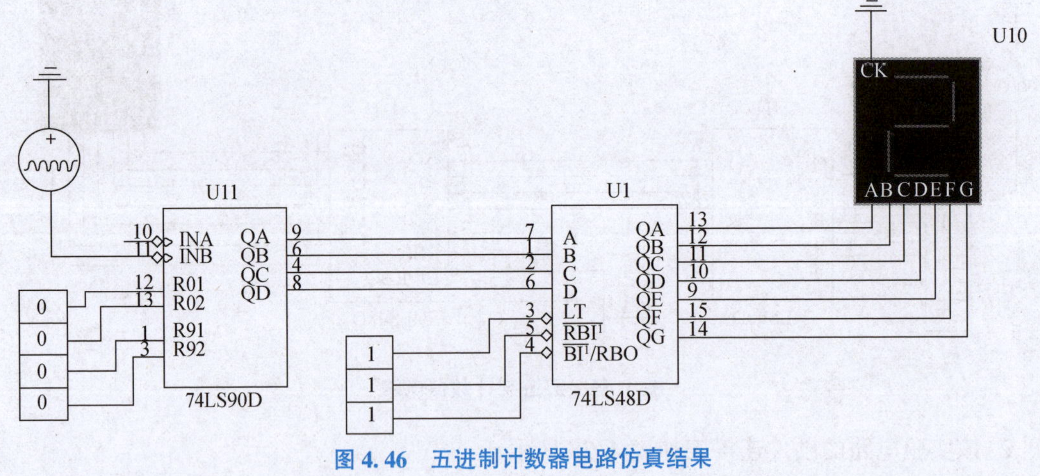

图 4.46　五进制计数器电路仿真结果

5. 预习要求

(1)预习中规模集成芯片 74LS90、74LS48 和 BT5161 数码管引脚的逻辑功能。

(2)画出用 74LS90 构成 8421 BCD 码十进制计数器的实验电路图。

(3)画出用 74LS90、74LS48 和 BT5161(数码管)构成的计数、译码、显示电路的电路图。

6. 实验报告

(1)整理实验数据，分析实验结果与理论值是否相等。

(2) 总结中规模集成电路的使用方法及功能。

4.12　555 定时器及其应用

1. 实验目的

(1) 熟悉基本定时电路的工作原理及定时元件 R、C 对振荡周期和脉冲宽度的影响。

(2) 掌握使用 555 集成定时器构成定时电路的方法。

2. 实验设备

(1) 数模电实验箱。

(2) 数字示波器。

3. 实验原理

555 定时器是一种多用途的数字、模拟混合集成电路，使用它能极方便地构成施密特触发器、单稳态触发器和多谐振荡器。由于使用灵活、方便，所以 555 定时器在波形的产生与变换、测量与控制及家用电器、电子玩具等许多领域中都得到了广泛应用。

555 定时器的电路结构如图 4.47 所示，由电压比较器 C_1 和 C_2、锁存器 SR、输出缓冲器 G 和集电极开路的放电三极管(简称放电管) T_D 组成。

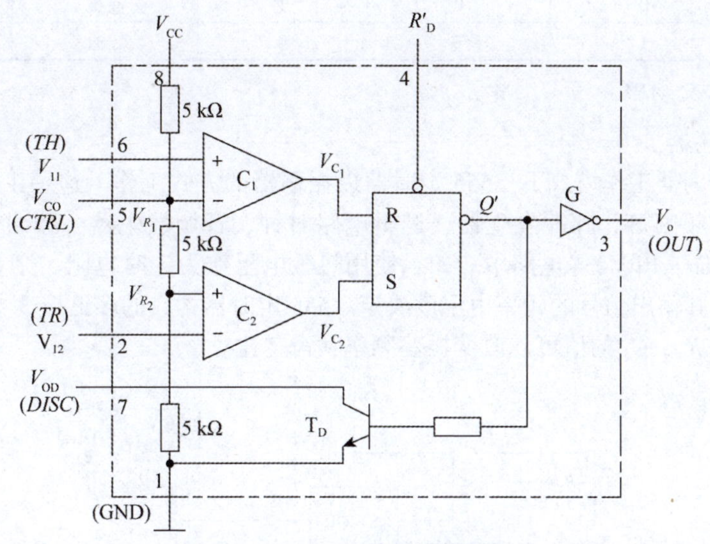

图 4.47　555 定时器的电路结构

555 定时器的功能主要由两个比较器决定。两个比较器的输出电压控制 SR 锁存器和放电管的状态。在电源与地之间加上电压，当引脚 5 悬空时，电压比较器 C_1 的同相输入端的电压为 $2V_{CC}/3$，C_2 的反相输入端的电压为 $V_{CC}/3$。若触发输入端 TR 的电压小于 $V_{CC}/3$，则比较器 C_2 的输出为 0，可使 RS 触发器置 1，使输出为高电平。如果阈值输入端 TH 的电压大于 $2V_{CC}/3$，同时 TR 端的电压大于 $V_{CC}/3$，则 C_1 的输出为 0，C_2 的输出为 1，可将 RS 触发器置 0，使输出为低电平。

555 定时器的各个引脚功能如下。

引脚 1：外接电源负端 V_{SS}或接地，一般情况下接地。

引脚 2：低触发端 *TR*。

引脚 3：输出端 V_o。

引脚 4：直接清零端。若此端接低电平，则时基电路不工作，此时无论 *TR*、*TH* 处于何种电平，时基电路输出均为 0，该端不用时应接高电平。

引脚 5：控制电压端 V_{CO}。若此端外接电压，则可改变内部两个电压比较器的基准电压，当该端不用时，应将其串入一只 0.01 μF 电容接地，以防引入干扰。

引脚 6：高触发端 *TH*。

引脚 7：放电端。该端与放电管集电极相连，用作定时器时电容的放电。

引脚 8：外接电源 V_{CC}，双极型时基电路 V_{CC}的范围为 4.5~16 V，CMOS 型时基电路 V_{CC}的范围为 3~18 V。一般用 5 V。

在引脚 1 接地、引脚 5 未外接电压、两个电压比较器 C_1、C_2 基准电压分别接低电平的情况下，555 定时器的功能表如表 4.29 所示。

表 4.29　555 定时器的功能表

清零端	高触发端 *TH*	低触发端 *TR*	V_o	放电管 T_D	功能
0	×	×	0	导通	直接清零
1	0	1	×	保持上一状态	保持上一状态
1	1	0	1	截止	置 1
1	0	0	1	截止	置 1
1	1	1	0	导通	清零

4. 实验内容及步骤

(1) 多谐振荡器。

1) 在多谐振荡器工作模式下，555 定时器以振荡器的方式工作。这一工作模式下的 555 定时器常被用于频闪灯、脉冲发生器、逻辑电路时钟、音调发生器、脉冲位置调制(Pulse Position Modulation，PPM)等电路中。如果使用热敏电阻作为定时电阻，则 555 定时器可构成温度传感器，其输出信号的频率由温度决定。555 定时器构成的多谐振荡器电路如图 4.48 所示，改变 R_4、R_5、C_4 的值可以改变振荡频率和占空比。

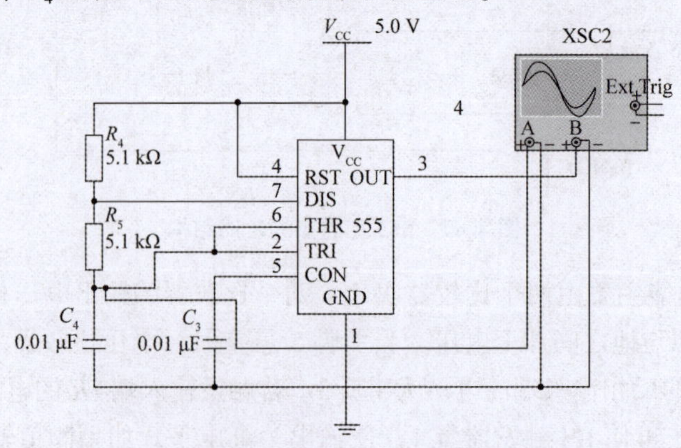

图 4.48　555 定时器构成的多谐振荡器电路

2) 在 Multisim 中，按照图 4.48 连接多谐振荡器电路进行仿真验证，用双踪示波器观察电容 C_4 上的充放电波形和振荡器输出波形，仿真结果如图 4.49 所示，通道 A 为电容 C_4 上的充放电波形，通道 B 为振荡器输出波形。

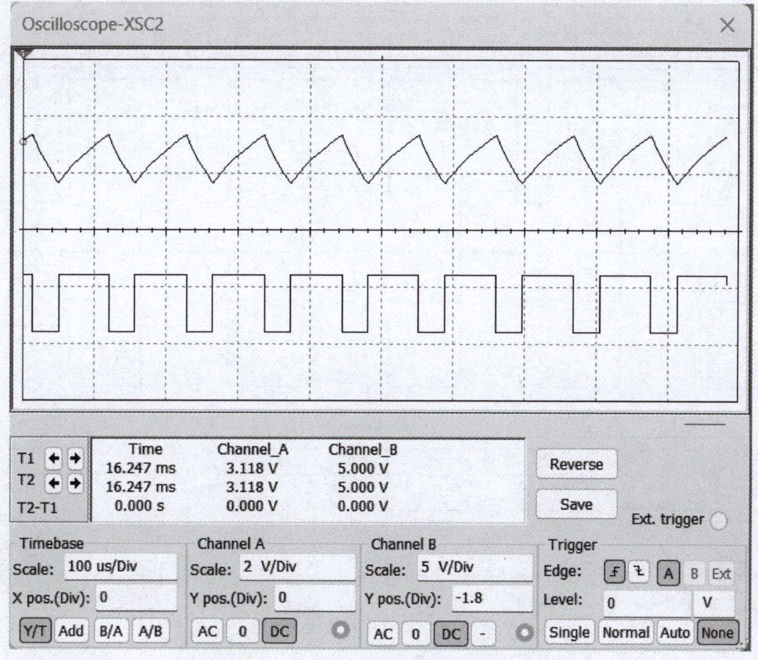

图 4.49　多谐振荡器电路仿真结果

(2) 单稳态触发器。

1) 在此模式下，555 定时器功能为单次触发，应用范围包括定时器、脉冲丢失检测、反弹跳开关、轻触开关、分频器、电容测量、脉冲宽度调制(Pulse Width Modulation，PWM)等。555 定时器构成的单稳态触发器电路如图 4.50 所示，改变 R_1、C_2 的值可以改变暂稳态时间。

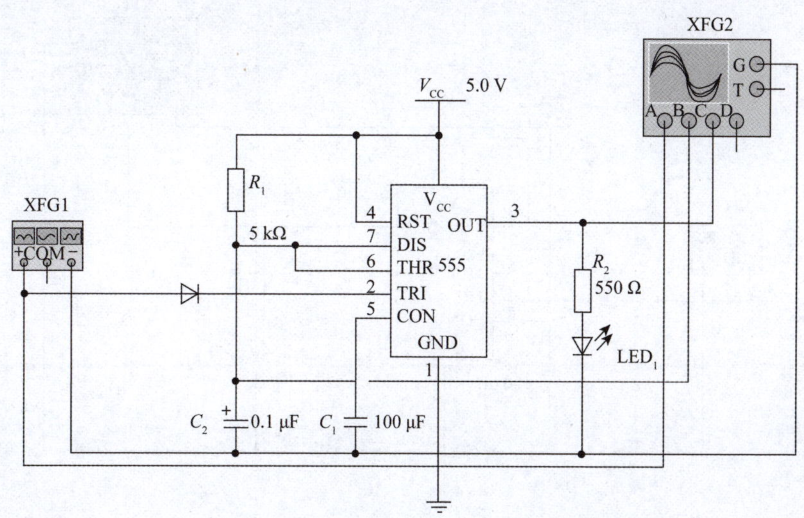

图 4.50　555 定时器构成的单稳态触发器电路

2) 在 Multisim 中，按照图 4.50 连接单稳态触发器电路进行仿真验证，用三通道示波器观察仿真波形，仿真结果如图 4.51 所示，通道 A 为触发脉冲波形，通道 B 为电容 C_2 上的充放电波形，通道 C 为单稳态触发器输出波形。改变电容大小，观察暂稳态时间及输出脉冲宽度。

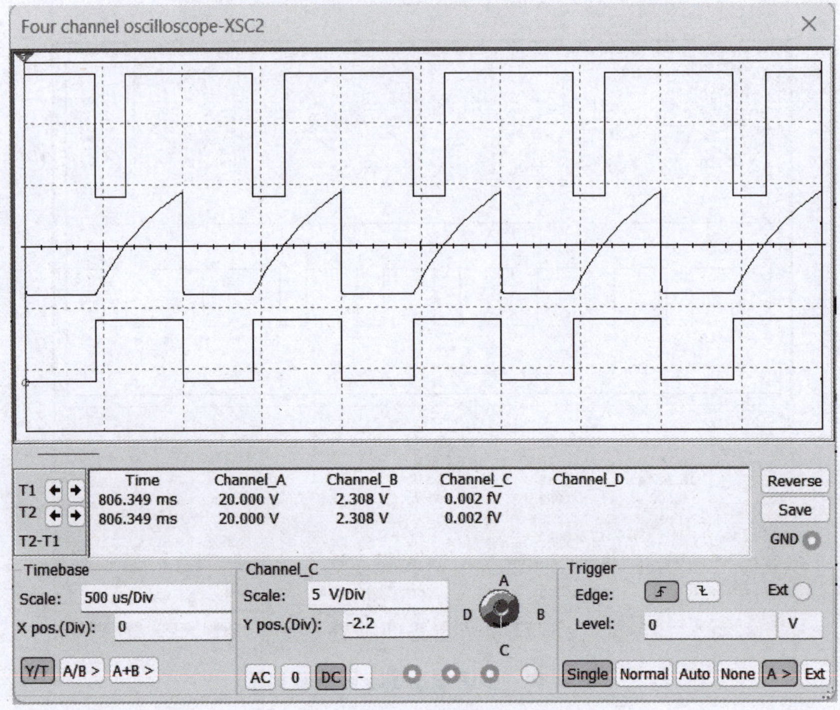

图 4.51　单稳态触发器电路仿真结果

(3) 施密特触发器(双稳态触发器)。

1) 在引脚 7 空置且不外接电容的情况下，555 定时器的工作方式类似于一个 RS 触发器，可用于构成锁存开关。555 定时器构成的施密特触发器电路如图 4.52 所示。

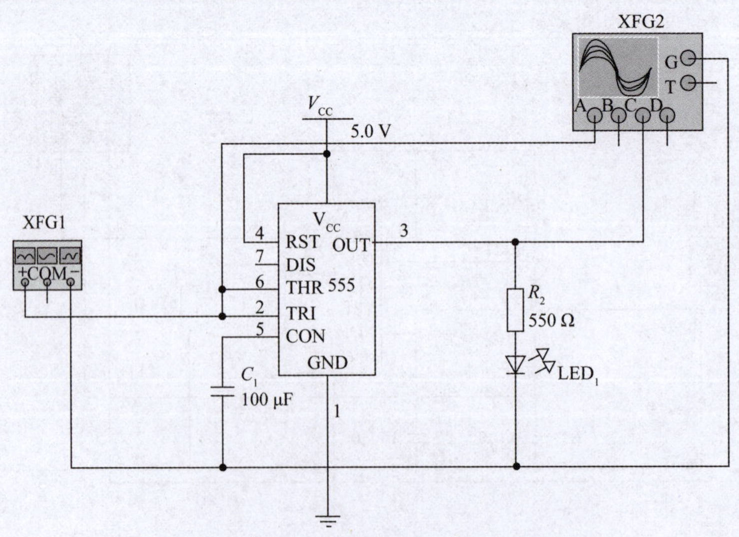

图 4.52　555 定时器构成的施密特触发器电路

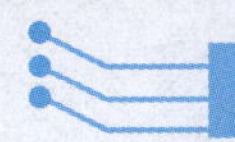

2) 在 Multisim 中，按照图 4. 52 连接施密特触发器电路进行仿真验证，用双通道示波器观察仿真波形，仿真结果如图 4. 53 所示，通道 A 为触发器输入波形，通道 B 为触发器输出波形。注意观察输出电平发生变化时对应的输入阈值电压。

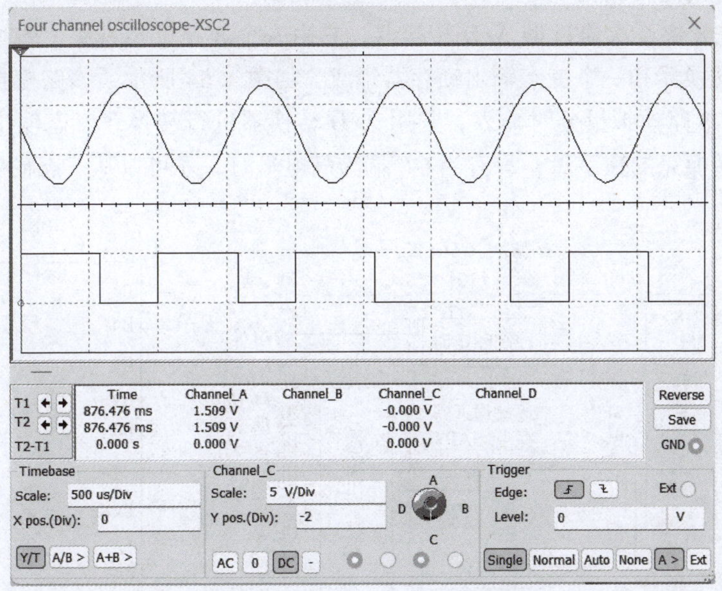

图 4. 53　施密特触发器电路仿真结果

5. 预习要求

(1) 预习 555 定时器电路的工作原理及使用方法。

(2) 设计由 555 定时器构成的施密特触发器电路、单稳态触发器电路和多谐振荡器电路。

(3) 用 Multisim 对实验进行仿真并分析实验结果。

6. 实验报告

(1) 整理实验数据，并列表记录。

(2) 分析实验中的现象，操作中遇到的问题及其解决办法。

(3) 总结设计组合逻辑电路的步骤、方法及心得。

4.13　A/D 和 D/A 转换器

1. 实验目的

(1) 熟悉 A/D 和 D/A 转换器的基本工作原理。

(2) 掌握 A/D 和 D/A 转换器的功能及使用方法。

2. 实验设备

(1) 仿真软件 Multisim。

(2) 虚拟电压表。

3. 实验内容及步骤

(1) A/D 转换器实验。

1) ADC0809 的逻辑结构。

ADC0809 是 8 位逐次逼近型 A/D 转换器。它由一个 8 路模拟开关、一个地址锁存译码器、一个 A/D 转换器和一个三态输出锁存器组成，如图 4.54 所示。多路模拟开关可选 8 个模拟通道，允许 8 路模拟量分时输入，共用 A/D 转换器进行转换。三态输出锁存器用于锁存 A/D 转换器转换完的数字量，只有当 *OE* 端为高电平时，才可以从三态输出锁存器取走转换完的数据。

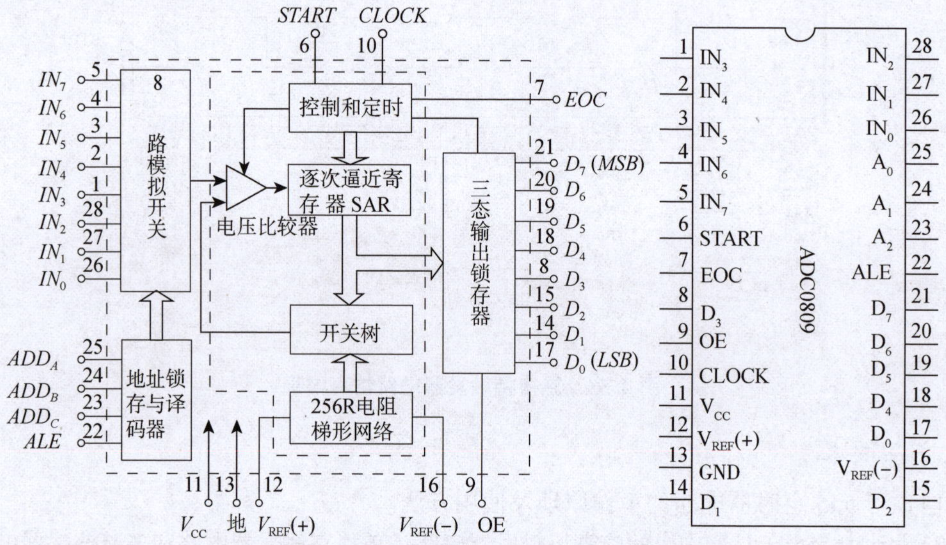

图 4.54　ADC0809 的逻辑结构框图及引脚

2) ADC0809 的工作原理。

$IN_0 \sim IN_7$：8 个模拟量输入通道。

ADC0809 对输入模拟量的要求：信号单极性，电压范围是 0～5 V，若信号太小，则必须进行放大；输入的模拟量在转换过程中应该保持不变，若模拟量变化太快，则需要在输入前增加采样保持电路。

地址输入和控制线：4 条。

ALE：地址锁存允许输入线，高电平有效。当 *ALE* 为高电平时，地址锁存与译码器将 *A*（引脚 ADD_A）、*B*（引脚 ADD_B）、*C*（引脚 ADD_C）地址输入线的地址信号进行锁存，经译码后被选中的通道的模拟量进入转换器进行转换。

A、*B*、*C* 为地址输入线，用于选 $IN_0 \sim IN_7$ 通道上的一路模拟量输入。通道选择表如表 4.30所示。

表 4.30　通道选择表

A	*B*	*C*	选择通道
0	0	0	IN_0
0	0	1	IN_1

续表

A	B	C	选择通道
0	1	0	IN_2
0	1	1	IN_3
1	0	0	IN_4
1	0	0	IN_5
1	1	0	IN_6
1	1	1	IN_7

数字量输出及控制线：11 条。

START：转换启动信号。当 *START* 上跳沿时，所有内部寄存器清零；下跳沿时，开始进行 A/D 转换。在转换期间，*START* 应保持低电平。

EOC：转换结束信号。当 *EOC* 为高电平时，表明转换结束；否则，表明正在进行 A/D 转换。

OE：输出允许信号，用于控制三态输出锁存器输出转换得到的数据。$OE=1$ 表示输出转换得到的数据；$OE=0$ 表示输出数据线呈高阻状态。

$D_7 \sim D_0$：数字量输出线。

CLOCK：时钟输入信号线。因为 ADC0809 的内部没有时钟电路，所以时钟信号必须由外界提供，通常使用频率为 500 kHz。

$V_{REF}(+)$，$V_{REF}(-)$：参考电压输入，作为测量的基准。一般 $V_{REF}(+)=5$ V，$V_{REF}(-)=0$ V。

模拟输入与数字量输出的关系为

$$N=(V_{in}-V_{REF}(-))\times256/(V_{REF}(+)-V_{REF}(-))$$

当 $V_{REF}(+)=+5$ V，$V_{REF}(-)=0$ 时，若输入模拟电压为 2.5 V，则转换后的数字量 $N=128$，即 10000000B。

3) 在 Multisim 中进行仿真实验，仿真电路如图 4.55 所示。

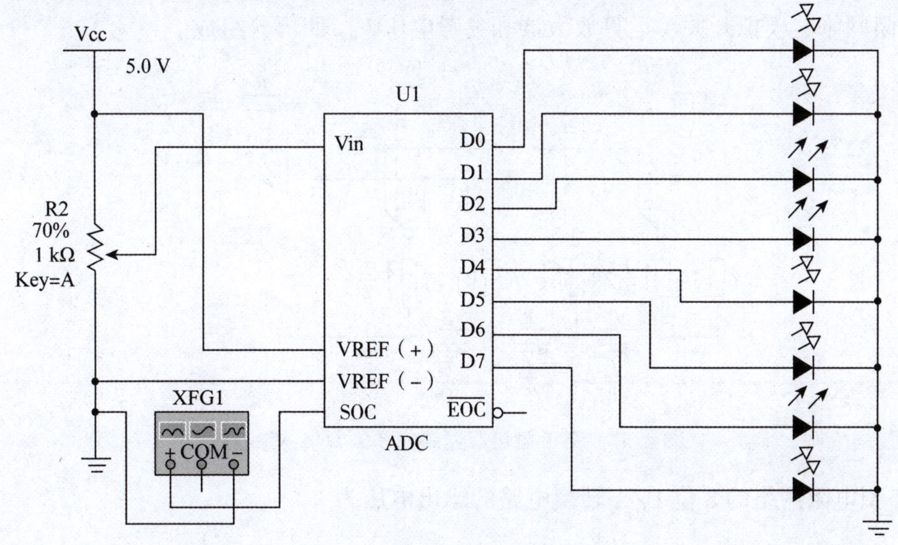

图 4.55　A/D 转换器仿真电路

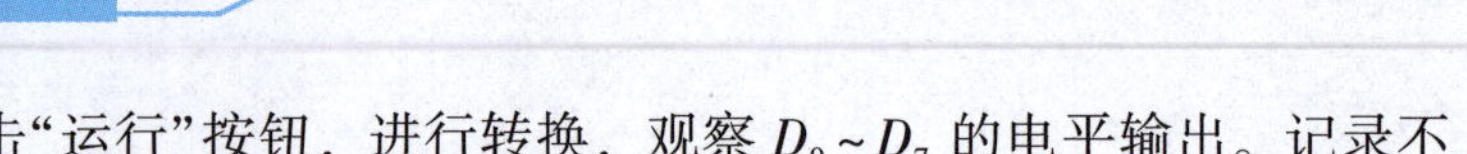

先改变输入电压，然后单击“运行”按钮，进行转换，观察 $D_0 \sim D_7$ 的电平输出。记录不同电压对应不同 $D_0 \sim D_7$ 的电平输出。

(2) D/A 转换器实验。

1) DAC0832 的逻辑结构。

DAC0832 是 8 位分辨率的 D/A 转换器，与微处理器完全兼容。这种 D/A 转换器以其价格低廉、接口简单、转换控制容易等优点，在单片机应用系统中得到广泛的应用。D/A 转换器由 8 位输入锁存器、8 位 DAC 寄存器、8 位 D/A 转换电路及转换控制电路构成。DAC0832 的逻辑框图和引脚如图 4.56 所示。

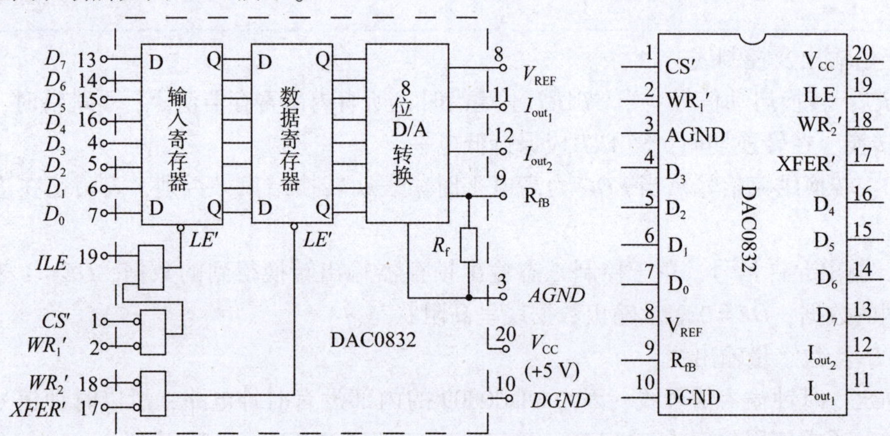

图 4.56　DAC0832 的逻辑框图及引脚

2) DAC0832 的工作原理。

一个 8 位 D/A 转换器有 8 个输入端(其中每个输入端是 8 位二进制数的一位)，一个模拟输出端；输入可有 $2^8=256$ 种不同的二进制组态，输出为 256 个电压之一，即输出电压不是整个电压范围内的任意值，而只能是 256 个可能值。

器件的核心部分采用倒 T 型电阻网络的 8 位 D/A 转换器，如图 4.57 所示。它由倒 T 型 $R-2R$ 电阻网络、模拟开关、运算放大器和参考电压 V_{REF} 四部分组成。

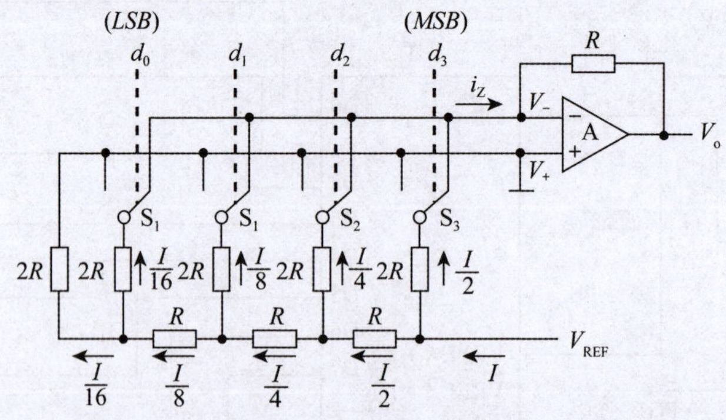

图 4.57　倒 T 型电阻网络的 8 位 D/A 转换器

倒 T 型电阻网络的 8 位 D/A 转换电路的输出电压为

$$V_o=-Ri_{\Sigma}=-R\frac{V_{REF}}{R}\frac{1}{2^4}(d_3 2^3+d_2 2^2+d_1 2^1+d_0 2^0)=-\frac{V_{REF}}{2^4}D_n$$

对 n 位输入，应有

$$V_o=-Ri_{\Sigma}=-R\frac{V_{REF}}{R}\frac{1}{2^n}(d_{n-1}2^{n-1}+d_{n-2}2^{n-2}+\cdots+d_1 2^1+d_0 2^0)=-\frac{V_{REF}}{2^n}D_n$$

D_n 范围为 $0\sim2^n-1$，则

$$V_o=0\sim-\frac{2^n-1}{2^n}V_{REF}$$

3)在 Multisim 中进行仿真实验。

在 Multisim 中，将二进制数值输入 DAC0832 的数据端观察输出变化。记录输入数据和输出电压。

4. 预习要求

(1)预习 A/D、D/A 转换器的工作原理。

(2)预习 A/D、D/A 转换器的内部结构和引脚。

(3)用 Multisim 对实验进行仿真。

5. 实验报告

(1)整理实验数据，并列表记录。

(2)分析实验中的现象，操作中遇到的问题及其解决办法。

(3)总结设计组合逻辑电路的步骤、方法及心得。

第 5 章 电子技术基础综合设计性实验

5.1 多种波形信号发生器

在测试模拟电路(如放大器、滤波器)时常常需要用到正弦波信号，而在测试数字电路(如触发器、计数器、寄存器)时往往需要用到方波信号。另外，在电子产品研发过程中，信号发生器也被广泛使用，尤其是有些仪器或电子产品本身要具有信号产生电路作为信号源，在这种情况下，就需要设计一个可以产生多种波形的信号发生器。

由分立元器件或局部集成器件可以组成正弦波和非正弦波信号产生电路，而用单片集成函数信号发生器 8038 芯片则更简单。

单片集成函数信号发生器 8038 芯片不仅可以产生正弦波信号，而且可以产生方波信号或脉冲信号，此外，它还具有三角波信号输出功能，使用一块这种芯片，只需外接很少的元件就能构成一个可以输出多种波形的信号发生器。

1. 实验目的

(1)了解单片集成函数信号发生器 8038 芯片的工作原理。

(2)掌握外接元件参数与输出信号峰值及其频率之间的对应关系。

(3)完成一个多种波形信号发生器电路的设计与调试。

2. 实验原理

8038 芯片由恒流源 I_1、I_2，电压比较器 C_1、C_2 和触发器等组成。其内部原理电路框图和外部引脚分别如图 5.1 和图 5.2 所示。

图 5.2 中各引脚功能如下：引脚 1，正弦波线性调节；引脚 2，正弦波输出；引脚 3，三角波输出；引脚 4，恒流源调节；引脚 5，恒流源调节；引脚 6，正电源；引脚 7，调频偏置电压；引脚 8，调频控制输入端；引脚 9，方波输出(集电极开路输出)；引脚 10，外接电容；引脚 11，负电源或接地；引脚 12，正弦波线性调节；引脚 13、引脚 14，空脚。

图 5.1 中，电压比较器 C_1、C_2 的门限电压分别为 $2V_R/3$ 和 $V_R/3(V_R=V_{CC}+V_{EE})$，电流源

I_1和 I_2的大小可通过外接电阻调节，且 I_2必须大于 I_1。当触发器的 Q 端输出为低电平时，它控制开关 S 使电流源 I_2断开。而电流源 I_1则向外接电容 C 充电，使电容两端电压 V_C随时间线性上升，当 V_C上升到 $V_C=2V_R/3$ 时，比较器 C_1 的输出发生跳变，使触发器的 Q 端由低电平变为高电平，控制开关 S 使电流源 I_2接通。由于 $I_2>I_1$，因此，电容 C 放电，V_C随时间线性下降。当 V_C下降到 $V_C \leqslant V_R/3$ 时，比较器 C_2 的输出发生跳变，使触发器的 Q 端又由高电平变为低电平，I_2再次断开，I_1再次向 C 充电，V_C又随时间线性上升。如此周而复始，产生振荡。若 $I_2=2I_1$，则 V_C的上升时间与下降时间相等，就产生三角波输出到引脚 3。而触发器输出的方波经缓冲器输出到引脚 9。三角波经正弦波变换器变换成正弦波后由引脚 2 输出。当 $I_1<I_2<2I_1$时，V_C的上升时间与下降时间不相等，引脚 3 输出锯齿波。因此，8038 芯片能输出方波、三角波、正弦波和锯齿波 4 种不同的波形。(注：图 5.1 中的触发器，当 R 端为高电平、S 端为低电平时，Q 端输出低电平；反之，Q 端输出高电平。)

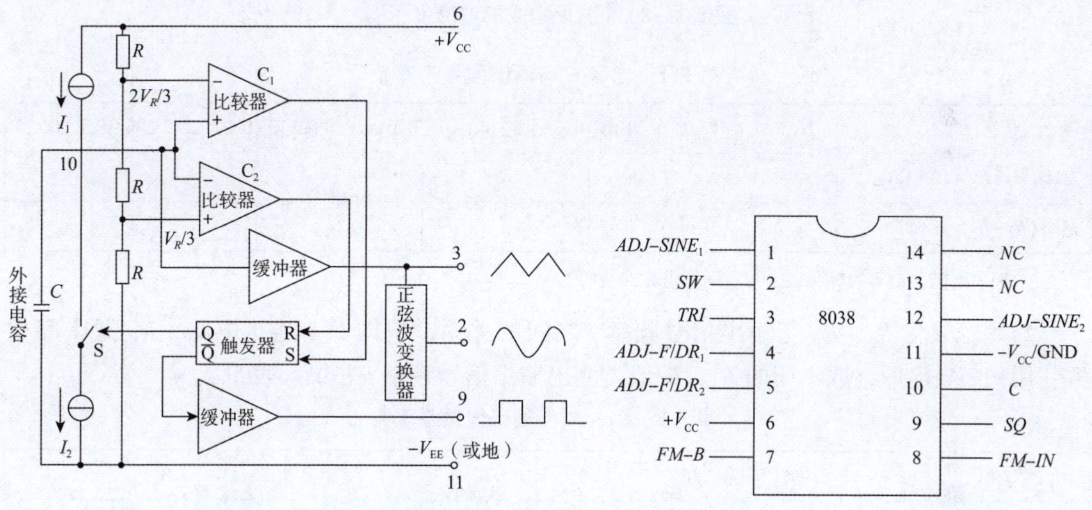

图 5.1　8038 芯片内部原理电路框图　　**图 5.2　8038 芯片外部引脚**

3. 实验设备与器件

(1)实验板。

(2)示波器。

(3)信号发生器。

(4)毫伏表。

(5)万用表。

4. 实验内容

(1)元件参数与输出信号峰值及其频率之间的对应关系。

1)确定电容 C 与输出信号频率 f 之间的关系。按图 5.3 连接电路，R_{P_1}置中间位置，用±12 V 电源，按表 5.1 取不同电阻 R 及电容 C 值，测出输出信号频率 f 并填入表 5.1。观察并记录输出信号幅值大小。

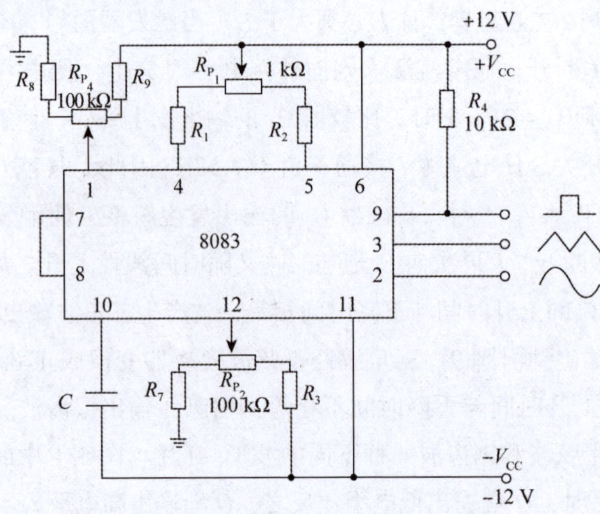

图 5.3　8038 芯片构成的波形发生器

表 5.1　电容 C 与输出信号频率 f

C	1 μF	0.47 μF	0.33 μF	0.22 μF	0.1 μF	0.04 μF	0.022 μF	0.01 μF	2 200 pF	1 000 pF
f/Hz($R_1=R_2=10$ kΩ)										
f/Hz($R_1=R_2=4.3$ Ω)										

注：表中电阻、电容为标称值，与实际值是有误差的。

2）确定 R_1、R_2、R_{P_1} 与输出信号频率 f 之间的关系。按图 5.3 连接电路，R_{P_1} 置中间位置，用±12 V 电源，取不同的 R_1、R_2 值，测出输出信号频率 f 并填入表 5.2。

表 5.2　R_1、R_2 与输出信号频率 f

R_1、R_2/kΩ	30	20	15	10	6	5	4.3	3.3	3
f/Hz									

3）确定电源电压 $+V_{CC}$、$-V_{EE}$ 与输出信号频率 f 之间的关系。按图 5.3 连接电路，R_{P_1} 置中间位置，给定 $R_1=R_2=4.3$ kΩ，取不同 $+V_{CC}$、$-V_{EE}$、电容 C 值，测出输出信号频率 f 并填入表 5.3。测得输出信号电压（峰值）并填入表 5.4。

表 5.3　电源电压（$+V_{CC}$、$-V_{EE}$）与输出信号频率 f

C	1 μF	0.7 μF	0.33 μF	0.22 μF	0.1 μF	0.047 μF	0.022 μF	0.01 μF	4700 pF	2 200 pF	1 000 pF
f/Hz（± 12 V 电源）											
f/Hz（+12 V 电源、地）											
f/Hz（±5 V 电源）											

表 5.4　电源电压($+V_{CC}$、$-V_{EE}$)与输出信号电压(峰值)

电源电压	±12 V 电源	+12 V 电源、地	±5 V 电源
输出波形峰值(正弦波)			
输出波形峰值(三角波)			
输出波形峰值(方波)			

4)确定引脚 8 的输入电压与输出信号频率f之间的关系。在图 5.3 中,R_{P_1}置中间位置不变,断开引脚 8 与引脚 7 之间的连线,在$+V_{CC}$与地(或$-V_{EE}$)之间接一个电位器,使其动端与引脚 8 相连,调频控制电路如图 5.4 所示。调节 R_{P_3}改变引脚 8 的控制电压(即调频电压),则振荡频率随之变化。

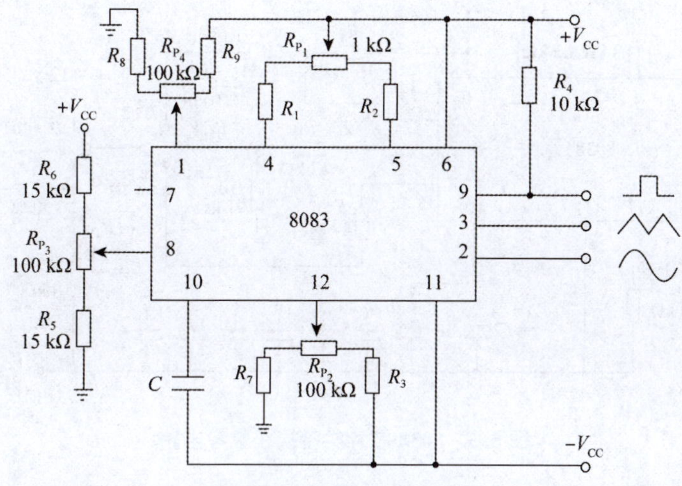

图 5.4　调频控制电路

在给定电容、电源电压±12 V 的条件下,改变引脚 8 的控制电压,记录输出信号频率f,并填入表 5.5。

表 5.5　引脚 8 的控制电压与输出信号频率f(±12 V 电源)

引脚 8 的控制电压/V	10	9.0	8.0	7.0	6.5	6.0	5.0	4.5	4.0	3.5	3.34 以下
引脚 2 的输出信号频率f/Hz											

在定给电容、电源电压±5 V 的条件下,改变引脚 8 的控制电压,记录输出信号频率f,并填入表 5.6。

表 5.6　引脚 8 的输入电压与输出信号频率f(±5 V 电源)

引脚 8 的控制电压/V	4.0	3.8	3.6	3.4	3.2	3.0	2.8	2.7	1.4 以下
引脚 2 的输出信号频率f/Hz									

5)改变图 5.4 中引脚 1、引脚 12 的电压值,观察引脚 2 输出正弦波形失真情况。调节电位器 R_{P_2}、R_{P_4}使引脚 1、引脚 12 的电压值变化,观察并记录正弦波形失真情况。

(2)电路设计与调试。

要求:输出信号频率可调(50 Hz~30 kHz);输出信号峰值大小可调(0~10 V);矩形波的占空比可调;正弦波形失真度最小。

1)根据以上实验结果,按照实际设计要求选取电源电压值、电容 C 值、电阻 R_1 和 R_2 值,调节引脚 8 的控制电压,使输出的信号满足要求。8038 芯片实验接线参考电路如图 5.5

所示。其中，R_{P_1}用来调节占空比；R_{P_3}用来调节频率；R_{P_4}用来调节正弦波正半周失真度；R_{P_2}用来调节正弦波负半周失真度；R_{P_5}用来调节输出波形的峰值大小。

2）引脚 10 外接电容 C 的值决定了输出波形的频率。电容 C 选择的参数不同，所得到的频率调节范围也不同。选取电容 C 的值从 1 μF 到 5 100 pF，记录输出波形的频率。

3）从表 5.4 中可以看出，8038 芯片的引脚 2、3、9 的输出电压峰值不同，应经过分压电阻分压使它们大小相近，再经三极管缓冲放大。图 5.5 中的 R_{P_5}用来调节输出波形的峰值，其后接一级放大电路将 8038 芯片的输出信号进一步放大。

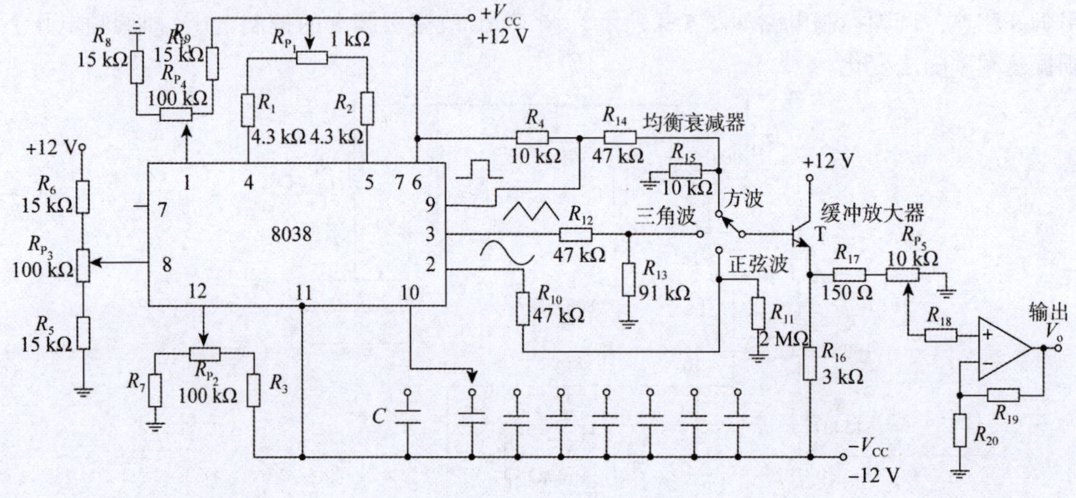

图 5.5　8038 芯片实验接线参考电路

5. 预习要求

（1）查阅资料，了解单片集成函数信号发生器 8038 芯片的工作原理。

（2）画出所设计的多种波形信号发生器的电路图并写出调试步骤。

（3）设计用于记录电路元件参数与输出信号峰值、频率之间的对应关系的测试数据表。

6. 实验总结

（1）整理测试数据，并给出实验结论。

（2）分析影响输出信号频率和峰值的主要因素。

（3）总结 8038 芯片构成的实用的多种波形信号发生器的优缺点。

7. 思考题

（1）如果改变了方波的占空比，则此时输出的三角波、正弦波的波形会怎样变化？

（2）要保证输出方波信号（即占空比为 50%），应调节或改变电路中的哪些元件参数？

5.2　温度监测及控制电路

1. 实验目的

（1）学习由双臂电桥和差动输入集成运放组成的桥式放大电路。

(2)掌握滞回比较器的性能和调试方法。

(3)学会系统测量和调试。

2. 实验原理

温度监测及控制实验电路如图 5.6 所示，它是由负温度系数电阻特性的热敏电阻(NTC 元件)R_t作为一个桥臂组成测温电桥，其输出经运算放大器放大后由滞回比较器输出“加热”与“停止”信号，经三极管放大后控制加热器“加热”与“停止”。改变滞回比较器的比较电压 V_R即改变控温的范围，而控温的精度由滞回比较器的滞回宽度确定。

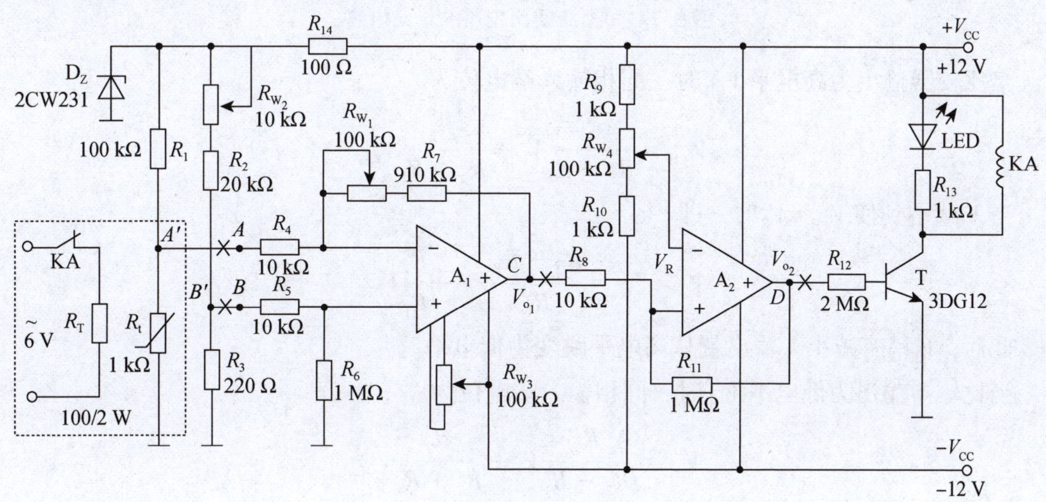

图 5.6　温度监测及控制实验电路

(1)测温电桥。

由 R_1、R_2、R_3、R_{W_2}及 R_t组成测温电桥，其中，R_t是热敏电阻，其阻值与温度成线性变化且具有负温度系数，而温度系数又与流过它的工作电流有关；为了稳定 R_t的工作电流，达到稳定其温度系数的目的，设置了稳压管 D_Z；R_{W_1}可决定测温电桥的平衡。

(2)差动放大电路。

由 A_1及外围电路组成的差动放大电路，将测温电桥输出电压 ΔV 按比例放大。其输出电压为

$$V_{o_1} = -\left(\frac{R_7 + R_{W_2}}{R_4}\right)V_A + \left(\frac{R_4 + R_7 + R_{W_2}}{R_4}\right)\left(\frac{R_6}{R_5 + R_6}\right)V_B$$

当 $R_4 = R_5$，$R_7 + R_{W_2} = R_6$时，

$$V_{o_1} = \frac{R_7 + R_{W_2}}{R_4}(V_B - V_A)$$

R_{W_3}用于差动放大器的调零。

可见，差动放大器的输出电压 V_{o_1}仅取决于两个输入电压之差和外部电阻的比值。

(3)滞回比较器。

差动放大器的输出电压 V_{o_1}输入给由 A_2组成的滞回比较器。

同相滞回比较器的单元电路如图 5.7 所示，设比较器输出高电平为 V_{OH}，输出低电平为

V_{OL}，参考电压 V_R 加在反相输入端。

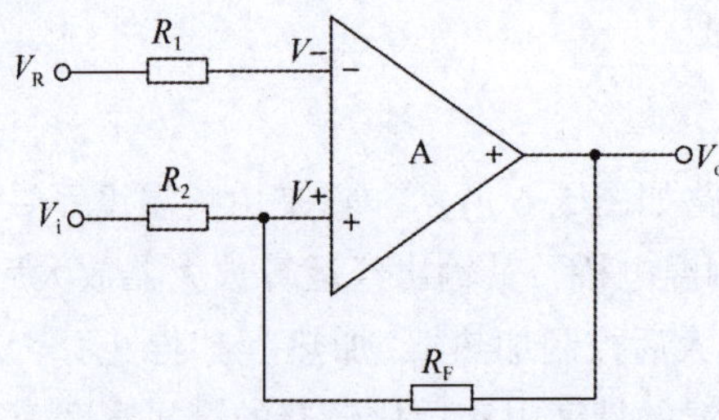

图 5.7　同相滞回比较器的单元电路

当比较器输出为高电平 V_{OH} 时，同相输入端电位为

$$V_{+H}=\frac{R_F}{R_2+R_F}V_i+\frac{R_2}{R_2+R_F}V_{OH}$$

当 V_i 减小到使 $V_{+H}=V_R$ 时，即

$$V_i=V_{TL}=\frac{R_2+R_F}{R_F}V_R-\frac{R_2}{R_F}V_{OH}$$

此后，V_i 稍有减小，输出就从高电平跳变为低电平。

当比较器输出为低电平 V_{OL} 时，同相输入端电位为

$$V_{+L}=\frac{R_F}{R_2+R_F}V_i+\frac{R_2}{R_2+R_F}V_{OL}$$

当 V_i 增大到使 $V_{+L}=V_R$ 时，即

$$V_i=V_{TH}=\frac{R_2+R_F}{R_F}V_R-\frac{R_2}{R_F}V_{OL}$$

此后，V_i 稍有增加，输出又从低电平跳变为高电平。

因此，V_{TL} 和 V_{TH} 为输出电平跳变时对应的输入电平，常称 V_{TL} 为下门限电平，V_{TH} 为上门限电平，而两者的差值为

$$\Delta V_T=V_{TH}-V_{TL}=\frac{R_2}{R_F}(V_{OH}-V_{OL})$$

其中，ΔV_T 称为门限宽度，其大小可以通过调节 R_2 与 R_F 的比值来调节。

图 5.8 为滞回比较器的电压传输特性。

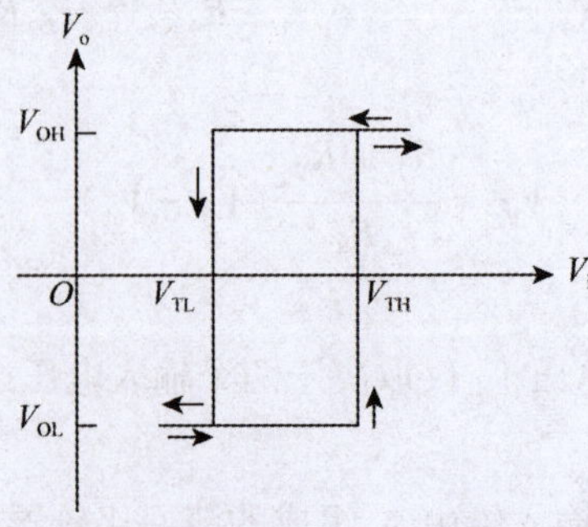

图 5.8　滞回比较器的电压传输特性

由上述分析可见，差动放大器输出电压 V_{o_1} 经分压后由 A_2 组成的滞回比较器输出，与反相输入端的参考电压 V_R 相比较。当同相输入端的电压大于反相输入端的电压时，A_2 输出正饱和电压，三极管 T 饱和导通，LED 发光，可见负载的工作状态为“加热”。反之，当同相输入端的电压小于反相输入端的电压时，A_2 输出负饱和电压，三极管 T 截止，LED 熄灭，负载的工作状态为“停止”。通过调节 R_{W_4} 可改变参考电平，同时调节了上、下门限电平，从而达到设定温度的目的。

3. 实验设备与器件

(1) ±12 V 直流电源。

(2) 函数信号发生器。

(3) 双踪示波器。

(4) 热敏电阻(Negative Temperature Coefficient thermistor，NTC)。

(5) 运算放大器 μA741×2、三极管 3DG12、稳压管 2CW231、发光二极管 LED。

4. 实验内容

按图 5.6 连接实验电路，各级之间暂不连通，形成各级单元电路，以便各单元分别进行调试。

(1) 差动放大器。

差动放大电路如图 5.9 所示，它可以实现差动比例运算。

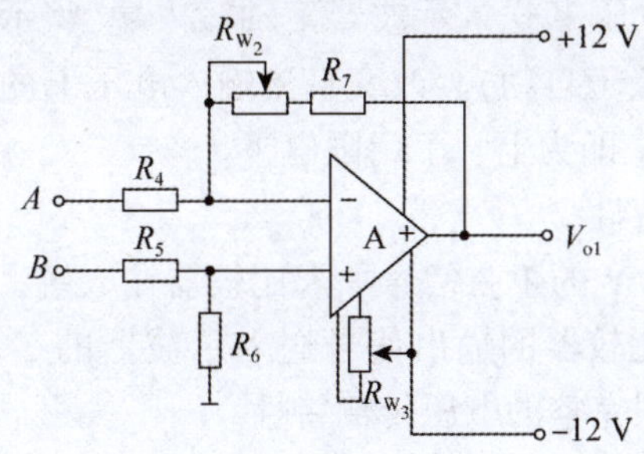

图 5.9　差动放大电路

1) 差动放大器调零。将 A、B 两端对地短路，调节 R_{W_3} 使 $V_o = 0$。

2) 去掉 A、B 端对地短路线。从 A、B 端分别加入不同的两个直流电平。

当电路中 $R_7 + R_{W_2} = R_6$，$R_4 = R_5$ 时，其输出电压为

$$V_o = \frac{R_7 + R_{W_2}}{R_4}(V_B - V_A)$$

在测试时，要注意加入的输入电压不能太大，以免放大器输出进入饱和区。

3) 将 B 端对地短路，把频率为 100 Hz、有效值为 10 mV 的正弦波加入 A 端。用示波器观察输出波形。在输出波形不失真的情况下，用交流毫伏表测出 V_i 和 V_o 的电压。计算得此差动放大电路的电压放大倍数 A_V。

(2) 桥式测温放大电路。

将差动放大电路的 A、B 端与测温电桥的 A'、B' 端相连，构成一个桥式测温放大电路。

1) 在室温下使电桥平衡。

在室温条件下，调节 R_{W_1}，使差动放大器输出 $V_{o_1} = 0$(注意：前面实验中调好的 R_{W_3} 不能再动)。

2) 温度系数 K。

由于测温需升温槽，因此，为使实验简易，可虚设室温 T 及输出电压 V_{o_1}，温度系数 K 也定为一个常数，具体参数由读者自行填入表 5.7。

表 5.7　温度系数测试数据

温度 T/℃	室温				
输出电压 V_{o_1}/V	0				

从表 5.7 中可得到 $K=\Delta V/\Delta T$。

3) 桥式测温放大器的温度—电压关系曲线。

根据前面桥式测温放大器的温度系数 K，可画出桥式测温放大器的温度—电压关系曲线，如图 5.10 所示，实验时，要标注相关的温度和电压值。从图中可求得在其他温度时，桥式测温放大器实际应输出的电压值。也可得到在当前室温时，V_{o_1} 实际对应值 V_S。

4) 重调 R_{W_1}，使桥式测温放大器在当前室温下输出 V_S，即调 R_{W_1}，使 $V_{o_1}=V_S$。

(3) 滞回比较器。

滞回比较器电路如图 5.11 所示。

1) 直流法测试比较器的上、下门限电平。

首先确定参考电平 V_R 值，调 R_{W_4}，使 $V_R=2$ V。然后将可变的直流电压 V_i 加入比较器的输入端，即将比较器的输出电压 V_o 送入示波器 Y 轴输入端(将示波器的输入耦合方式开关置 DC，X 轴扫描触发方式开关置于自动)。改变直流输入电压 V_i 的大小，从示波器屏幕上观察到当 V_o 跳变时所对应的 V_i 值，即为上、下门限电平。

2) 交流法测试电压传输特性。

将频率为 100 Hz、幅度 3 V 的正弦信号加入比较器输入端，同时，送入示波器的 X 轴输入端，作为 X 轴扫描信号。比较器的输出信号送入示波器的 Y 轴输入端。微调正弦信号的大小，可从示波器屏幕上得到完整的电压传输特性。

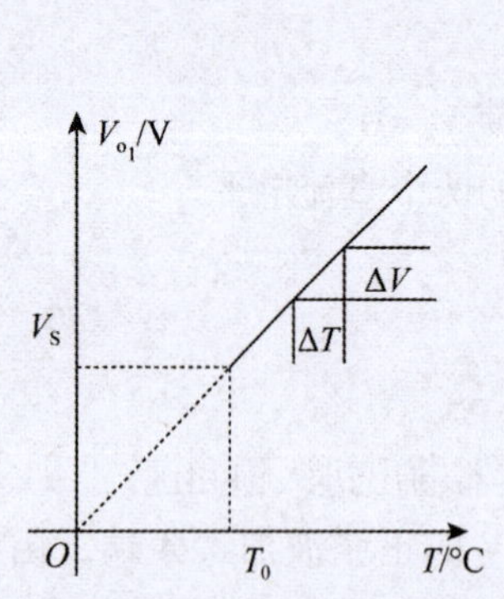

图 5.10　温度—电压关系曲线

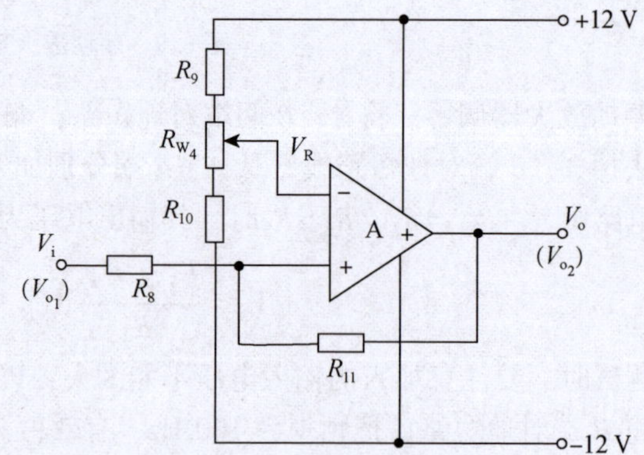

图 5.11　滞回比较器电路

(4) 温度检测与控制电路整机工作状况。

1) 按图 5.6 连接各级电路。(注意：可调元件不能随意变动。若有变动，则必须重新进行前面调试过程。)

2) 根据所需检测报警或控制的温度 T，从桥式测温放大器温度—电压关系曲线中确定对应的 V_{o_1} 值。

3) 调节 R_{W_4} 使参考电压 $V'_R=V_R=V_{o_1}$。

4) 用加热器升温，观察温升情况，直至报警电路动作报警(在实验电路中当 LED 发光时作为报警)，记下动作报警时对应的温度值 T_1 和 V_{o11} 的值。

5) 用自然降温法使热敏电阻降温，记下电路解除时所对应的温度值 T_2 和 V_{o12} 的值。

6) 改变控制温度 T，重做步骤 2)、3)、4)、5) 内容。把测试结果记入表 5.8。

表 5.8　温度检测与控制电路测试数据

设定温度 T/℃									
设定电压	从曲线上查得 V_{o_1}								
	V_R								
动作温度	T_1/℃								
	T_2/℃								
动作电压	V_{o11}/V								
	V_{o12}/V								

根据 T_1 和 T_2 值，可得到检测灵敏度为

$$T_0=T_2-T_1$$

注：实验中的加热装置可用一只 100 Ω/2 W 的电阻 R_T 模拟，将此电阻靠近 R_t 即可。

5. 预习要求

(1) 阅读有关集成运放应用部分的内容，了解集成运放构成的差动放大器、滞回比较器等电路的性能和特点。

(2) 根据实验任务，自拟实验步骤、测试内容及数据记录表格。

(3) 依照实验电路板上集成运放插座的位置，从左到右安排前后各级电路，画出元件排列及布线图。元件排列既要紧凑，又不能相接触，以便缩短连线，防止引入干扰，同时要便于实验中测试。

6. 实验总结

(1) 整理实验数据，画出有关曲线、数据表格及实验电路图。

(2) 画出测温放大电路温度系数曲线及滞回比较器电压传输特性。

(3) 总结实验中的故障排除情况及心得体会。

7. 思考题

(1) 如果差动放大器不进行调零，将会引起什么结果？

(2) 如何设定温度检测控制点？

5.3　万用表

1. 实验目的

(1) 设计由运算放大器组成的万用表。

(2)学会组装与调试万用表。

2. 设计要求

(1)直流电压表，满量程 +6 V。

(2)直流电流表，满量程 10 mA。

(3)交流电压表，满量程 6 V，50 Hz~1 kHz。

(4)交流电流表，满量程 10 mA。

(5)欧姆表，满量程分别为 1 kΩ、10 kΩ、100 kΩ。

3. 实验原理

在测量中，万用表的接入应不影响被测电路的原工作状态，这就要求电压表应具有无穷大的输入电阻，电流表的内阻应为 0。但实际上，万用表表头的可动线圈总有一定的电阻，例如，100 μA 的表头，其内阻约为 1 kΩ，用它进行测量时将影响被测量大小，引起误差。此外，交流电表中的整流二极管(简称整流管)的压降和非线性特性也会引起误差。如果在万用表中使用运算放大器，那么就能大大减小这些误差，提高测量精度。在欧姆表中使用运算放大器，不仅能得到线性刻度，还能实现自动调零。

(1)直流电压表。

图 5.12 为同相端输入、高精度直流电压表的电路原理。为了减小表头参数对测量精度的影响，将表头置于运算放大器的反馈回路中，这时，流经表头的电流与表头的参数无关，只要改变电阻 R_1 的值，就可进行量程的切换。

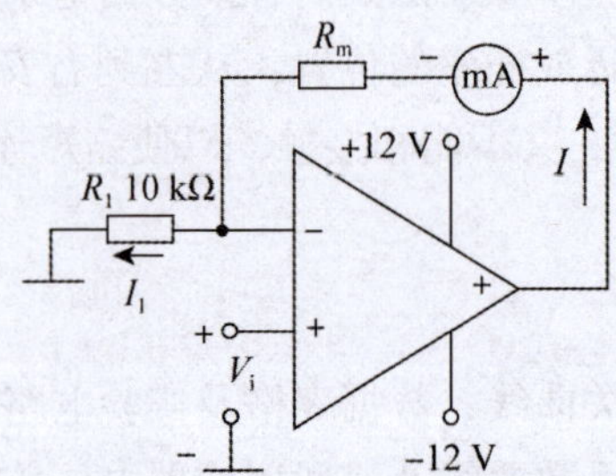

图 5.12　同相端输入、高精度直流电压表的电路原理

表头电流 I 与被测电压 V_i 间的关系为

$$I = \frac{V_i}{R_1}$$

注意：图 5.12 适用于测量电路与运算放大器共地的有关电路。此外，当被测电压较高时，在运算放大器的输入端应设置衰减器。

(2)直流电流表。

图 5.13 为浮地直流电流表的电路原理。在电流测量过程中，浮地电流的测量是普遍存在的，例如，若被测电流无接地点，就属于这种情况。为此，应把运算放大器的电源也对地浮动，按此种方式构成的电流表就可像常规电流表那样，串联在任何电流通路中测量电流。

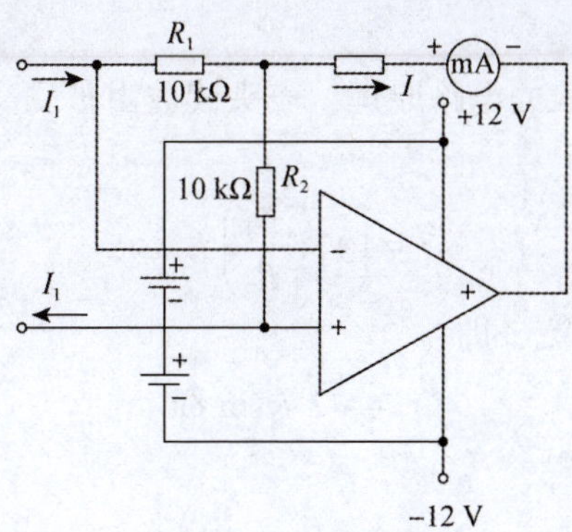

图 5.13　浮地直流电流表的电路原理

表头电流 I 与被测电流 I_1 间关系为

$$-I_1R_1=(I_1-I)R_2$$

$$I=\left(1+\frac{R_1}{R_2}\right)I_1$$

可见，通过改变电阻比(R_1/R_2)，可调节流过电流表的电流，以提高灵敏度。如果被测电流较大时，应给电流表表头并联分流电阻。

(3)交流电压表。

由运算放大器、二极管整流桥和直流毫安表组成的交流电压表的电路原理如图 5.14 所示。被测交流电压 V_i 加到运算放大器的同相端，故有很高的输入阻抗，又因为负反馈能减小反馈回路中的非线性影响，故把二极管整流桥和表头置于运算放大器的反馈回路中，以减小二极管本身非线性的影响。

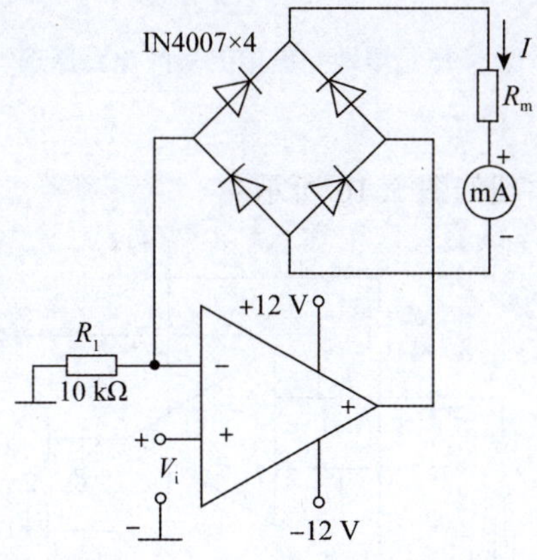

图 5.14　交流电压表的电路原理

表头电流 I 与被测电压 V_i 间的关系为

$$I=\frac{V_i}{R_1}$$

电流 I 全部流过桥路，其值仅与 V_i/R_1 有关，与桥路和表头参数(如二极管的死区等非线性参数)无关。表头电流与被测电压 V_i 的桥式整流平均值成正比，若 V_i 为正弦波，则表头可按有效值来刻度。被测电压的上限频率取决于运算放大器的频带和上升速率。

(4)交流电流表。

图 5. 15 为浮地交流电流表的电路原理，表头读数由被测交流电流 i 的桥式整流平均值 I_{1AV}决定，即

$$I = \left(1 + \frac{R_1}{R_2}\right) I_{1AV}$$

如果被测电流 i 为正弦电流，即

$$i = \sqrt{2}\ I_1 \sin\ \omega t$$

则上式可写为

$$I = 0.9\left(1 + \frac{R_1}{R_2}\right) I_1$$

则表头可按有效值来刻度。

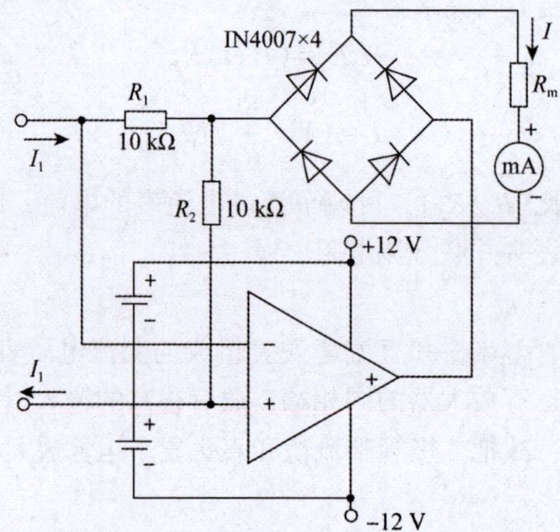

图 5. 15　浮地交流电流表的电路原理

(5)欧姆表。

多量程的欧姆表的电路原理如图 5. 16 所示。

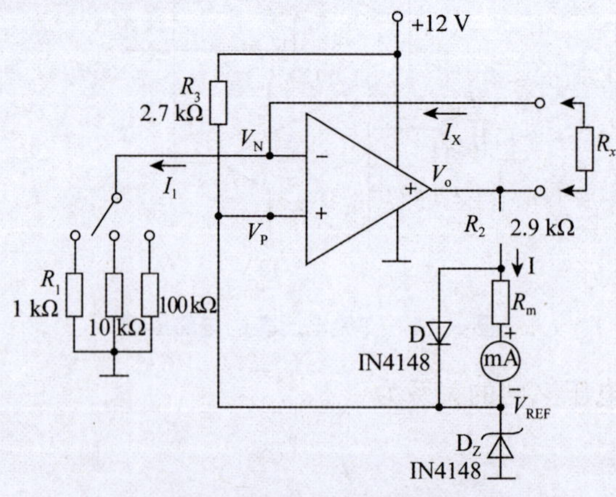

图 5. 16　多量程的欧姆表的电路原理

在此电路中，运算放大器改由单电源供电，被测电阻 R_x 跨接在运算放大器的反馈回路中，同相端加基准电压 V_{REF}。

由

$$V_P = V_N = V_{REF}$$

$$I_1 = I_x$$

$$\frac{V_{REF}}{R_1} = \frac{V_o - V_{REF}}{R_x}$$

即

$$R_x = \frac{R_1}{V_{REF}}(V_o - V_{REF})$$

流经表头的电流为

$$I = \frac{V_o - V_{REF}}{R_2 + R_m}$$

将 R_x 和 I 表达式中的 V_o-V_{REF} 消去可得

$$I = \frac{V_{REF}R_x}{R_1(R_m + R_2)}$$

可见，电流 I 与被测电阻成正比，而且表头具有线性刻度，通过改变 R_1 值，可改变欧姆表的量程。这种欧姆表能自动调零，当 $R_x=0$ 时，电路变成电压跟随器，$V_o=V_{REF}$，故表头电流为 0，从而实现了自动调零。

二极管 D 起保护电表的作用，如果没有 D，当 R_x 超量程时，特别是当 $R_x \to \infty$，运算放大器的输出电压将接近电源电压，使表头过载。有了 D 就可使输出钳位，防止表头过载。通过调整 R_2，可实现满量程调节。

4. 电路设计

(1) 万用表的电路是多种多样的，建议采用上述电路设计一只较完整的万用表。

(2) 万用表用作电压、电流或电阻测量时和进行量程切换时应使用开关切换，但实验时可使用引接线切换。

5. 实验器件与设备

(1) 表头，灵敏度为 1 mA，内阻为 100 Ω。

(2) 运算放大器，型号为 μA741。

(3) 电阻，均采用 $\frac{1}{4}$ W 的金属膜电阻。

(4) 二极管，型号为 IN4007×4、IN4148。

(5) 稳压管，型号为 IN4728。

6. 注意事项

(1) 在连接电源时，正、负电源连接点上分别接大容量的滤波电容和 0.01~0.1 μF 的小电容，以消除通过电源产生的干扰。

(2) 万用表的电性能测试要用标准电压、电流表校正，欧姆表用标准电阻校正。考虑到实验要求不高，建议用数字式 $4\frac{1}{2}$ 位万用表作为标准表。

7. 实验总结

(1) 画出完整的万用表的设计电路原理图。

(2)将万用表与标准表作测试比较，计算万用表各功能挡的相对误差，分析产生误差的原因。

(3)提出电路改进建议。

5.4 电子秒表

1. 实验目的

(1)学习数字电路中的基本 RS 触发器，单稳态触发器，时钟发生器，计数、译码及显示等单元电路的综合应用。

(2)学习电子秒表的调试方法。

2. 实验原理

图 5.17 为电子秒表的电路原理，按功能分成 4 个单元电路。

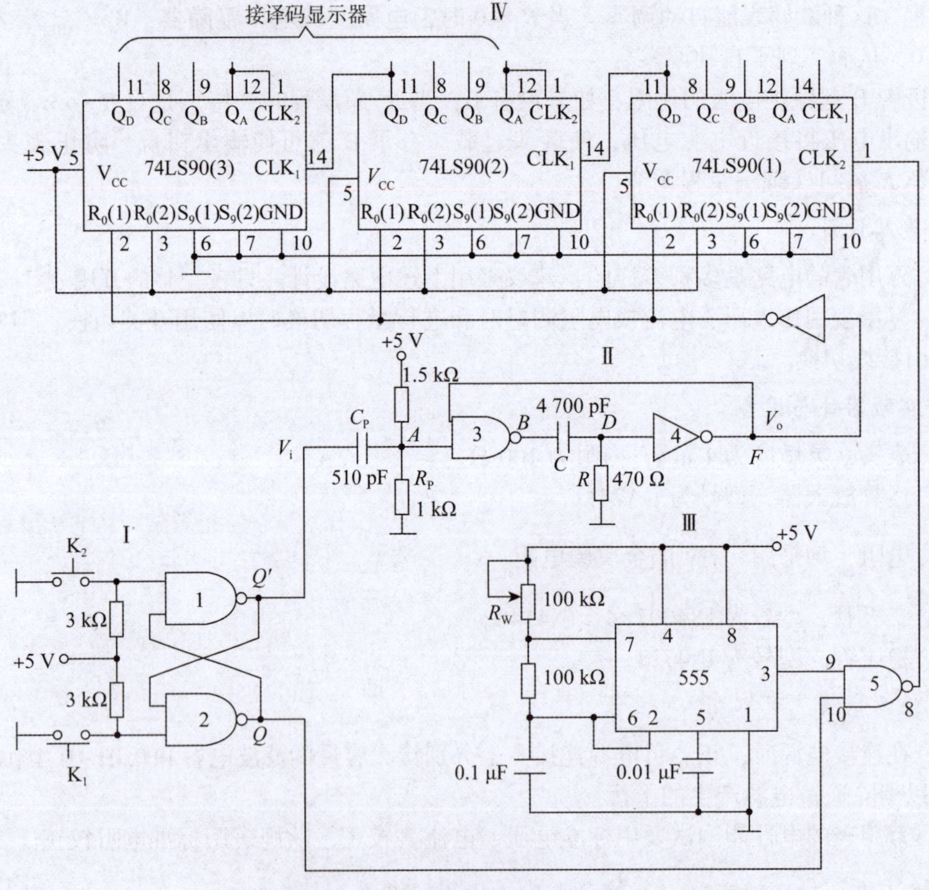

图 5.17　电子秒表的电路原理

(1)基本 RS 触发器。

图 5.17 中的单元Ⅰ为用集成与非门构成的基本 RS 触发器，属于低电平直接触发的触发

器，具有直接置位、复位的功能。它的一路输出 Q' 作为单稳态触发器的输入，另一路输出 Q 作为与非门 5 的输入控制信号。按动按钮开关 K_2(接地)，则门 1 输出 $Q'=1$；门 2 输出 $Q=0$，K_2 复位后 Q、Q' 状态保持不变。再按动按钮开关 K_1，则 Q 由 0 变为 1，门 5 开启，为计数器的启动做好准备。Q' 由 1 变 0，送出负脉冲，启动单稳态触发器。

基本 RS 触发器在电子秒表中的职能是启动和停止电子秒表。

(2)单稳态触发器。

图 5.17 中的单元Ⅱ为用集成与非门构成的微分型单稳态触发器，图 5.18 为单稳态触发器波形。

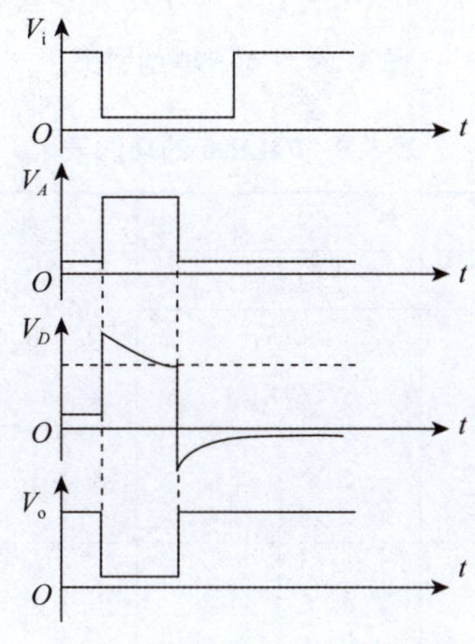

图 5.18　单稳态触发器波形

单稳态触发器的输入触发负脉冲信号 V_i 由基本 RS 触发器 Q' 端提供，输出负脉冲 V_o 通过非门加到计数器的清除端 $R_0(1)$。

静态时，门 4 应处于截止状态，故电阻 R 必须小于门的关门电阻 R_{off}。定时元件 R、C 的取值不同，输出脉冲宽度也不同。当触发脉冲宽度小于输出脉冲宽度时，可以省去输入微分电路的 R_P 和 C_P。

单稳态触发器在电子秒表中的职能是为计数器提供清零信号。

(3)时钟发生器。

图 5.17 中的单元Ⅲ为由 555 定时器构成的多谐振荡器，是一种性能较好的时钟源。调节电位器 R_W，使输出端 3 获得频率为 50 Hz 的矩形波信号，当基本 RS 触发器 $Q=1$ 时，门 5 开启，此时，50 Hz 脉冲信号通过门 5 作为计数脉冲加于计数器(1)的计数输入端 CLK_2。

(4)计数、译码及显示电路。

二-五-十进制加法计数器 74LS90 构成电子秒表的计数单元，如图 5.17 中的单元Ⅳ所示。其中，计数器(1)接成五进制形式，对频率为 50 Hz 的时钟脉冲进行五分频，在输出端 Q_D 取得周期为 0.1 s 的矩形脉冲，作为计数器(2)的时钟输入。计数器(2)及计数器(3)接成 8421 码十进制形式，其输出端与实验装置上译码显示单元的相应输入端连接，分别可显示 0.1~0.9 s、1~9.9 s 计时。

74LS90 是异步二-五-十进制加法计数器，它既可以作二进制加法计数器，又可以作五进制和十进制加法计数器。

图 5.19 为 74LS90 的引脚，表 5.9 为其功能表。

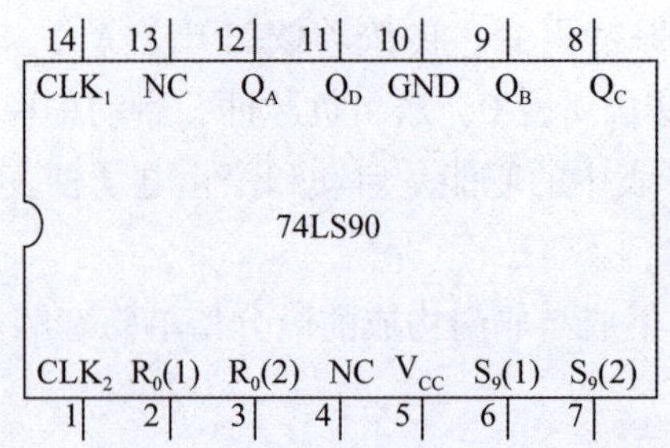

图 5.19　74LS90 的引脚

表 5.9　74LS90 的功能表

<table>
<tr><td colspan="6">输　入</td><td colspan="4">输　出</td><td rowspan="3">功　能</td></tr>
<tr><td colspan="2">清　零</td><td colspan="2">置　9</td><td colspan="2">时　钟</td><td colspan="4" rowspan="2">Q_D　Q_C　Q_B　Q_A</td></tr>
<tr><td colspan="2">$R_0(1)$、$R_0(2)$</td><td colspan="2">$S_9(1)$、$S_9(2)$</td><td colspan="2">CLK_1
CLK_2</td></tr>
<tr><td>1</td><td>1</td><td>0
×</td><td>×
0</td><td>×</td><td>×</td><td>0</td><td>0</td><td>0</td><td>0</td><td>清　零</td></tr>
<tr><td>0
×</td><td>×
0</td><td>1</td><td>1</td><td>×</td><td>×</td><td>1</td><td>0</td><td>0</td><td>1</td><td>置　9</td></tr>
<tr><td colspan="2" rowspan="5">0　×
×　0</td><td colspan="2" rowspan="5">0　×
×　0</td><td>↓</td><td>1</td><td colspan="4">Q_A 输　出</td><td>二进制计数</td></tr>
<tr><td>1</td><td>↓</td><td colspan="4">$Q_DQ_CQ_B$输出</td><td>五进制计数</td></tr>
<tr><td>↓</td><td>Q_A</td><td colspan="4">$Q_DQ_CQ_BQ_A$输出
8421BCD 码</td><td>十进制计数</td></tr>
<tr><td>Q_D</td><td>↓</td><td colspan="4">$Q_AQ_DQ_CQ_B$输出
5421BCD 码</td><td>十进制计数</td></tr>
<tr><td>1</td><td>1</td><td colspan="4">不　变</td><td>保　持</td></tr>
</table>

通过不同的连接方式，74LS90 不仅可以实现 4 种不同的逻辑功能，而且可借助 $R_0(1)$、$R_0(2)$ 对计数器清零，借助 $S_9(1)$、$S_9(2)$ 将计数器置 9。其具体功能详述如下。

1) 计数脉冲从 CLK_1 输入，Q_A 作为输出端，为二进制计数器。

2) 计数脉冲从 CLK_2 输入，Q_D、Q_C、Q_B 作为输出端，为异步五进制加法计数器。

3) 若将 CLK_2 和 Q_A 相连，计数脉冲由 CLK_1 输入，Q_D、Q_C、Q_B、Q_A 作为输出端，则构成异步 8421 码十进制加法计数器。

4) 若将 CLK_1 与 Q_D 相连，计数脉冲由 CLK_2 输入，Q_A、Q_D、Q_C、Q_B 作为输出端，则构成异步 5421 码十进制加法计数器。

5) 清零、置 9 功能。

异步清零：当 $R_0(1)$、$R_0(2)$ 均为 1；$S_9(1)$、$S_9(2)$ 中有 0 时，实现异步清零功能，即 $Q_DQ_CQ_BQ_A=0000$。

置 9 功能：当 $S_9(1)$、$S_9(2)$ 均为 1；$R_0(1)$、$R_0(2)$ 中有 0 时，实现置 9 功能，即 $Q_DQ_CQ_BQ_A=1001$。

3. 实验设备与器件

(1) +5 V 直流电源。

(2) 双踪示波器。

(3) 直流数字电压表。

(4) 数字频率计。

(5) 单次脉冲源。

(6) 连续脉冲源。

(7) 逻辑电平开关。

(8) 逻辑电平显示器。

(9) 译码显示器。

(10) 74LS00×2、555×1、74LS90×3。

(11) 电位器、电阻、电容若干。

4. 实验内容

由于实验电路中使用的器件较多，所以实验前必须合理安排各器件在实验装置上的位置，使电路逻辑清楚，接线较短。

实验时，应按照实验任务的次序，将各单元电路逐个进行接线和调试，即分别测试基本 RS 触发器、单稳态触发器、时钟发生器及计数器的逻辑功能，待各单元电路工作正常后，再将有关电路逐级连接起来进行测试，以测试电子秒表整个电路的功能。这样的测试方法有利于查找和排除故障，保证实验顺利进行。

(1) 基本 RS 触发器的测试。

测试方法参考 4.9 节内容。

(2) 单稳态触发器的测试。

1) 静态测试。

用直流数字电压表测量 A、B、D、F 各点电位值，并进行记录。

2) 动态测试。

输入端接 1 kHz 连续脉冲源，用示波器观察并描绘 D、F 波形，若单稳输出脉冲持续时间太短，难以观察，则可适当增加微分电容 C 的值（如改为 0.1 μF），待测试完毕，再恢复成4 700 pF。

(3) 时钟发生器的测试。

用示波器观察输出波形并测量其频率，调节 R_W，使输出矩形波的频率为 50 Hz。

(4) 计数器的测试。

1) 计数器(1)接成五进制形式，$R_0(1)$、$R_0(2)$、$S_9(1)$、$S_9(2)$ 接逻辑开关输出插口，CLK_2 接单次脉冲源，CLK_1 接高电平“1”，$Q_D \sim Q_A$ 接实验装置上译码显示单元的输入端 D、C、B、A，按表 5.9 测试其逻辑功能，并进行记录。

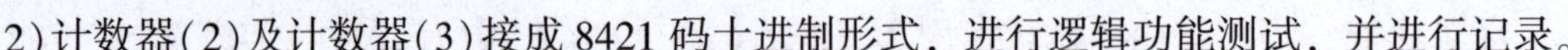

2)计数器(2)及计数器(3)接成8421码十进制形式，进行逻辑功能测试，并进行记录。

3)将计数器(1)、(2)、(3)级连，进行逻辑功能测试，并进行记录。

(5)电子秒表的整体测试。

各单元电路测试正常后，按图5.17把几个单元电路连接起来，进行电子秒表的总体测试。

先按一下按钮开关K_2，此时，电子秒表不工作，再按一下按钮开关K_1，则计数器清零后便开始计时，观察数码管显示计数情况是否正常，当不需要计时或要暂停计时，按一下按钮开关K_2，计时立即停止，但数码管保留所计时的值。

(6)电子秒表准确度的测试。

利用电子钟或手表的秒计时功能对电子秒表进行校准。

5. 预习要求

(1)复习数字电路中的基本RS触发器、单稳态触发器、时钟发生器及计数器等部分内容。

(2)除了本实验中所采用的时钟源，再选用另外两种不同类型的时钟源，可供本实验用。画出电路图，选取元器件。

(3)列出电子秒表单元电路的测试表格。

(4)设计调试电子秒表的实验步骤。

6. 实验总结

(1)总结电子秒表的调试过程。

(2)分析调试中发现的问题及故障排除的方法。

5.5 数字频率计

数字频率计是用于测量信号(方波、正弦波或其他脉冲信号)的频率，并用十进制数字显示出来，它具有精度高、测量迅速、读数方便等优点。

1. 实验目的

(1)学习计数器、触发器、积分器、译码显示等单元电路的综合应用。

(2)学习数字频率计的调试方法。

2. 实验原理

脉冲信号的频率就是在单位时间内所产生的脉冲个数，其表达式为$f=N/T$，其中，f为被测信号的频率；N为计数器所累计的脉冲个数；T为产生N个脉冲所需的时间。计数器所记录的结果，就是被测信号的频率。例如，计数器在1 s内记录1 000个脉冲，则被测信号的频率为1 000 Hz。

本实验仅讨论一种简单易制的数字频率计，其原理框图如图5.20所示。

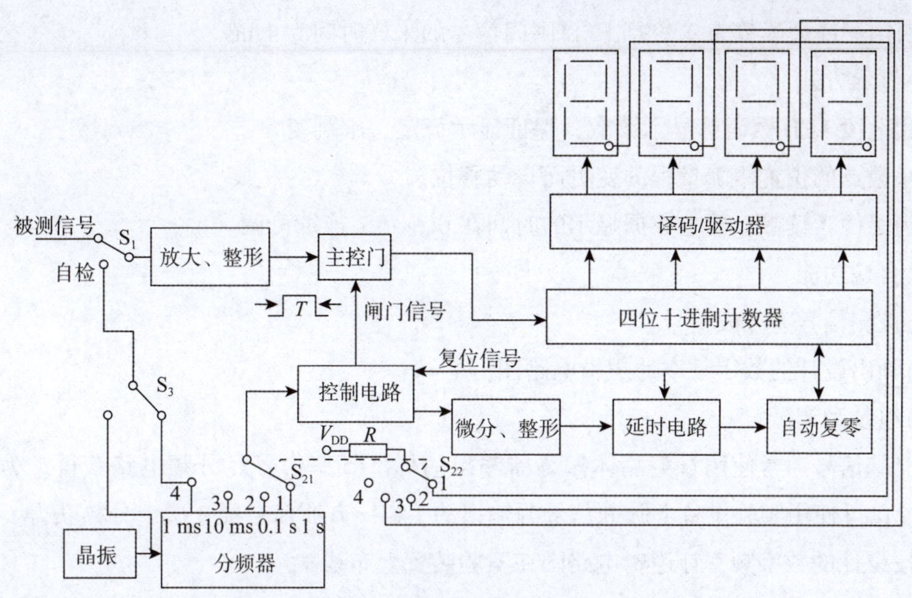

图 5.20　数字频率计的原理框图

晶振产生较高的标准频率，经分频器后可获得各种时基脉冲(1 ms、10 ms、0.1 s、1 s 等)，时基信号的选择由开关 S_2 控制。被测信号经放大、整形后变成矩形波加到主控门的输入端，如果被测信号为方波，则放大、整形可以不要，将被测信号直接加到主控门的输入端。时基信号经控制电路产生闸门信号至主控门，只有在闸门信号采样期间(时基信号的一个周期)，输入信号才能通过主控门。若时基信号的周期为 T，进入计数器的输入脉冲数为 N，则被测信号的频率 $f=N/T$，改变时基信号的周期 T，即可得到不同的测频范围。当主控门关闭时，计数器停止计数，显示器显示记录结果。此时，控制电路输出一个置 0 信号，经延时、整形电路的延时达到所调节的延时时间时，延时电路输出一个复位信号，使计数器和所有的触发器置 0，为后续新的一次取样做好准备，即能锁住一次显示的时间，使其保留到接收新的一次取样为止。

当开关 S_2 的量程改变时，小数点能自动移位。若开关 S_1、S_3 配合使用，可将测试状态转换为自检工作状态(即用时基信号本身作为被测信号输入)。

3. 设计任务和要求

使用中、小规模集成电路设计与制作一台简易的数字频率计，使其具有如下功能。

(1) 位数。

计数位数主要取决于被测信号频率的高低，如果被测信号的频率较高，精度又要求较高，则可相应增加显示位数。

(2) 量程。

第一挡：最小量程挡，最大读数为 9.999 kHz，闸门信号的采样时间为 1 s。

第二挡：最大读数为 99.99 kHz，闸门信号的采样时间为 0.1 s。

第三挡：最大读数为 999.9 kHz，闸门信号的采样时间为 10 ms。

第四挡：最大读数为 9 999 kHz，闸门信号的采样时间为 1 ms。

(3)显示方式。

1)用七段 LED 数码管显示读数，保证显示稳定、不跳变。

2)小数点的位置跟随量程的变更而自动移位。

3)为了便于读数，要求数据显示的时间在 0.5~5 s 连续可调。

(4)自检功能。

(5)被测信号为方波信号。

(6)画出设计的数字频率计逻辑电路图。

(7)组装和调试。

1)时基信号通常使用石英晶体振荡器输出的标准频率信号经分频电路获得。为了实验调试方便，可使用实验设备上脉冲信号源输出的 1 kHz 方波信号经 3 次十分频获得。

2)按设计的数字频率计逻辑电路图在实验装置上布线。

3)将 1 kHz 方波信号送入分频器的 *CLK* 端，用数字频率计检查各分频级的工作是否正常。用周期为 1 s 的信号作为控制电路的时基信号输入，用周期为 1 ms 的信号作为被测信号，用示波器观察并记录控制电路的输入、输出波形，检查控制电路所产生的各控制信号能否按正确的时序要求控制各个子系统。将周期为 1 s 的信号送入各计数器的 *CLK* 端，用发光二极管作指示，检查各计数器的工作是否正常。用周期为 1 s 的信号作延时、整形电路的输入，用两只发光二极管作指示，检查延时、整形电路的工作是否正常。若各个子系统的工作都正常，再将各子系统连接起来统调。

4. 单元电路的设计

(1)控制电路。

控制电路与主控门电路如图 5.21 所示。

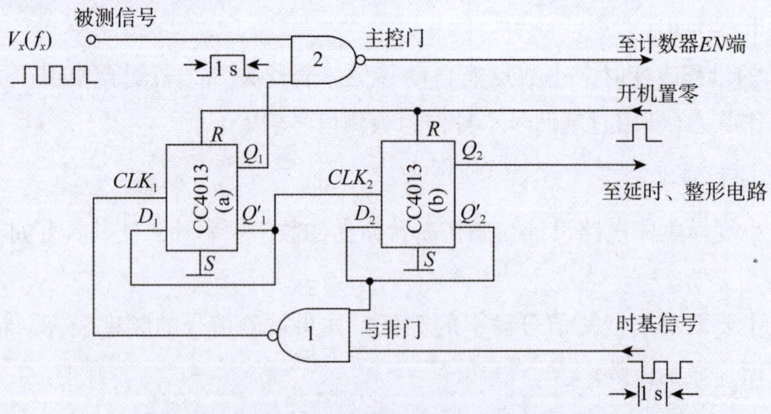

图 5.21　控制电路与主控门电路

主控门电路由双 D 触发器 CC4013 和与非门 CC4011 构成。CC4013(a)的任务是输出闸门信号，以控制主控门 2 的开启与关闭。当给与非门 1 输入一个时基信号的下降沿时，与非门 1 就输出一个上升沿，则 CC4013(a)的 Q_1端就由低电平变为高电平，将主控门 2 开启，允许被测信号通过该主控门并送至计数器输入端进行计数。相隔 1 s(或 0.1 s、10 ms、1 ms)后，又给与非门 1 输入一个时基信号的下降沿，与非门 1 输出端又产生一个上升沿，使 CC4013(a)的 Q_1端变为低电平，将主控门 2 关闭，使计数器停止计数，同时，Q'_1端产生一个上升沿，使 CC4013(b)翻转成 $Q_2=1$，$Q'_2=0$，由于$Q'_2=0$，所以它立即封锁与非门 1，不再让时基信号进入 CC4013(a)，保证在显示读数的时间内 Q_1端始终保持低电平，使计数器停止计数。

利用 Q_2端的上升沿送到下一级的延时、整形电路。当到达所调节的延时时间时，延时电路输出端立即输出一个正脉冲，将计数器和所有 D 触发器全部置 0。复位后，$Q_1=0$，$Q'_1=1$，为下一次测量作好准备。当时基信号又产生下降沿时，重复上述过程。

(2)微分、整形电路。

微分、整形电路如图 5.22 所示。CC4013(b)的 Q_2端所产生的上升沿经微分电路后，送到由与非门 CC4011 组成的施密特整形电路的输入端，在其输出端可得到一个边沿十分陡峭且具有一定脉冲宽度的负脉冲，然后送至下一级延时电路。

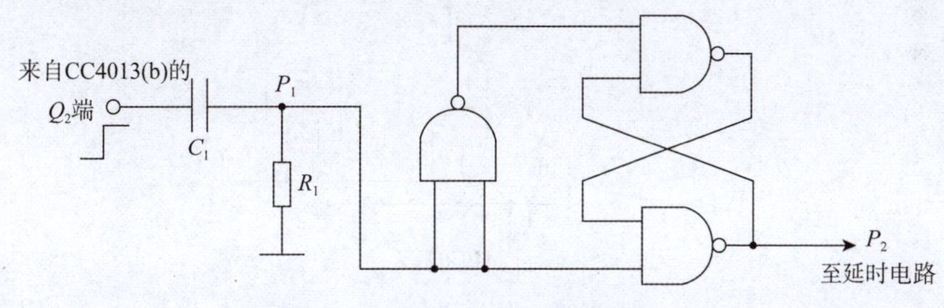

图 5.22　微分、整形电路

(3)延时电路。

延时电路由 D 触发器 CC4013(c)、积分电路(由电位器 R_{W_1}和电容器 C_2组成)、非门 3 及单稳态电路组成，如图 5.23 所示。由于 CC4013(c)的 D_3端接 V_{DD}，因此，在 P_2点所产生的上升沿作用下，CC4013(c)翻转，翻转后$Q'_3=0$，由于开机置 0 时或门 1(图 5.24)输出的正脉冲将 CC4013(c)的 Q_3端置 0，因此$Q'_3=1$，经二极管 2AP9 迅速给电容 C_2充电，使 C_2两端的电压变为电平，而此时$Q'_3=0$，电容 C_2经电位器 R_{W_1}缓慢放电。当电容 C_2上的电压降至非门 3 的阈值电平 V_T 时，非门 3 的输出端立即产生一个上升沿，触发下一级单稳态电路。此时，P_3点处输出一个正脉冲，该脉冲宽度主要取决于时间常数 R_tC_t 的值，延时时间为上一级电路的延时时间及这一级延时时间之和。

由实验求得，如果电位器 R_{W_1}用 510 Ω 的电阻代替，C_2取 3 μF，则总的延迟时间也就是显示器所显示的时间即 3 s 左右。如果电位器 R_{W_1}用 2 MΩ 的电阻代替，C_2取 22 μF，则显示时间可达 10 s 左右。可见，通过调节电位器 R_{W_1}可以改变显示时间。

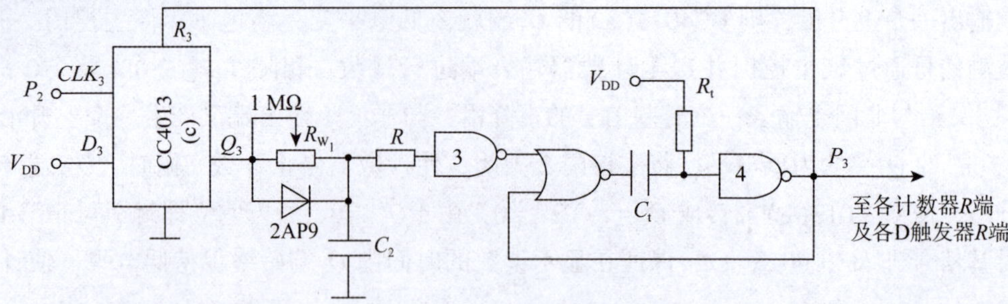

图 5.23　延时电路

(4)自动清零电路。

P_3点产生的正脉冲送到图 5.24 所示的或门组成的自动清零电路，将各计数器及所有的触发器置 0。在复位脉冲的作用下，$Q_3=0$，$Q'_3=1$，于是Q'_3端的高电平经二极管 2AP9 再次对电容 C_2充电，补上刚才放掉的电荷，使 C_2两端的电压恢复为高电平，又因为 CC4013(b)复位后使 Q_2再次变为高电平，所以与非门 1 又被开启，电路重复上述变化过程。

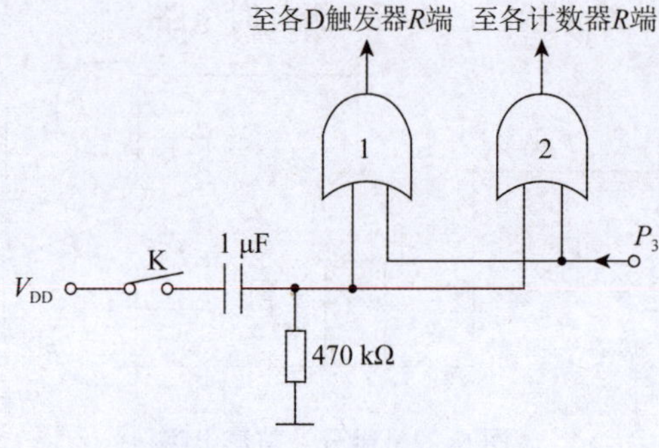

图 5.24　自动清零电路

5. 实验设备与器件

(1)+5 V 直流电源。

(2)双踪示波器。

(3)连续脉冲源。

(4)逻辑电平显示器。

(5)直流数字电压表。

(6)数字频率计。

(7)主要元、器件(供参考)：CC4518(二-十进制同步计数器)，4 只；CC4553(3 位十进制计数器)，2 只；CC4013(双 D 型触发器)，2 只；CC4011(四二输入与非门)，2 只；CC4069(六反相器)，1 只；CC4001(四二输入或非门)，1 只；CC4071(四二输入或门)，1 只；2AP9(二极管)，1 只；电位器(1 MΩ)，1 只。

(8)电阻、电容若干。

CC4553 3 位十进制计数器的引脚如图 5.25 所示，其功能表如表 5.10 所示。

注意：若测量的频率范围低于 1 MHz，分辨率为 1 Hz，建议采用图 5.26 所示的电路，只要选择参数正确，连线无误，通电后即能正常工作，无须调试。有关它的工作原理读者可自行研究分析。

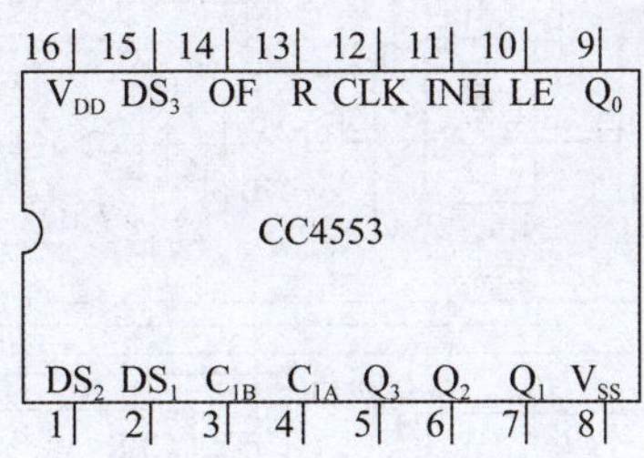

图 5.25　CC4553 的引脚

CC4553 的引脚功能说明如下。

CLK：时钟输入端；

INH：时钟输入端；

LE：锁存允许端；

R：清除端；

$DS_1 \sim DS_3$：数据选择输出端；

OF：溢出输出端；

$C1_A \sim C1_B$：振荡器外接电容端；

$Q_0 \sim Q_3$：BCD 码输出端。

表 5.10　CC4553 的功能表

输　入				输　出
R	*CLK*	*INH*	*LE*	
0	↑	0	0	不　变
0	↓	0	0	计　数
0	×	1	×	不　变
0	1	↑	0	计　数
0	1	↓	0	不　变
0	0	×	×	不　变
0	×	×	↑	锁　存
0	×	×	1	锁　存
1	×	×	0	$Q_0 \sim Q_3 = 0$

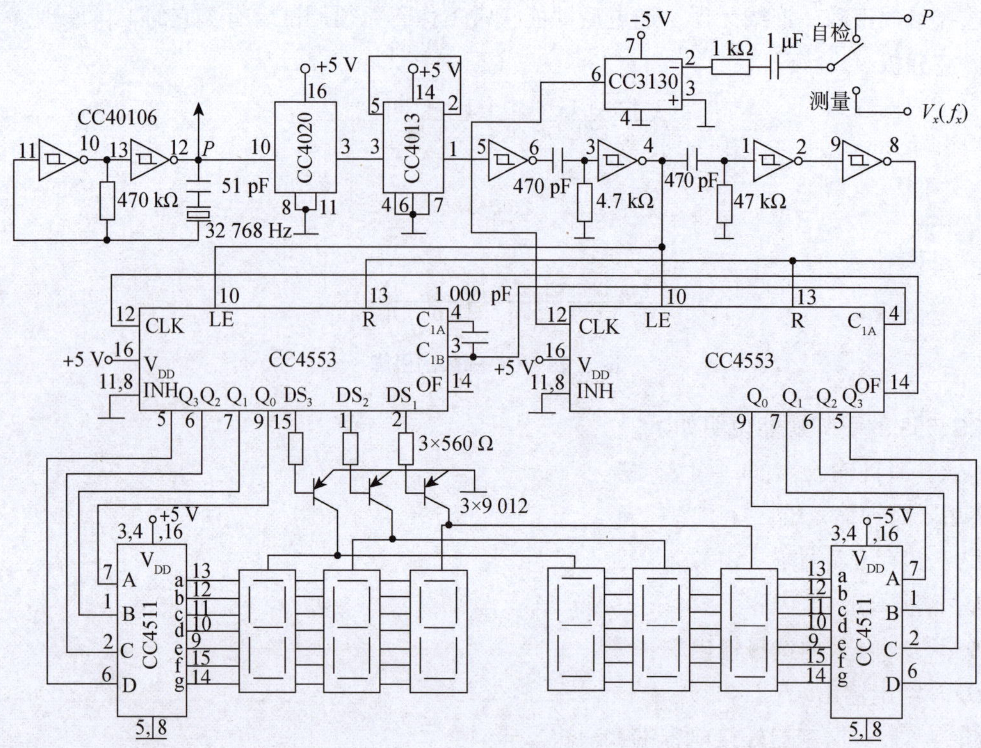

图 5.26　3 位十进制计数器

6. 预习要求

(1)复习计数器、触发器、积分器、译码显示等应用电路。

(2)预习数字频率计的工作原理。

7. 实验总结

(1)分析数字频率计各部分电路的功能及工作原理。

(2)总结数字系统的设计、调试方法。

(3)分析实验中出现的故障及其解决办法。

5.6　智力竞赛抢答器

1. 实验目的

(1)学习数字电路中的 D 触发器、分频电路、多谐振荡器、*CLK* 时钟脉冲源等单元电路的综合运用。

(2)熟悉智力竞赛抢赛器的工作原理。

(3)了解简单数字系统实验、调试及故障排除方法。

2. 实验原理

图 5.27 为可供四人使用的智力竞赛抢答装置电路原理，能判断抢答优先权。

图中，F_1为四 D 触发器 74LS175，它具有公共置 0 端和公共 *CLK* 端；F_2为二四输入与非门 74LS20；F_3是由 74LS00 组成的多谐振荡器；F_4是由 74LS74 组成的四分频电路；F_3、F_4组成抢答电路中的 *CLK* 时钟脉冲源，抢答开始时，由主持人清除信号，按下复位开关 S，74LS175 的输出 $Q_1 \sim Q_4$全为 0，所有发光二极管(LED)均熄灭，当主持人宣布抢答开始后，首先作出判断的参赛者立即按下开关，对应的发光二极管被点亮，同时，通过与非门 F_2送出信号锁住其余 3 个抢答者的电路，不再接收其他信号，直到主持人再次清除信号为止。

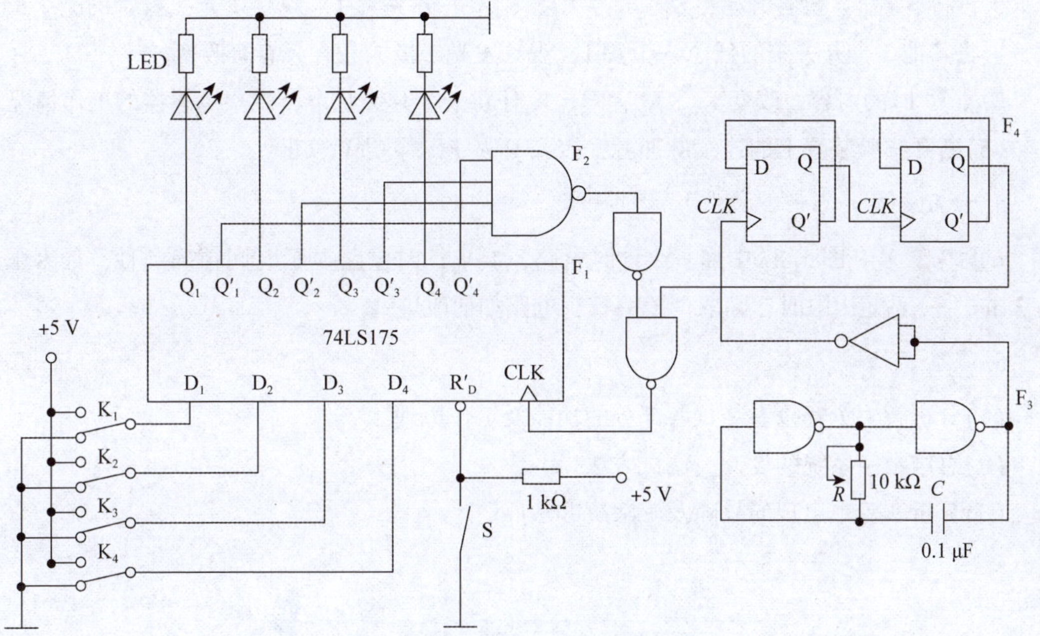

图 5.27　智力竞赛抢答装置电路原理

3. 实验设备与器件

(1)+5 V 直流电源。

(2)逻辑电平开关。

(3)逻辑电平显示器。

(4)双踪示波器。

(5)数字频率计。

(6)直流数字电压表。

(7)74LS175、74LS20、74LS74、74LS00。

4. 实验内容

(1)测试各触发器及各逻辑门的逻辑功能。

测试方法参照 4.1 及 4.9 节有关内容。

(2)按图 5.27 接线，抢答器 5 个开关接实验装置上的逻辑开关，发光二极管接逻辑电平显示器。

(3)断开抢答器电路中的 *CLK* 时钟脉冲源电路，单独对多谐振荡器 F_3 及分频器 F_4 进行调试，调整多谐振荡器 10 kΩ 电位器，使其输出脉冲频率约 4 kHz，观察 F_3 及 F_4 的输出波形并测试其频率。

(4)测试抢答器电路功能。

接通+5 V 电源，*CLK* 端接实验装置上的连续脉冲源，取重复频率约 1 kHz。

1)抢答开始前，开关 K_1、K_2、K_3、K_4 均置 0，准备抢答，将开关 S 置 0，发光二极管均熄灭，再将 S 置 1。抢答开始，K_1、K_2、K_3、K_4 某一开关置 1，观察发光二极管的亮、灭情况，再将其他 3 个开关中的任意一个置 1，观察发光二极的亮、灭有否改变。

2)重复 1)的内容，改变 K_1、K_2、K_3、K_4 任意一个开关状态，观察抢答器的工作情况。

(5)断开实验装置上的连续脉冲源，接入 F_3 及 F_4，再进行实验。

5. 预习要求

试思考，若在图 5.27 中加一个计时电路，要求计时电路显示时间精确到秒，最多限制为 2 min，一旦超出限时，则取消抢答权，电路如何改进?

6. 实验总结

(1)分析智力竞赛抢答装置各部分的功能及工作原理。

(2)总结数字系统的设计、调试方法。

(3)分析实验中出现的故障及其解决办法。

5.7 直流数字电压表

1. 实验目的

(1)了解双积分 A/D 转换器的工作原理。

(2)熟悉 $3\frac{1}{2}$ 位 A/D 转换器 CC14433 的性能及引脚功能。

(3)掌握使用 CC14433 构成直流数字电压表的方法。

2. 实验原理

直流数字电压表的核心器件是一个间接型 A/D 转换器，它首先将输入的模拟电压信号变换成易于准确测量的时间量，然后在这个时间宽度里用计数器计时，计数结果就是正比于输入模拟电压信号的数字量。

(1)V-T 变换型双积分 A/D 转换器。

图 5.28 为双积分 A/D 转换器原理框图。它由积分器(包括运算放大器 A_1 和 RC 积分网络)、过零比较器 A_2、N 位二进制计数器、开关控制电路、门控电路、参考电压 V_R 与时钟脉冲源 CLK 组成。

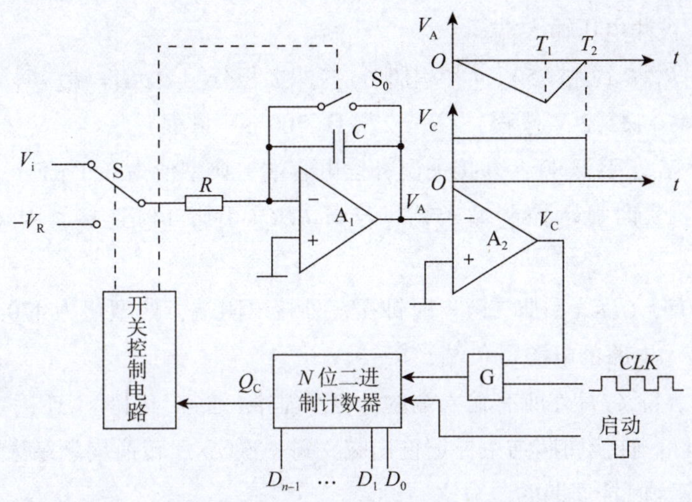

图 5.28　双积分 A/D 转换器原理框图

转换开始前，先将计数器清零，并通过控制电路使开关 S_0 接通，将电容 C 充分放电。由于计数器进位输出 $Q_C=0$，控制电路使开关 S 接通 V_i，模拟电压与积分器接通，同时，门 G 被封锁，计数器不工作。积分器输出 V_A 线性下降，经过零比较器 A_2获得一方波 V_C，打开门 G，计数器开始计数，当输入 2^n个时钟脉冲后 $t=T_1$，各触发器输出端 $D_{n-1}\sim D_0$ 由 111…1 回到 000…0，其进位输出 $Q_C=1$，作为定时控制信号，通过控制电路将开关 S 转换至基准电压源$-V_R$，积分器向相反方向积分，V_A开始线性上升，计数器重新从 0 开始计数，直到 $t=T_2$，V_A下降到 0，比较器结束输出正方波，此时，计数器中暂存的二进制数就是 V_i相对应的二进制数码。

(2) $3\dfrac{1}{2}$ 位双积分 A/D 转换器 CC14433 的性能特点。

CC14433 是 CMOS 双积分式 $3\dfrac{1}{2}$ 位 A/D 转换器，它将构成数字和模拟电路的约 7 700 多个 MOS 晶体管集成在一块硅芯片上，芯片有 24 个引脚，采用双列直插式，其引脚如图 5.29 所示。

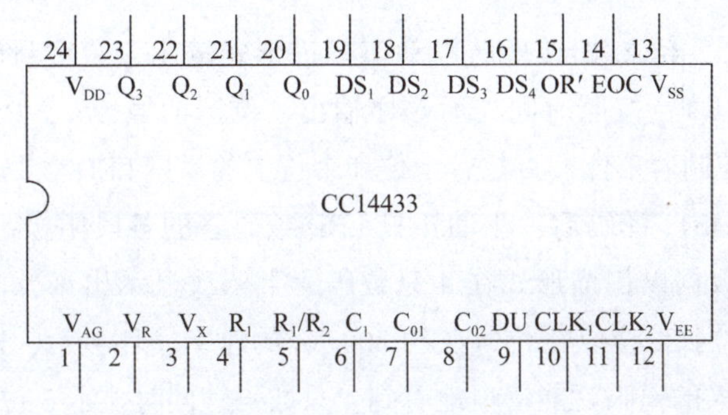

图 5.29　CC14433 的引脚

下面是 CC14433 的引脚功能说明。

V_{AG}(引脚 1)：被测电压 V_x 和基准电压 V_R 的参考地。

V_R(引脚 2)：外接基准电压(2 V 或 200 mV)输入端。

V_x(引脚 3)：被测电压输入端。

R_1(引脚 4)、R_1/R_2(引脚 5)、C_1(引脚 6)：外接积分阻容元件端。$C_1=0.1\ \mu F$(聚酯薄膜电容器)，$R_1=470\ k\Omega$(2 V 量程)。$R_1=27\ k\Omega$(200 mV 量程)。

C_{01}(引脚 7)、C_{02}(引脚 8)：外接失调补偿电容端，典型值为 0.1 μF。

DU(引脚 9)：实时显示控制输入端。若与 EOC(引脚 14)连接，则每次 A/D 转换均显示。

CLK_1(引脚 10)、CLK_2(引脚 11)：时钟振荡外接电阻端，典型值为 470 kΩ。

V_{EE}(引脚 12)：电路的电源最负端，接−5 V。

V_{SS}(引脚 13)：除 CLK 外所有输入端的低电平基准(通常与引脚 1 连接)。

EOC(引脚 14)：转换周期结束标记输出端，每一次 A/D 转换周期结束，EOC 均会输出一个正脉冲，宽度为时钟周期的二分之一。

OR'(引脚 15)：过量程标志输出端，当 $|V_x|>V_R$ 时，OR' 输出低电平。

$DS_4\sim DS_1$(引脚 16~19)：多路选通脉冲输入端，DS_1 对应于千位，DS_2 对应于百位，DS_3 对应于十位，DS_4 对应于个位。

$Q_0\sim Q_3$(引脚 20~23)：BCD 码数据输出端，DS_2、DS_3、DS_4 选通脉冲期间，输出 3 位完整的十进制数，在 DS_1 选通脉冲期间，输出千位 0 或 1 及过量程、欠量程和被测电压极性标志信号。

CC14433 具有自动调零、自动极性转换等功能，可测量正或负的电压值。当 CLK_1、CLK_2 端接入 470 kΩ 电阻时，时钟频率≈66 kHz，每秒钟可进行 4 次 A/D 转换。它的使用调试简便，能与微处理器或其他数字系统兼容，广泛用于数字面板表、数字万用表、数字温度计、数字量具及遥测、遥控系统。

(3) $3\dfrac{1}{2}$ 位直流数字电压表的组成(实验电路)。

$3\dfrac{1}{2}$ 位直流数字电压表的电路结构如图 5.30 所示。

1) 被测直流电压 V_x 经 A/D 转换后以动态扫描形式输出，数字量输出端 Q_0、Q_1、Q_2、Q_3 上的数字信号(8421 码)按照时间先后顺序输出。位选信号 DS_1，DS_2，DS_3，DS_4 通过位选开关 MC1413 分别控制着千位、百位、十位和个位上的 4 只 LED 数码管的公共阴极。数字信号经七段译码器 CC4511 译码后，驱动 4 只 LED 数码管的各段阳极。这样就把 A/D 转换器按时间顺序输出的数据以扫描形式在 4 只数码管上依次显示出来，由于选通重复频率较高，所以工作时从高位到低位以每位每次约 300 μs 的速率循环显示，即一个 4 位数的显示周期是 1.2 ms，通过人的肉眼就能清晰地看到 4 只数码管同时显示 3 位半十进制数字量。

2) 当参考电压 $V_R=2$ V 时，满量程为 1.999 V；当 $V_R=200$ mV 时，满量程为 199.9 mV。

可以通过选择开关来控制千位和十位数码管的 h 笔段经限流电阻实现对相应的小数点显示的控制。

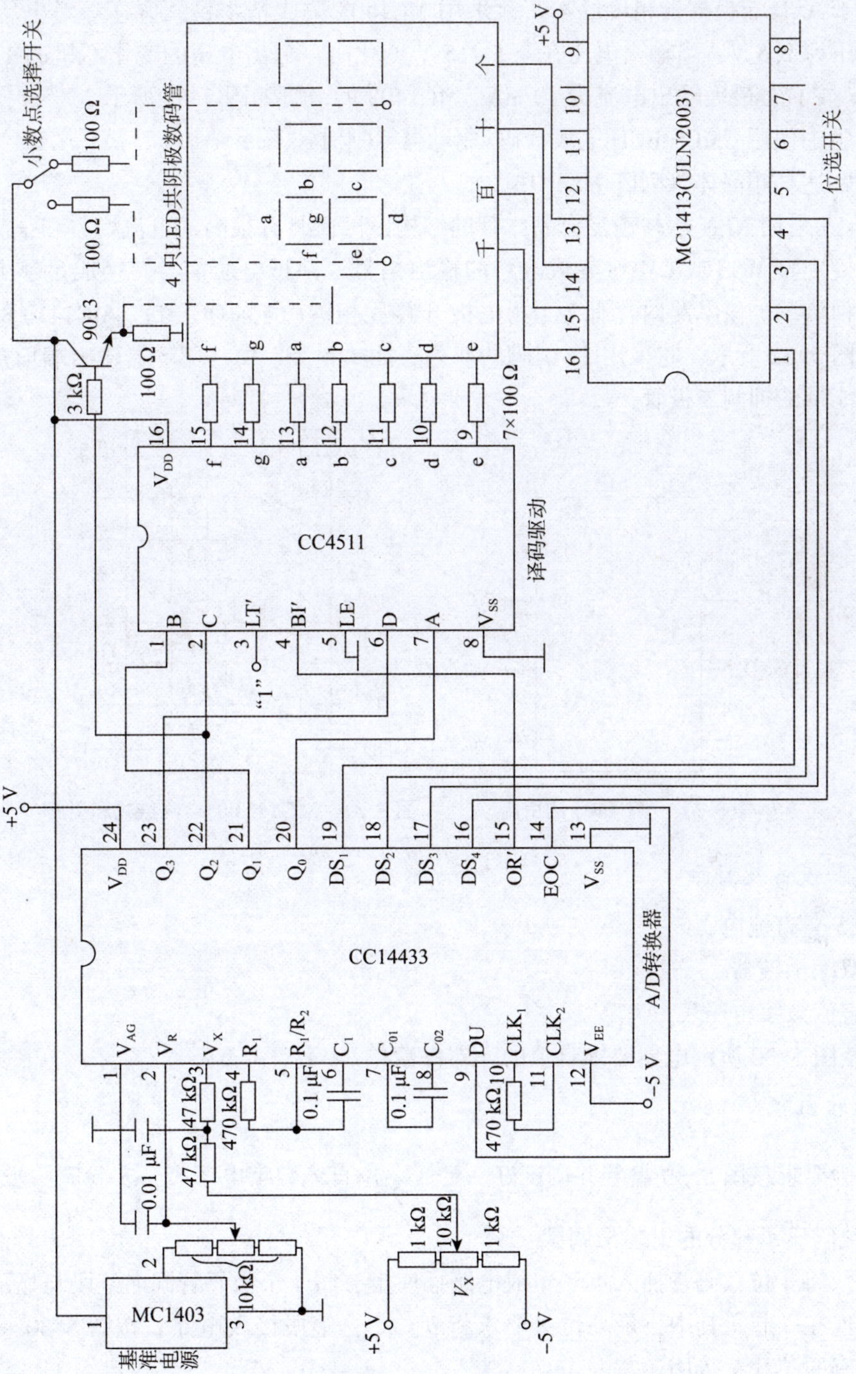

图 5.30　$3\frac{1}{2}$位直流数字电压表电路结构

3)最高位(千位)显示时只有 b、c 两根线与 LED 数码管的引脚 b、c 脚相接，所以千位只显示 1 或不显示，用千位的 g 笔段来显示模拟量的负值(正值不显示)，即由 CC14433 的

Q_2 端通过 NPN 型晶体管 9013 来控制 g 笔段。

4) 精密基准电源 MC1403，A/D 转换需要外接标准电压源作参考电压。标准电压源的精度应当高于 A/D 转换器的精度。本实验采用 MC1403 集成精密稳压源作参考电压，MC1403 的输出电压为 2.5 V，当输入电压在 4.5~15 V 变化时，输出电压的变化不超过 3 mV，一般在 0.6 mV 左右，最大输出电流为 10 mA。MC1403 的引脚如图 5.31 所示。

5) 实验中使用 CMOS BCD 七段译码/驱动器 CC4511。

6) 七路达林顿晶体管列阵 MC1413。

MC1413 采用 NPN 达林顿复合晶体管的结构，因此具有很高的电流增益和很高的输入阻抗，可直接接收 MOS 或 CMOS 集成电路的输出信号，并把电压信号转换成足够大的电流信号驱动各种负载。该电路内含有 7 个集电极开路反相器(也称 OC 门)。MC1413 的电路结构和引脚如图 5.32 所示，它采用 16 引脚的双列直插式封装。每一驱动器输出端均接有一释放电感负载能量的抑制二极管。

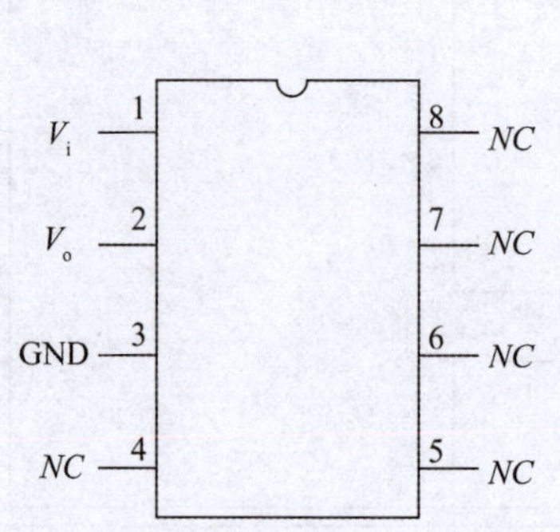

图 5.31　MC1403 的引脚

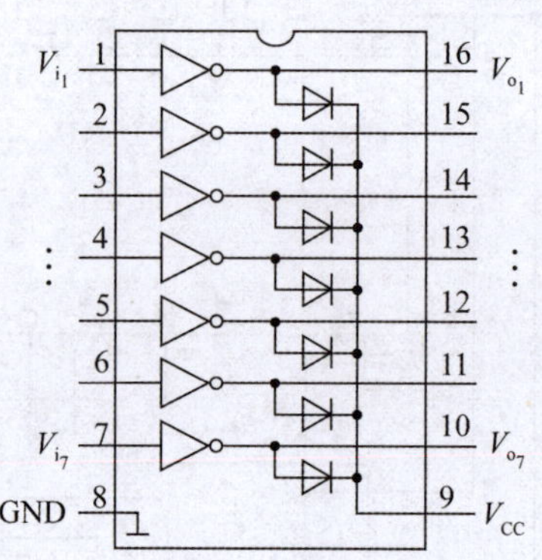

图 5.32　MC1413 的电路结构和引脚

3. 实验设备及器件

(1) ±5 V 直流电源。

(2) 双踪示波器。

(3) 直流数字电压表。

(4) 按图 5.30 所示电器要求自拟的元器件清单。

4. 实验内容

本实验要求按图 5.30 组装并调试好一台 $3\frac{1}{2}$位直流数字电压表，实验应一步步地进行。

(1) 数码显示部分的组装与调试。

1) 建议将 4 位数码管插入 40P 集成电路插座上，将 4 个数码管同名笔段与显示译码的相应输出端连在一起，其中，最高位只要求将 b、c、g 笔段接入电路，按图 5.30 接好线，但暂不插所有的芯片，待用。

2) 插好芯片 CC4511 与 MC1413，并将 CC4511 的输入端 A、B、C、D 接至拨码开关对应的 A、B、C、D 插口处；将 MC1413 的引脚 1、2、3、4 接至逻辑开关输出插口上。

3) 将 MC1413 的引脚 2 置 1，引脚 1、3、4 置 0，接通电源，拨动码盘(按"+"或"−"键)自 0~9 变化，检查数码管是否按码盘的指示值变化。

4) 按实验原理说明的要求，检查译码显示部分是否正常。

5) 分别将 MC1413 的引脚 3、4、1 单独置 1，重复 3) 的内容。

如果所有 4 位数码管均显示正常，则去掉数码显示部分的电源，备用。

(2) 标准电压源的连接和调整。

接入 MC1403 基准电压源，用标准数字电压表检查输出是否为 2.5 V，然后调整 10 kΩ 电位器，使其输出电压为 2.0 V，调整结束后去掉电源线，供总装时备用。

(3) 整体电路调试。

1) 插好芯片 CC14433，按图 5.30 接好全部线路。

2) 将输入端接地，接通+5 V、−5 V 电源(先接好地线)，此时，显示器将显示 000，如果不是，应检测电源正、负电压。用示波器测量、观察 $DS_1 \sim DS_4$，$Q_0 \sim Q_3$ 波形，判别故障所在。

3) 用电阻、电位器构成一个简单的输入电压 V_x 调节电路，调节电位器，4 位数码管将相应变化，然后进入下一步精调。

4) 用标准数字电压表(或用数字万用表)测量输入电压，调节电位器，使 $V_x = 1.000$ V，这时被调电路的电压指示值不一定显示 1.000，应调整基准电压源，使指示值与标准数字电压表的误差不超过 0.005。

5) 改变输入电压 V_x 的极性，使 $V_i = -1.000$ V，检查“−”是否显示，并按 4) 的方法校准显示值。

6) 在−1.999 ~ +1.999 V 量程内再一次仔细调整(调基准电压源)，使全部量程内的误差均不超过 0.005。

至此，一个测量范围在−1.999 ~ +1.999 V 的 $3\frac{1}{2}$ 位数字直流电压表调试成功。

(4) 记录数字电压表表示数。

列表记录输入电压为±1.999 V、±1.500 V、±1.000 V、±0.500 V、0.000 V 时(标准数字电压表的读数)被调数字电压表的显示值。

(5) 用自制数字电压表测量正、负电源电压。如何测量，试设计扩程测量电路。

(6) 若积分电容 C_1、C_{02}(0.1 μF) 用普通金属化纸介电容代替，观察测量精度的变化。

5. 预习要求

(1) 仔细分析图 5.30 各部分电路的连接及工作原理。

(2) 若参考电压 V_R 上升，分析显示值是增大还是减少？

(3) 思考要使显示值保持某一时刻的读数，电路应如何改动？

6. 实验总结

(1) 画出 $3\frac{1}{2}$ 位直流数字电压表的电路接线图。

(2) 阐明组装、调试步骤。

(3) 总结调试过程中遇到的问题及其解决的方法。

5.8 拔河游戏机

1. 实验目的

(1)熟练掌握编码器、译码器、计数器等集成电路的使用。

(2)学习单元电路的设计方法及整体电路的调试方法。

2. 实验任务

选定实验设备和主要元器件，将电路的各部分组合成一个完整的拔河游戏机。

(1)拔河游戏机需用 15 只(或 9 只)发光二极管排列成一行，开机后只有中间一只被点亮，以此作为拔河的中心线，游戏双方各持一个按键，迅速、不断地按动按键产生脉冲，谁按得快，亮点就向谁的方向移动，每按一次，亮点移动一次。直到移至任意一方终端，发光二极管被点亮，这一方就获胜，此时，双方按键均无作用，输出保持，只有经复位后亮点才恢复到中心线位置。

(2)显示器显示胜者的获胜次数。

3. 实验电路

(1)拔河游戏机电路组成框图如图 5.33 所示。

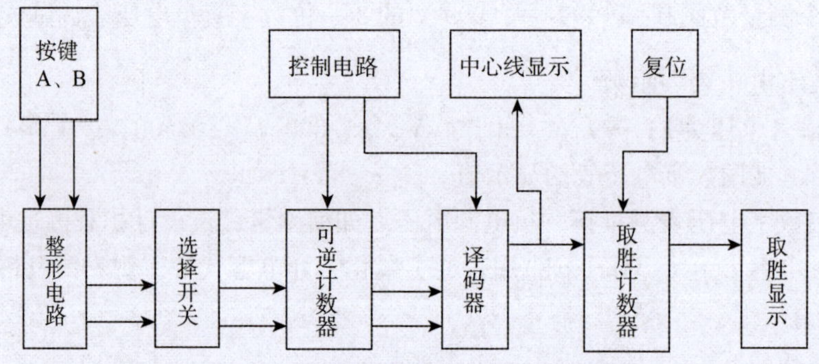

图 5.33 拔河游戏机电路组成框图

(2)整机电路。

拔河游戏机整机电路如图 5.34 所示。

4. 实验设备与器件

(1)+5 V 直流电源。

(2)译码显示器。

(3)逻辑电平开关。

(4)CC4514，4 线-16 线译码/分配器；CC40193，同步加/减二进制计数器；CC4518，十进制计数器；CC4081，与门；CC4011×3，与非门；CC4030，异或门。

(5)电阻 1 kΩ×4。

5. 实验内容

拔河游戏机整机电路如图 5.34 所示。

同步加/减二进制计数器 CC40193 原始状态输出 4 位二进制数 0000，经译码器输出，中间的一只发光二极管被点亮。当按动 A、B 两个按键时，分别产生两个脉冲信号，经整形后分别加到可逆计数器中，可逆计数器输出的代码经译码器译码后驱动发光二极管点亮并产生位移，当亮点移到任何一方终端后，由于控制电路的作用，这一状态被锁定，而对输入脉冲不起作用。按动复位键，亮点又回到中心线位置，比赛又可重新开始。

将双方终端发光二极管的正端分别经两个与非门后接至两个十进制计数器 CC4518 的允许控制端 *EN*，当任意一方取胜后，该方终端发光二极管被点亮，产生一个下降沿使其对应的计数器计数。这样，计数器的输出即显示了胜者取胜的次数。

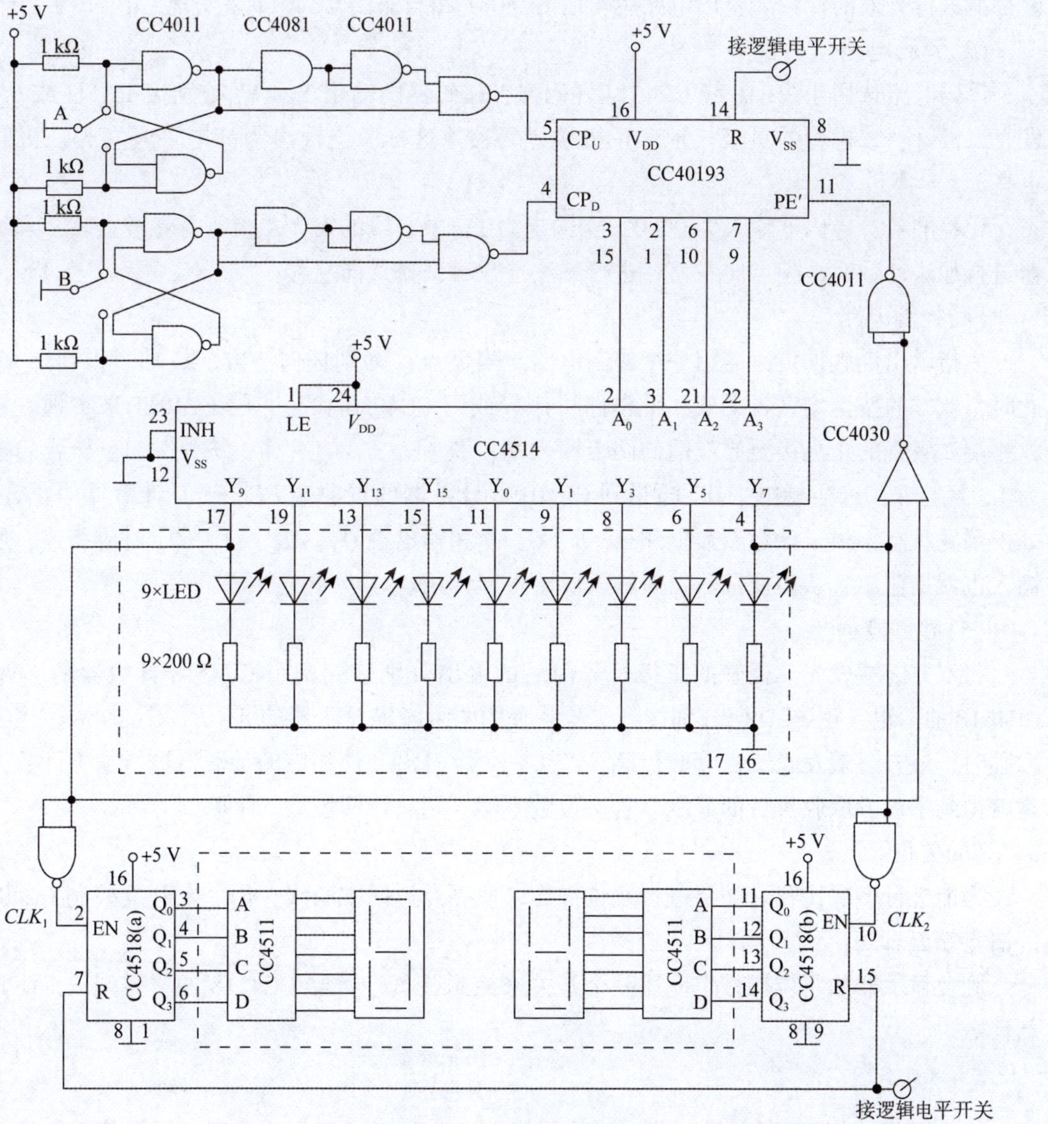

图 5.34　拔河游戏机整机电路

(1)编码电路。

编码器有两个输入端，4个输出端，要进行加/减计数，因此，选用CC40193同步加/减二进制计数器来完成。

(2)整形电路。

CC40193是可逆计数器，控制加、减的*CLK*脉冲分别加至引脚5和引脚4，此时，当电路要求进行加法计数时，减法输入端CP_D必须接高电平；进行减法计数时，加法输入端CP_U也必须接高电平。若直接将A、B键产生的脉冲加到引脚5或引脚4，那么某一端在进行计数输入时，另一计数输入端为低电平，使计数器不能计数，双方按键均失去作用，拔河比赛不能正常进行。若加一整形电路，使A、B键产生的脉冲经整形后变为一个占空比很大的脉冲，这样就降低了进行某一计数时另一计数输入端为低电平的可能性，从而使每按一次键都能进行有效的计数。整形电路用与门CC4081和与非门CC4011来实现。

(3)译码电路。

译码电路选用4线-16线CC4514译码器，译码器的输出$Y_0 \sim Y_{14}$分别接15只(或9只)发光二极管，二极管的负极接地，正极接译码器。这样，当输出为高电平时发光二极管被点亮。

比赛准备，译码器输入为0000，Y_0输出为1，中心线的发光二极管首先被点亮，当编码器进行加法计数时，亮点向右移；进行减法计数时，亮点向左移。

(4)控制电路。

为指示出谁胜谁负，需用一个控制电路。当亮点移动到任何一方的终端时，判该方胜，此时，双方的按键均宣告无效。此电路可用异或门CC4030和与非门CC4011来实现。将双方终端二极管的正极接至异或门的两个输入端，获胜一方为1，另一方则为0，异或门输出为1，经与非门产生低电平0，再送到CC40193计数器的置数端*PE*，于是计数器停止计数，处于预置状态，由于计数器数据端*A*、*B*、*C*、*D*和输出端Q_A、Q_B、Q_C、Q_D对应相连，所以输入也就是输出，从而使计数器对输入脉冲不起作用。

(5)胜负显示。

将双方终端发光二极管的正极经非门后的输出分别接到两个CC4518计数器的*EN*端，CC4518的两组4位BCD码分别接到实验装置的两组译码显示器的*A*、*B*、*C*、*D*端。当一方取胜时，该方终端发光二极管被点亮，产生一个上升沿，使相应的计数器进行加1计数，于是就得到了双方取胜次数的显示，若一位数不够，则进行两位数的级联。

(6)复位。

为能进行多次比赛，需要进行复位操作，使亮点返回中心线，用一个开关控制CC40193的清零端*R*即可。

胜负显示器的复位操作也应用一个开关来控制胜负计数器CC4518的清零端*R*，使其重新计数。

6. 预习要求

(1)阅读有关编码器、译码器、计数器等集成电路应用部分的内容，了解其性能特点及引脚功能。

(2)根据实验任务，自拟实验步骤及测试内容。

(3)依照实验电路板上集成器件插座的位置，从左到右安排前后各级电路。画出元件排列及布线图，便于在实验中进行测试。

7. 实验总结

(1)阐明组装、调试的步骤，分析实验结果。

(2)总结调试过程中遇到的问题及其解决的方法。

(3)注意：

1)CC40193 的引脚及功能见附录 B；

2)CC4514 的引脚如图 5.35 所示，其功能表如表 5.11 所示。

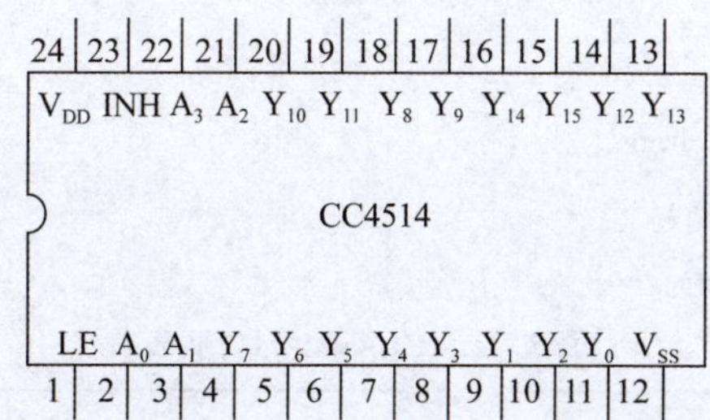

图 5.35　CC4514 的引脚

CC4514 的引脚功能说明如下。

$A_0 \sim A_3$：数据输入端；

INH：输出禁止控制端；

LE：数据锁存控制端；

$Y_0 \sim Y_{15}$：数据输出端。

表 5.11　CC4514 的功能表

输入						高电平输出端	输入						高电平输出端
LE	INH	A_3	A_2	A_1	A_0		LE	INH	A_3	A_2	A_1	A_0	
1	0	0	0	0	0	Y_0	1	0	1	0	0	1	Y_9
1	0	0	0	0	1	Y_1	1	0	1	0	1	0	Y_{10}
1	0	0	0	1	0	Y_2	1	0	1	0	1	1	Y_{11}
1	0	0	0	1	1	Y_3	1	0	1	1	0	0	Y_{12}
1	0	0	1	0	0	Y_4	1	0	1	1	0	1	Y_{13}
1	0	0	1	0	1	Y_5	1	0	1	1	1	0	Y_{14}
1	0	0	1	1	0	Y_6	1	0	1	1	1	1	Y_{15}
1	0	0	1	1	1	Y_7	1	1	×	×	×	×	无
1	0	1	0	0	0	Y_8	0	0	×	×	×	×	①

注：输出状态锁定在上一个 $LE=1$ 时，$A_0 \sim A_3$ 的输入状态。

3)CC4518 的引脚如图 5.36 所示，其功能表如表 5.12 所示。

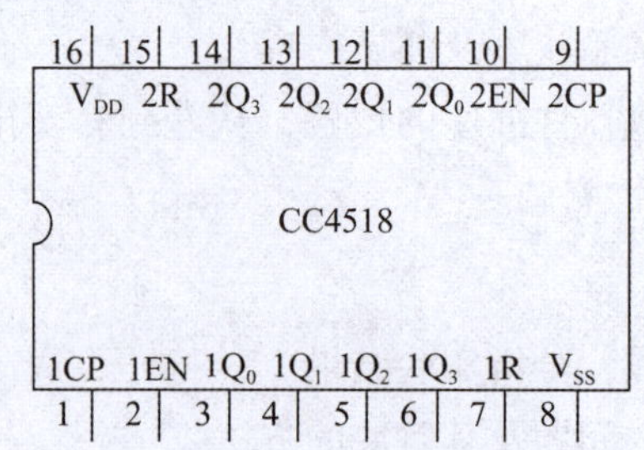

图 5.36 CC4518 的引脚

CC4518 的引脚功能说明如下。

$1CP$、$2CP$：时钟输入端；

$1R$、$2R$：清除端；

$1EN$、$2EN$：计数允许控制端；

$1Q_0 \sim 1Q_3$：计数器输出端；

$2Q_0 \sim 2Q_3$：计数器输出端。

表 5.12 CC4518 的功能表

输入			输出功能
CP	*R*	*EN*	
↑	0	1	加计数
0	0	↓	加计数
↓	0	×	保持
×	0	↑	
↑	0	0	
1	0	↓	
×	1	×	全部为 0

附录 A

A1 直流稳压电源

SPD3000X 系列可编程线性直流电源。

1. 技术规格

其技术规格如图 A.1 所示。

型号		SPD3303X-E	SPD3303X
通道输出		CH1 输出电压：0 ~ 32 V，输出电流：0 ≈ 3.2 A	
		CH2 输出电压：0 ~ 32 V，输出电流：0 ~ 3.2 A	
		CH3 输出电压：2.5/3.3/5.0 V，输出电流 3.2 A	
显示		4.3 英寸真彩 TFT-LCD 四位电压、三位电流显示	4.3 英寸真彩 TFT-LCD 五位电压、四位电流显示
分辨率		10 mV/10 mA	1 mV/1 mA
设定精度		电压 ±（0.5% of reading+2digits）	电压 ±（0.03% of reading+10 mV）
		电流 ±（0.5% of reading+2digits）	电流 ±（0. 3% of reading+10 mA）
回读精度		电压 ±（0.5% of reading+2digits）	电压 ±（0.03% of reading+10 mV）
		电流 ±（0.5% of reading+2digits）	电流 ±（0. 3% of reading+10 mA）
恒压模式	电源调整率	≤ 0.01%+2 mV	
	负载调整率	≤ 0.01%+2 mV	
	纹波和噪声	≤ 300 μVrms/2 mVpp(5 Hz ~ 1 MHz)	
	恢复时间	< 50 μs（负载改变 50%，最小负载 0.5 A）	
恒流模式	电源调整率	≤ 0.01%+250 μA	
	负载调整率	≤ 0.01%+250 μA	
	纹波和噪声	≤ 2 mArms	
并联模式	电源调整率	≤ 0.01%+2 mV	
	负载调整率	≤ 0.01%+2 mV	
串联模式[1]	电源调整率	≤ 0.01%+5 mV	
	负载调整率	≤ 300 mV	
CH3	输出电压	(2.5/3.3/5 V) ±8%	
	线性调整率	≤ 0.01%+2 mV	
	负载调整率	≤ 0.01%+2 mV	
	纹波和噪声	≤ 350 μVrms/2 mV_{P-P}(5 Hz ~ 1 MHz)	
锁键		有	
保存 / 调用		5 组	
最大输出功率		220 W	
输入电源		AC 100 V/120 V/220 V/230 V±10% 50/60 Hz	
标配接口		USB Device、LAN	
绝缘度		底座与端子间≥ 20 MΩ (DC 500 V) 底座与交流电源线间≥ 30 MΩ (DC 500 V)	
操作环境		户外使用： 海拔：≤ 2000 m 环境温度 0~40℃ 相对湿度≤ 80% 安装等级：Ⅱ 污染程度：2	
储存环境		储存环境：环境温度 -10~70℃ 相对湿度≤ 70%	

图 A.1 SPD3000X 系列可编程线性直流电源技术规格

2. SPD3303X/3303X-E 简介

SPD3303X/3303X-E 轻便、可调、有多种工作配置。它具有 3 组独立输出、两组可调电压值和一组固定可选择电压值(2.5 V、3.3 V 和 5 V)，同时具有输出短路和过载保护。

其主要特点如下。

(1)采用 4.3 英寸 16M 真彩 TFT 液晶屏。

(2)独立三通道，其中两通道可控输出，总输出功率达 220 W。

(3)100 V/120 V/220 V/230 V 兼容设计，能满足不同电网需求。

(4)具有存储和调用设置参数功能。

(5)具有定时输出功能。

(6)具有波形显示功能，实时显示电压/电流波形，配合数字显示的电压、电流和功率数值。

(7)定时启动屏幕保护程序。

(8)完善的 PC 平台控制软件，可通过 USBTMC、LAN 实现实时控制。

其前面板如图 A.2 所示。

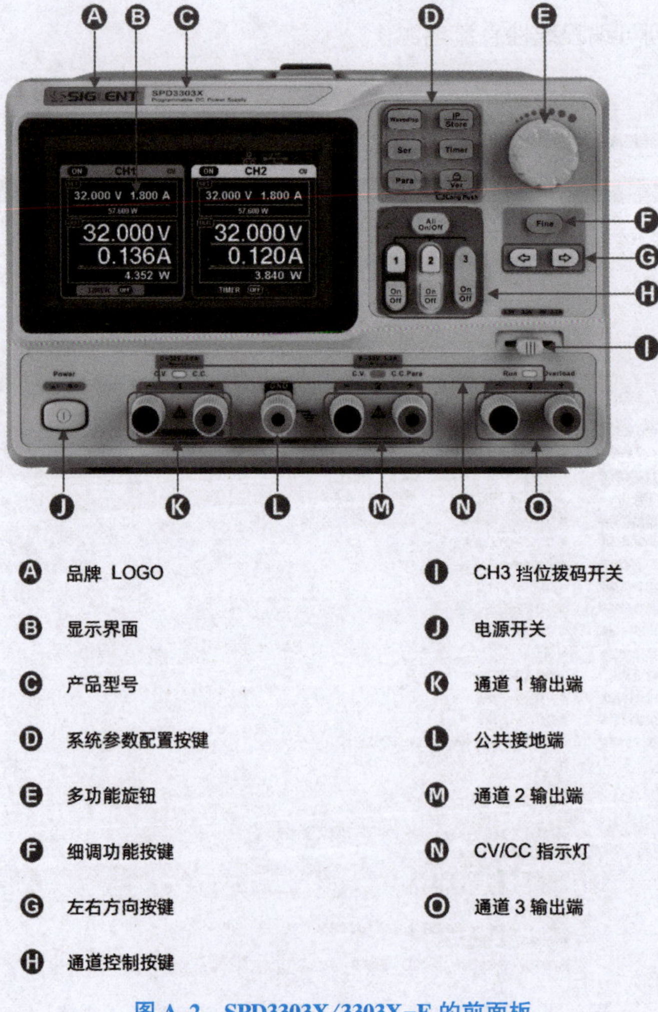

图 A.2 SPD3303X/3303X-E 的前面板

3. SPD3303X/3303X-E 输出

(1)独立/并联/串联。

SPD3303X/3303X-E 具有 3 种输出模式：独立、并联和串联。由前面板的跟踪开关来选择相应模式，在独立模式下，输出电压和电流各自单独控制；在并联模式下，输出电流是单通道的两倍；在串联模式下，输出电压是单通道的两倍。

(2)恒压/恒流。

在恒流模式下，输出电流为设定值，可通过前面板控制。前面板指示灯亮红色(CC)，电流维持在设定值，此时，电压低于设定值，若输出电流低于设定值，则切换到恒压模式。

注意，在并联模式时，辅助通道固定为恒流模式，与电流设定值无关。

在恒压模式下，输出电流小于设定值，输出电压通过前面板控制。前面板指示灯亮黄色(CV)，电压保持在设定值，若输出电流达到设定值，则切换到恒流模式。

4. CH1/CH2 独立输出

说明：CH1 和 CH2 输出工作在独立模式下，同时，CH1 与 CH2 均与地隔离，输出额定值为 0~32 V、0~3.2 A。

操作步骤如下。

(1)确定并联和串联键关闭(按键灯不亮，界面没有串、并联标识)。

(2)连接负载到前面板 CH1 +/-或 CH2 +/-端子。

(3)设置 CH1/CH2 输出电压和电流。

1)按下“1”/“2”键选择设置通道。

2)通过左右方向键移动光标选择需要修改的参数(电压、电流)。

3)按下“Fine”键选择数位，再旋转多功能旋钮改变相应参数值。

(4)打开输出。按下“On/Off”键，相应通道指示灯被点亮，输出显示 CC 或 CV 模式。

5. 设置 OCP 模式

长按右键，可以进入/退出 OCP 模式。在 OCP 模式下，可以设置过电流保护值。若输出电流达到过电流保护值，则通道输出关闭。

6. CH3 独立模式

说明：CH3 独立于 CH1/CH2，输出额定值为 2.5 V/3.3 V/5 V、3.2 A。

操作步骤如下。

(1)连接负载到前面板 CH3 +/-端子。

(2)使用 CH3 拨码开关，选择所需挡位(2.5 V、3.3 V、5 V)。

(3)打开输出。按下输出键“On/Off”打开输出，同时，按键灯被点亮。

当输出电流超过 3.2 A 时，过载指示灯亮红色，CH3 操作模式从恒压模式转变为恒流模式。

注意：出现“overload”这种状态，不表示异常操作。

7. CH1/CH2 串联模式

说明：在串联模式下，输出电压为单通道的两倍，CH1 与 CH2 在内部连接成一个通道，

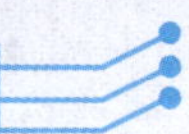

CH1 为控制通道，输出额定值为 0~60 V、0~3. 2 A。

操作步骤如下。

(1)按下“Ser”键启动串联模式，按键灯被点亮，界面上方出现串联标识。

(2)连接负载到前面板 CH1+/-端子。

(3)按下“1”键设置 CH1 为当前操作通道，使用左右方向键移动光标，使用“Fine”键和多功能旋钮来设置输出电压和电流值。

(4)按下通道 1 对应的“On/Off”键，打开输出。

注意：通过 CH1 指示灯，可以识别输出状态 CV/CC(CV 为黄灯，CC 为红灯)。

8. CH1/CH2 并联模式

说明：在并联模式下，输出电流为单通道的两倍，内部进行了并联连接，CH1 为控制通道，输出额定值为 0~32 V、0~6. 4 A。

操作步骤如下。

(1)按下“Para”键启动并联模式，按键灯被点亮，界面上方出现并联标识。

(2)连接负载到 CH1+/-端子。

(3)按下“1”键设置 CH1 为当前操作通道，使用左右方向键移动光标，使用“Fine”键和多功能旋钮来设置输出电压和电流值。

(4)按下通道 1 对应的“On/Off”键，打开输出。

注意：通过 CH1 指示灯，可以识别当前输出状态 CC/CV(CV 为黄灯，CC 为红灯)，在并联模式下，CH2 只工作在 CC 模式。

A2　交流毫伏表

SG2172 型低频交流毫伏表。

1. 主要技术指标

(1)正弦电压测量范围，100 μV~300 V，按照 1、3 步进规律分为 12 挡。

(2)电压电平测量范围，-70~+40 dB(0 对应 1 V)。

(3)功率电平测量范围，-70~+40 dB(0 对应 0. 775 V)。

(4)最大输入电压，300 V(300 μV~1 V 量程)；DC+ACV_{P-P}，500 V(3~100 V 量程)。

(5)频率响应范围，20 Hz~200 kHz(≤±3%)；5~20 Hz ，200 kHz~2 MHz(≤±10%)。

(6)输入电阻，1 MΩ。

(7)输入电容，50 pF。

(8)满度相对误差，≤±3 % (1 kHz)。

(9)输出电压，(0. 1±10%)V，1 kHz。

(10)输出电压频响，5 Hz~2 MHz≤±3%，1 kHz，负载开路。

(11)电源电压，220 V，50 Hz。

2. 使用方法

(1)通电前，应确保指示电表指针处于机械零位。

(2)按下电源开关，接通电源，LED 电源指示灯被点亮，仪器开始工作。

为保证测试性能稳定，应使仪器预热 10 min 后再使用。(开机后数秒钟内，表头指针有时会无规则摆动数次，属正常现象。)

(3)将同轴电缆测试线连接于毫伏表 Q_9 标准输入插座。

(4)调零。

将测试线上的红夹子与黑夹子短路连接，选定所用量程，调节调零旋钮，使指针稳定指向零位，以消除其内部误差。本毫伏表具有自动调零功能，故不必进行上述调整。

(5)根据被测电压的估计值，选择合适量程。

为减小测量误差，应尽量使表头指针指在电表满刻度的 1/3 以上区域。若预先不知道被测电压的范围，则可先将量程开关置于最高测量挡位，再根据被测电压的实际大小，逐步将开关减小到合适量程位置。

(6)根据挡位所对应的表盘刻度读取测量数据。

(7)dB 刻度线的使用。

以 1 V 作为 0 的 dB 刻度，即电压分贝线，表盘中红色线为该线，它表示输入电压(未超过相应量程的最大值)相对于 1 V 作比较而得到的分贝值。电压电平测量值由下式计算得出

$$\text{电压电平} = \text{量程分贝值} + \text{分贝显示值}$$

3. 注意事项

(1)仪表指示刻度为正弦波有效值，故用该表测量交流信号电压时，必须确认其正弦波形不存在失真。否则，测量数据将失去意义。

(2)为提高测量精度，使用毫伏表时应将其垂直放置。

(3)测试线上的夹子接于被测信号两端，但表与被测电路或信号源必须共地，即黑夹子应接于被测信号的地端，红夹子接于被测信号的正极。

(4)毫伏表在量程小于 1 V 使用时，应尽量避免输入端处于开路状态，防止外界干扰电压由输入端引入后出现指针大幅、快速偏转的现象，以保护指针不被撞弯。

(5)测量交流电压时，其中允许包含不大于 300 V 的直流分量。否则，会损坏仪表。

(6)由于测试线的黑夹子与毫伏表的外壳相通，所以当用毫伏表测量时，应将火线接到测试线的红夹子上，中线接到黑夹子上，不得反接。否则，将因机壳带电而引发触电事故。

(7)如果保险丝被熔断，则必须仔细检查原因，修理后换上与原规格相同的保险丝。

(8)不得将磁铁靠近表头。

(9)使用完毕后，须将仪表复位。将量程开关置于 300 V 挡位，将两只测试夹短接并保持仪表垂直放置。

A3 数字存储示波器

SDS1000X-E 系列示波器。

1. 参数规格

(1)采样系统。

实时采样率：1 GSa/s(通道交织模式)；500 MSa/s(全部通道开启)。

存储深度：通道交织模式 14 Mpts/CH；非交织模式 7 Mpts/CH。

峰值检测：最小可检测脉宽 2 ns(4 通道系列)；最小可检测脉宽 4 ns(2 通道系列)。

平均值：4、16、32、64、128、256、512、1 024。

增强分辨率：0.5、1、1.5、2、2.5、3。

插值方式：Sinx/x，线性。

(2)输入。

通道数：4(4 通道系列)；2+EXT(2 通道系列)。

输入耦合：DC、AC、GND。

输入阻抗：DC(1±2%)MΩ||(15 pF±2 pF)(4 通道系列)；
DC(1±2%)MΩ||(18 pF±2 pF)(2 通道系列)。

最大输入电压：1 MΩ≤400 Vpk(DC+Pcak AC≤10 kHz)。

通道隔离度：DC~Max BW>40 dB。

探头衰减系数：0.1X、0.2X、0.5X、1X、2X、5X、10X、…、1 000X、2 000X、5 000X、10 000X。

(3)垂直系统。

带宽(-3 dB)：100 MHz(SDS1104X-E/SDS1102X-E)。

垂直分辨率：8 bit。

垂直刻度范围：8 格。

垂直挡位(探头比 1X)：500 μV/div~10 V/div(1-2-5)；500 μV~118 mV(±2 V)。

偏移范围(探头比 1X)：120 mV~1.18 V(±20 V)；1.2~10 V(±200 V)。

带宽限制：(20±40%)MHz。

带宽平坦度：DC~10%(额定带宽)，±1 dB；10%~50%(额定带宽)，±2 dB；50%~100%(额定带宽)，+2 dB/-3 dB。

低频响应(AC 耦合-3 dB)：≤2 Hz(通道 BNC 端输入)。

噪声：ST-DEV≤0.5 格(<1 mV 挡位)；ST-DEV≤0.2 格(<2 mV 挡位)；ST-DEV≤0.1 格(≥2 mV 挡位)。

无杂散动态范围(含谐波)：≥35 dB。

直流增益精度：≤±3.0%，5 mV/div~10 V/div；≤±4.0%，≤2 mV/div。

直流偏置精度：±(1.5%×偏移量 +1.5%×全屏读数 +2 mV)，≥2 mV/div；±(1%×偏移量 +1.5%×全屏读数 +500 μV)，≤ 1 mV/div。

上升时间：典型值 1.8 ns（SDS1204X-E/SDS1202X-E）；
典型值 3.5 ns（SDS1104X-E/SDS1102X-E）；
典型值 5.0 ns（SDS1074X-E/SDS1072X-E）。

过冲(500 ps 脉冲波)：<10%。

(4)水平系统。

水平挡位：1.0 ns/div~100 s/div。

通道偏移：<100 ps。

波形捕获率：最高 100 000 wfm/s(正常模式)；400 000 wfm/s(Sequence 模式)。

辉度等级：256 级。

显示模式：Y-T、X-Y、Roll。

时基精度：±25 ppm。

(5)正弦波。

频率：1 μHz~25 MHz。

垂直精度：10 kHz±(1%×设置值 +3 mV_{P-P})。

幅值平坦度：5 V_{P-P}±0.3 dB(相对于 10 kHz)。

SFDR(无杂散动态范围)：DC~1 MHz(60 dBc 时)；
1~5 MHz(55 dBc 时)；
5~25 MHz(50 dBc 时)。

(6)方波(脉冲波)。

频率：1 μHz~10 MHz。

占空比：1%~99%。

上升/下降时间：<24 ns（10%~90%）。

过冲（1 kHz，1 V_{P-P}，典型值)：<3%(典型值 1 kHz，1 V_{P-P})。

脉宽：>50 ns。

抖动（周期到周期)：< 500 ps+10 ppm。

2. SDS1000X-E(4 通道)机型前面板

该机型前面板如图 A.3 所示，其具体说明如表 A.1 所示。

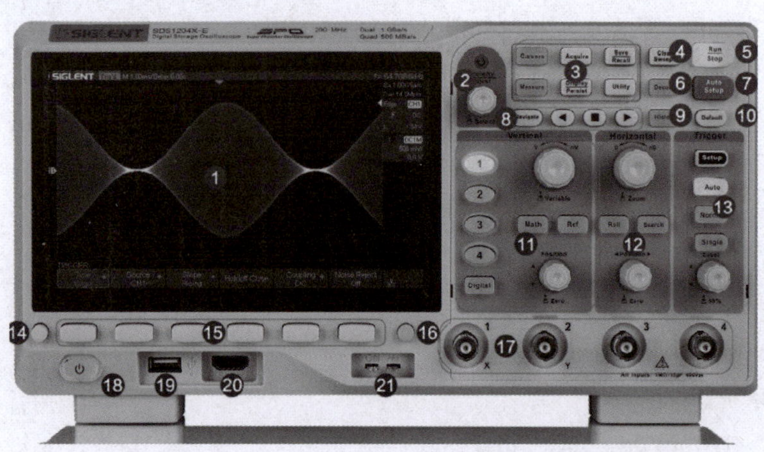

图 A.3　SDS1000X-E(4 通道)机型的前面板

表 A.1　SDS1000X-E(4 通道)机型前面板的具体说明

编号	说明	编号	说明
1	屏幕显示区	12	水平控制系统
2	多功能旋钮	13	触发系统
3	常用功能区	14	Menu On/Off 软键
4	一键清除	15	菜单软键
5	停止/运行	16	一键存储按钮
6	串行解码	17	模拟通道输入端
7	自动设置水平控制系统	18	电源软开关
8	导航功能	19	USB Host 端口
9	历史波形	20	数字通道输入端
10	默认设置	21	补偿信号输出端/接地端
11	模拟通道垂直控制，数学运算，参考波形及数字通道		

3. 前面板功能介绍

(1)水平控制键。

：按下该键进入滚动模式。滚动模式的时基范围为 50 ms/div~100 s/div。

：按下该键开启搜索功能。该功能下，示波器将会自动搜索符合用户指定条件的事件，并在屏幕上方用白色三角形标记。

：水平位移旋钮，用于修改水平位置(延迟)。旋转该旋钮更改水平延迟时间，所有通道的波形将随触发点水平移动。按下该旋钮可将水平位移恢复为 0。

：水平时基旋钮，用于修改水平时基挡位。顺时针转动减小时基，逆时针转动增大时基。在修改过程中，所有通道的波形均被扩展或压缩，同时，屏幕上方的时基信息相应变化。按下该旋钮快速开启 Zoom 功能。

(2)垂直控制键。

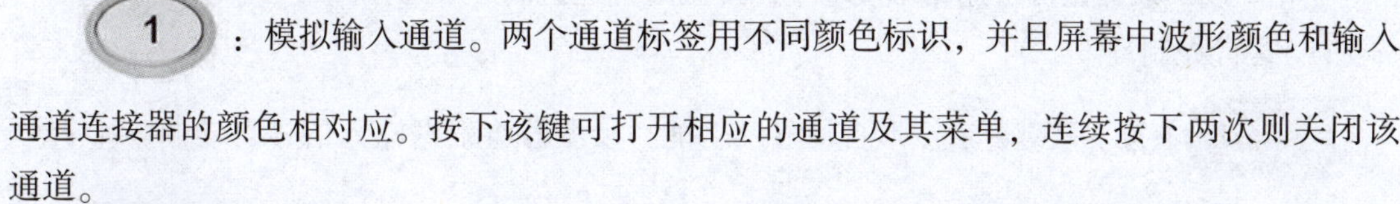

1：模拟输入通道。两个通道标签用不同颜色标识，并且屏幕中波形颜色和输入通道连接器的颜色相对应。按下该键可打开相应的通道及其菜单，连续按下两次则关闭该通道。

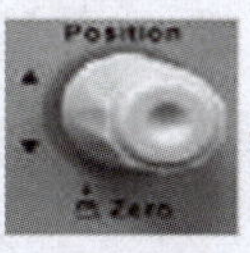

：垂直位移旋钮，用于修改对应通道波形的垂直位移。修改过程中波形会上、下移动，同时，屏幕中下方弹出的位移信息会相应变化。按下该旋钮可将垂直位移恢复为 0。

：垂直电压挡位旋钮，用于修改当前通道的垂直挡位。顺时针转动减小挡位，逆时针转动增大挡位。修改过程中波形幅度会增大或减小，同时，屏幕右方的挡位信息会相应变化。按下该旋钮可快速切换垂直挡位调节方式为“粗调”或“细调”。

Math：按下该键打开波形运算菜单。可进行加、减、乘、除、快速傅里叶变换、积分、微分、平方根等运算。

Ref：按下该键打开波形参考功能。可将实测波形与参考波形进行比较，以判断电路故障。

Digital：数字通道功能键。按下该按键打开数字通道功能，仅 SDS1000X-E(4 通道)支持 16 路数字通道。

(3)触发控制键。

Setup：按下该键打开触发功能菜单。本示波器提供边沿、斜率、脉宽、视频、窗口、间隔、超时、欠幅、码型和串行总线(I2C/SPI/URAT/CAN/LIN)等丰富的触发类型。

Auto：按下该键切换触发模式为自动(Auto)模式。

Normal：按下该键切换触发模式为正常(Normal)模式。

Single：按下该键切换触发模式为单次(Single)模式。

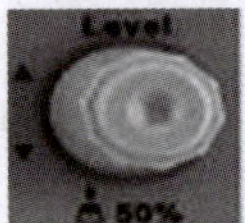

：触发电平旋钮，用于设置触发电平。顺时针转动增大触发电平，逆时针转动减小触发电平。在修改过程中，触发电平线上、下移动，同时，屏幕右上方的触发电平值相应变化。按下该旋钮可快速将触发电平恢复至对应通道波形中心位置。

(4)运行控制键。

Auto Setup：按下该键开启波形自动显示功能。示波器将根据输入信号自动调整垂直挡位、水平时基及触发方式，使波形以最佳方式显示。

Run Stop：按下该键可将示波器的运行状态设置为“运行”或“停止”。在“运行”状态下，该键黄灯被点亮；在“停止”状态下，该键红灯被点亮。

(5)多功能旋钮。

：菜单操作时，按下某个菜单软键后，若旋钮上方指示灯被点亮，则此时转动该旋钮可选择该菜单下的子菜单，按下该旋钮可选中当前选择的子菜单，指示灯也会熄灭。另外，该旋钮还可用于修改 Math、Ref 波形挡位和位移、参数值、输入文件名等。菜单操作时，若某个菜单键上有旋转图标，则按下该菜单键后，旋钮上方的指示灯被点亮，此时转动旋钮，可以直接设置该菜单键显示值；按下旋钮，可调出虚拟键盘，通过虚拟键盘直接设定所需的菜单键值。

(6)功能菜单。

SDS1000X-E(4 通道)机型常用功能菜单如图 A.4 所示。

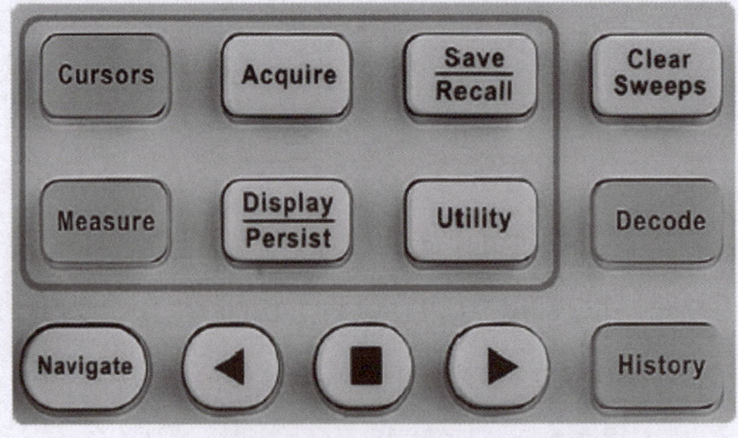

图 A.4　SDS1000X-E(4 通道)机型常用功能菜单

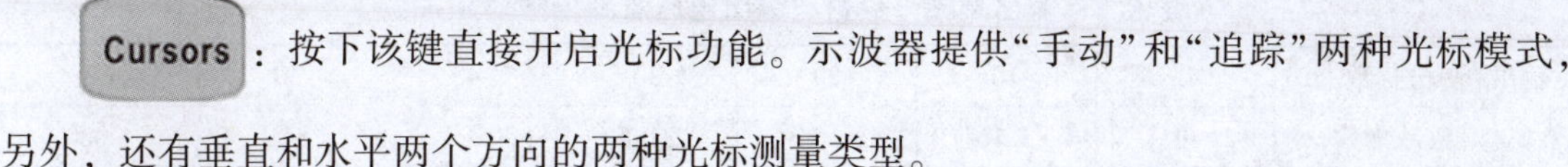

Cursors：按下该键直接开启光标功能。示波器提供“手动”和“追踪”两种光标模式，另外，还有垂直和水平两个方向的两种光标测量类型。

Measure：按下该键快速进入测量系统，可设置测量参数、统计功能、全部测量、Gate 测量等。测量可选择并同时显示最多 4 种测量参数，统计功能则能统计当前显示的所有选择参数的当前值、平均值、最小值、最大值、标准差和统计次数。

Acquire：按下该键进入采样设置菜单。可设置示波器的获取方式(普通/峰值检测/平均值/增强分辨率)、内插方式、分段采集和存储深度。

Clear Sweeps：按下该键进入快速清除余辉或测量统计，然后重新进行采集或计数。

Display Persist：按下该键快速开启余辉功能。可设置波形显示类型、色温、余辉、清除显示、网格类型、波形亮度、网格亮度、透明度等。选择波形亮度/网格亮度/透明度后，可以通过多功能旋钮调节相应亮度。透明度指屏幕弹出信息框的透明程度。

Save Recall：按下该键进入文件存储/调用界面。可存储/调用的文件类型包括设置文件、二进制数据、参考波形文件、图像文件、CSV 文件、MATLAB 文件和 Default 键预设。

Utility：按下该键进入系统辅助功能设置菜单。可设置系统相关功能和参数，如接口、声音、语言等。此外，还支持一些高级功能，如 Pass/Fail 测试、自校正和升级固件等。

History：按下该键快速进入历史波形菜单。历史波形模式最大可录制 80 000 帧波形。

Decode：按下该键打开解码功能菜单。支持 I2C、SPI、UART、CAN 和 LIN 串行总线解码。

Navigate：按下该键进入导航菜单，可支持事件、时间、历史帧导航(仅 SDS1000X-E (4 通道)和 SDS1000X-U 支持该功能)。

A4　函数信号发生器

SDG1000X 系列函数信号发生器。

(1)输出衰减分贝数与输出电压衰减倍数对照关系如表 A.2 所示。

表 A.2 输出衰减分贝数与输出电压衰减倍数对照关系

输出衰减分倍数/dB	0	10	20	30	40	50	60
电压衰减倍数	1	3.16	10	31.6	100	316	1 000

(2)主要指标。

最大输出频率：60 MHz。

采样率：150 MSa/s。

垂直分辨率：14 bit。

波形长度：16 kpts。

通道数：2。

幅度范围：-10~+10 V。

(3)正弦波特性。

正弦波特性如图 A.5 所示。

正弦波特性					
参数	最小值	典型值	最大值	单位	备注
频率	1 μ		60 M	Hz	SDG1062X
			30 M	Hz	SDG1032X
			10 M	Hz	SDG1012X
谐波失真			-60	dBc	0，0~10 MHz（包含）
			-50	dBc	0，10~30 MHz（包含）
			-40	dBc	0，30~60 MHz
总谐波失真			0.075	%	0，10 Hz ~ 20 kHz
非谐波杂散			-65	dBc	0，0~10 MHz（包含）
			-55	dBc	0，10~30 MHz（包含）
			-40	dBc	0，30~60 MHz

图 A.5 正弦波特性

(4)方波特性。

方波特性如图 A.6 所示。

方波特性					
参数	最小值	典型值	最大值	单位	备注
频率	1 μ		60 M	Hz	SDG1062X
			30 M	Hz	SDG1032X
			10 M	Hz	SDG1012X
上升 / 下降时间			4.2	ns	10% ~ 90%，1 V_{P-P}，50 Ω 负载
			3.8	ns	10% ~ 90%，2.5 V_{P-P}，50 Ω 负载
过冲			3	%	100 kHz，1 V_{P-P}，50 Ω 负载
占空比	0.001		99.999	%	该参数受频率设置限制
抖动 (rms)，周期 - 周期			300 ps + 周期的0.05 ppm		1 Vpp，50 Ω 负载

图 A.6 方波特性

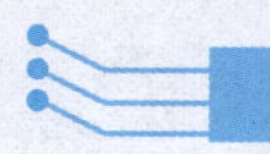

A5 实验装置简介

1. 模拟电路实验装置

模拟电路实验装置由主面板及电路实验板组成。

(1)主面板的组成。

主面板主要由变压器、分立元件区、扩展±12 V 电源接口、创新元件区、子板插槽、器件插孔区、运放芯片区、芯片扩展区、电源接口、可调电源、直流可调信号源和检测元件区等组成，如图 A.7 所示。

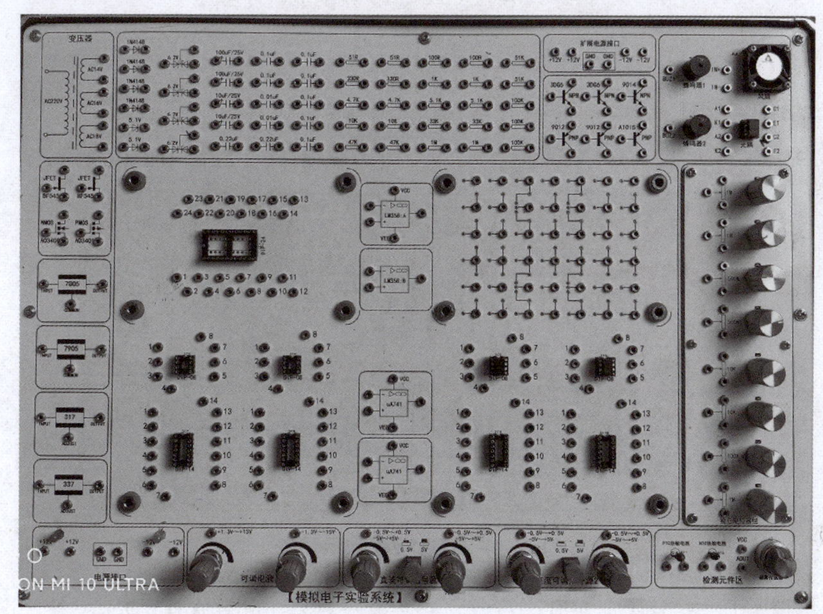

图 A.7 主面板的组成

1)交流电源。

由一只降压变压器提供低压交流电源，在本单元的锁紧插座处输出 14 V、16 V、18 V 低压交流电源(AC 50 Hz)，每路输出均有短路保护自动恢复功能。使用时，只要开启电源开关，各输出口就有相应的交流电压输出，如图 A.8 所示。

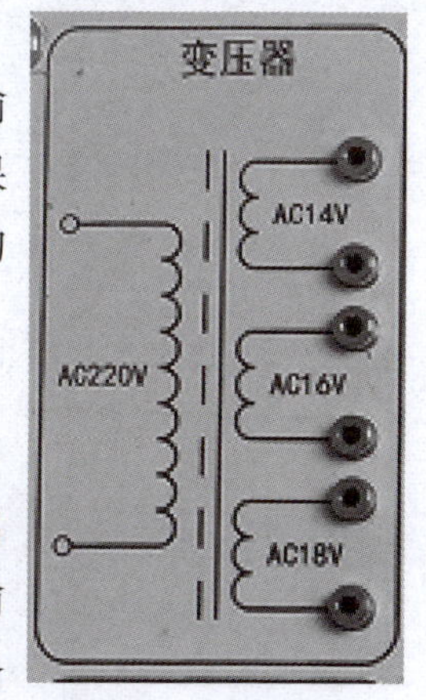

图 A.8 交流电源

2)直流稳压电源和直流信号源。

提供±12 V 直流稳压电源接口、+1.3～+15 V 可调电源，-15～-1.3 V可调电源、-0.5～+0.5 V、-5～+5 V 可调直流信号源。开启±12 V直流电源开关，对应输出指示灯亮，表示对应的插孔处有电压输出。可调直流信号源按键可以实现-0.5～+0.5 V、-5～+5 V 切换，各路输出均具有短路保护自动恢复功能，如图 A.9 所示。

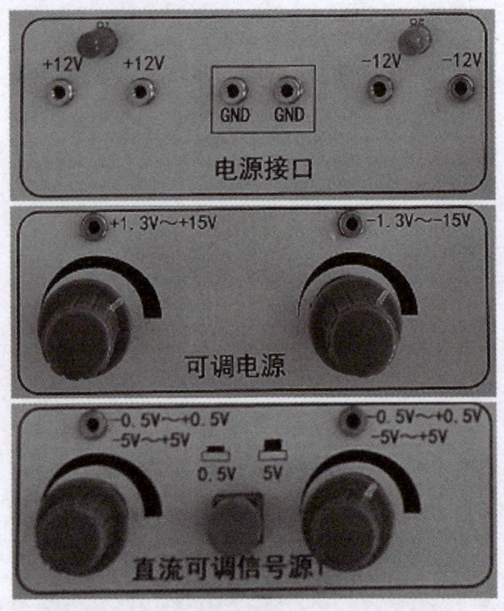

图 A.9　直流稳压电源和直流信号源

3）场效应晶体管（简称场效应管）和晶体管。

NMOS、PMOS 各一只，JFET 两只，NPN、PNP 各 3 只，如图 A.10 所示。

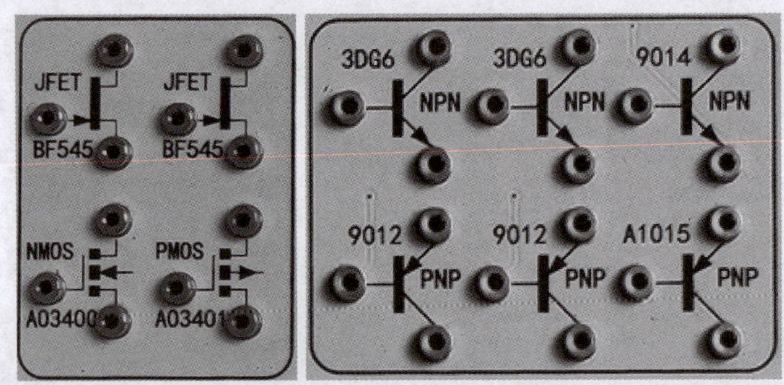

图 A.10　场效应管和晶体管

4）三端集成稳压块（7805、7905、317、337 各一只），如图 A.11 所示。

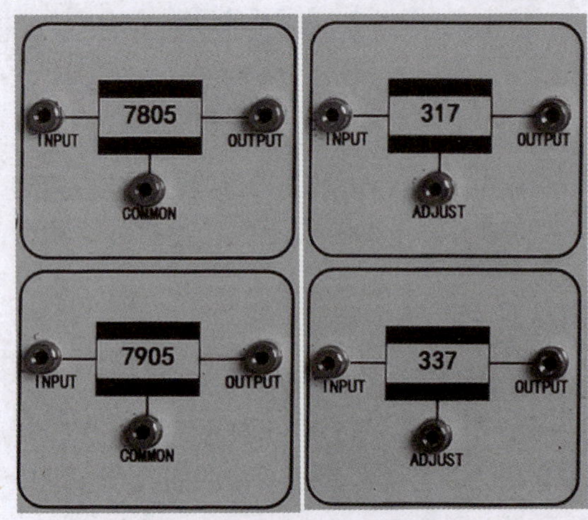

图 A.11　三端集成稳压块

5)运算放大器 μA741 两只、LM358 两只。

6)电位器模块电位器 10 kΩ 两只、100 kΩ 一只、500 kΩ 两只、1 MΩ3 只。

7)自由布线区，供开放实验使用(引脚 8、引脚 14、引脚 24 高可靠圆脚集成插座、用螺钉固定的面包板插座等)。

8)其他器件：普通二极管、稳压二极管、电容、电阻、光耦一只，蜂鸣器两只，风扇一只。

(2)电路实验板。

1) OTL/OCL 功率放大电路实验板如图 A. 12 所示。

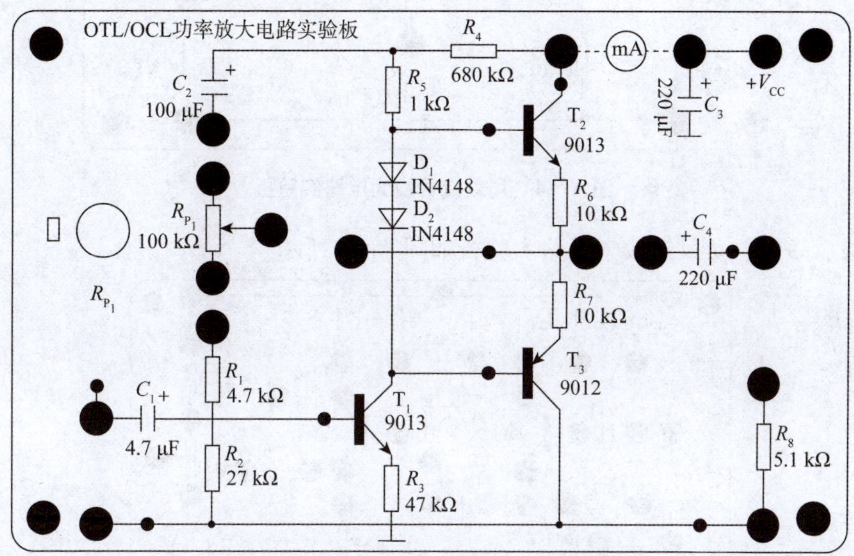

图 A. 12　OTL/OCL 功率放大电路实验板

2)集成功率放大电路实验板如图 A. 13 所示。

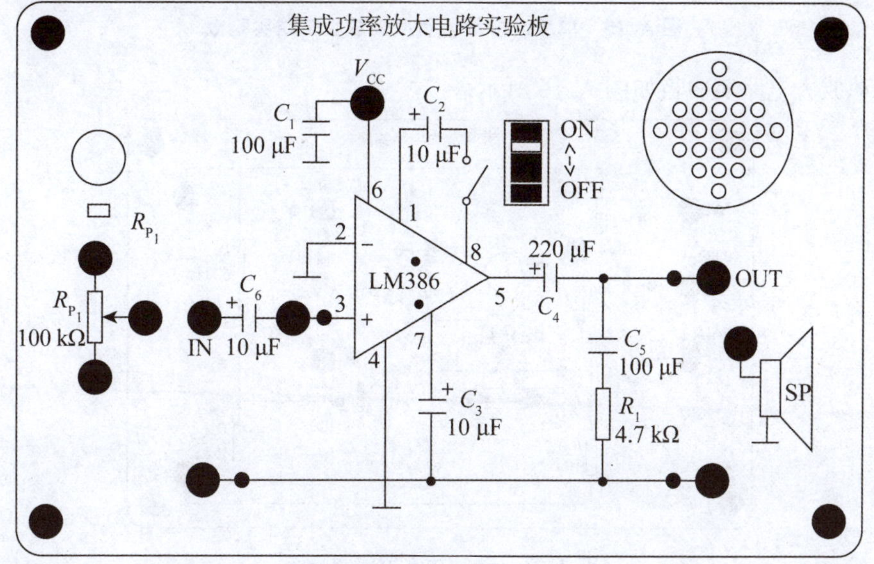

图 A. 13　集成功率放大电路实验板

3)场效应管放大电路实验板如图 A. 14 所示。

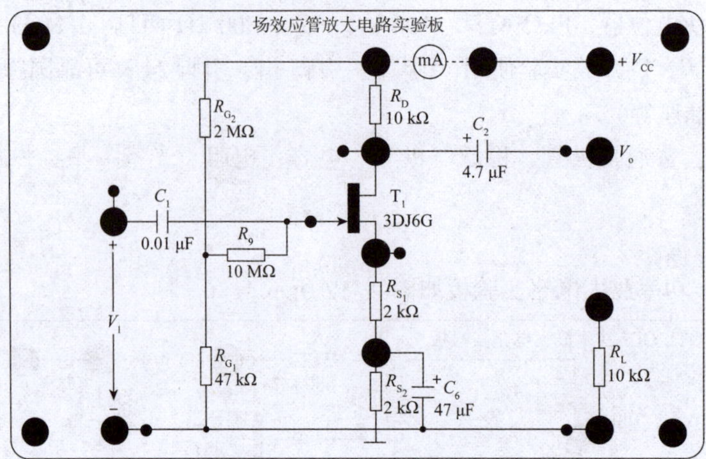

图 A. 14　场效应管放大电路实验板

4)单级、多级、负反馈放大电路实验板如图 A. 15 所示。

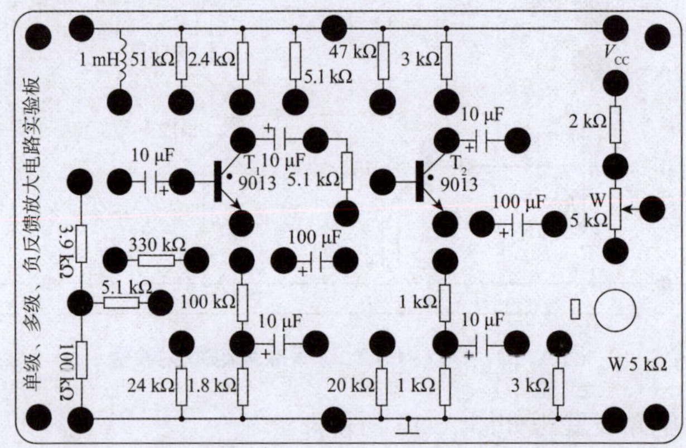

图 A. 15　单级、多级、负反馈放大电路实验板

5)差动放大电路实验板如图 A. 16 所示。

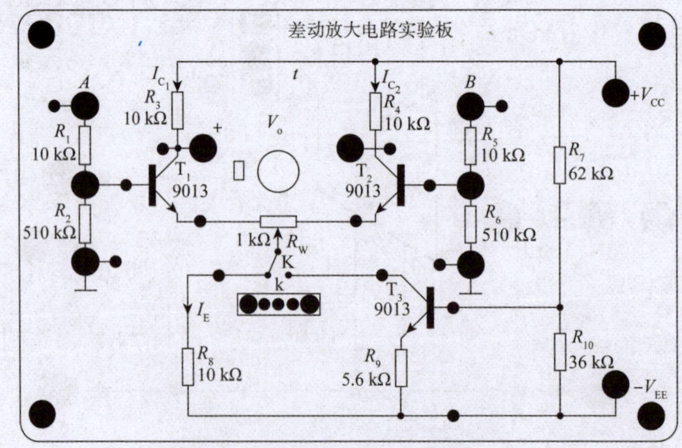

图 A. 16　差动放大电路实验板

6）集成运放电路实验板如图 A. 17 所示。

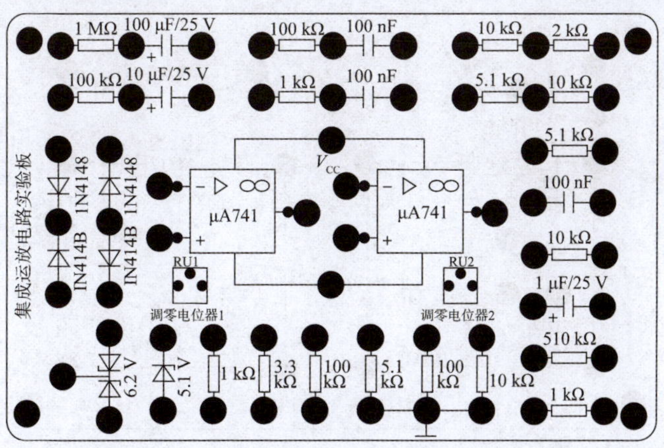

图 A. 17　集成运放电路实验板

7）正弦波振荡电路实验板如图 A. 18 所示。

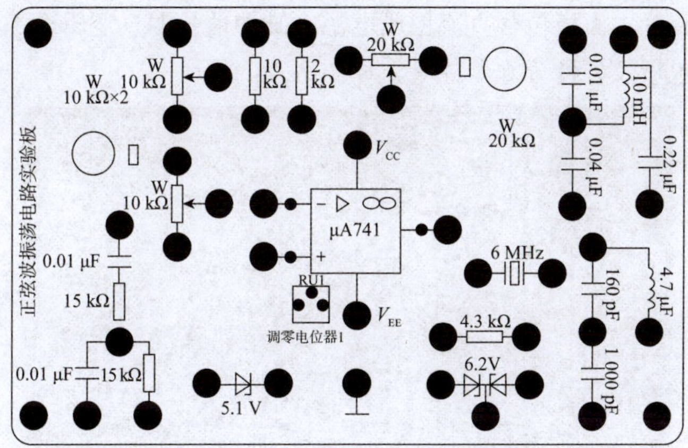

图 A. 18　正弦波振荡电路实验板

8）稳压电源电路实验板 1（线性稳压电源）如图 A. 19 所示。

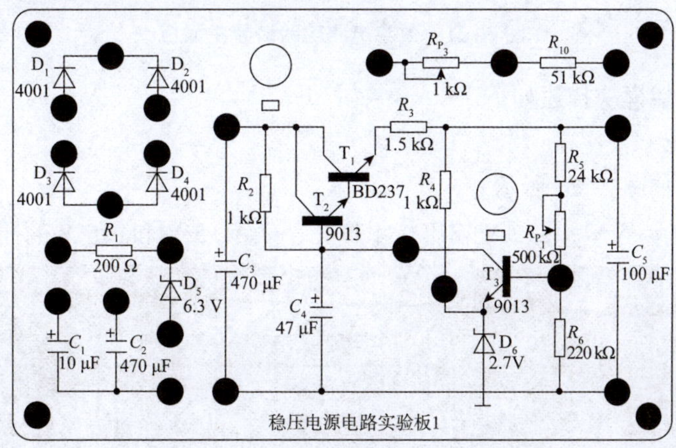

图 A. 19　稳压电源电路实验板 1

9）稳压电源电路实验板 2(三端集成稳压器)如图 A. 20 所示。

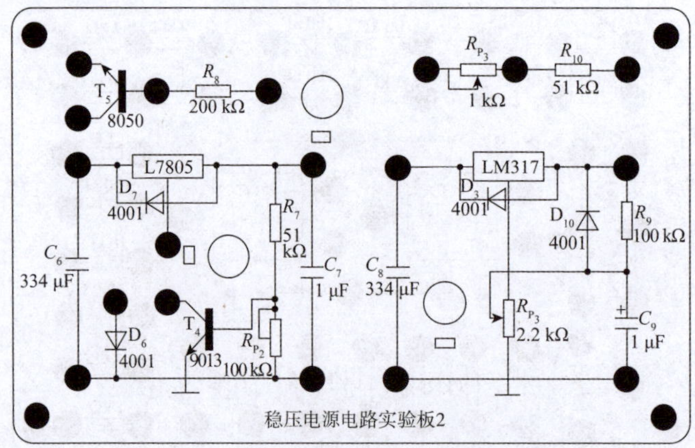

图 A. 20　稳压电源电路实验板 2

2. 数字电路实验装置

数字电路实验装置主面板包含直流稳压电源、脉冲信号源、逻辑电平输入、逻辑电平输出、数码显示、面包板及各种分立器件等，如图 A. 21 所示。

图 A. 21　数字电路实验装置主面板

主面板主要功能模块描述如下。

(1)外接电源接口。

外接电源接口如图 A. 22 所示。

开启电源开关，±5 V 和±12 V 输出指示灯亮，表示±5 V 和±15 V 的插孔处有电压输出。

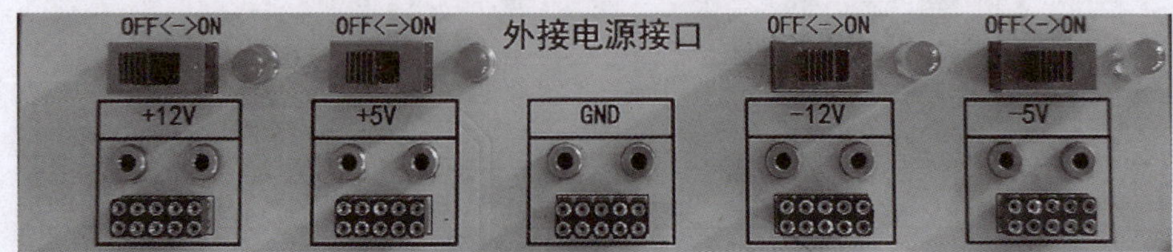

图 A. 22　外接电源接口

(2)脉冲信号源。

1)连续脉冲源：输出频率由频率范围波段开关的位置(10 Hz、100 Hz、1 kHz、10 kHz)决定，并通过频率调节旋钮对输出频率进行细调，由 LED 指示，当频率范围开关置于 10 Hz 挡时，LED 应按 1 Hz 左右的频率闪亮。七路固定频率为 1 Hz、10 Hz、100 Hz、1 kHz、10 kHz、100 kHz、1 MHz 的脉冲信号源，如图 A. 23 所示。

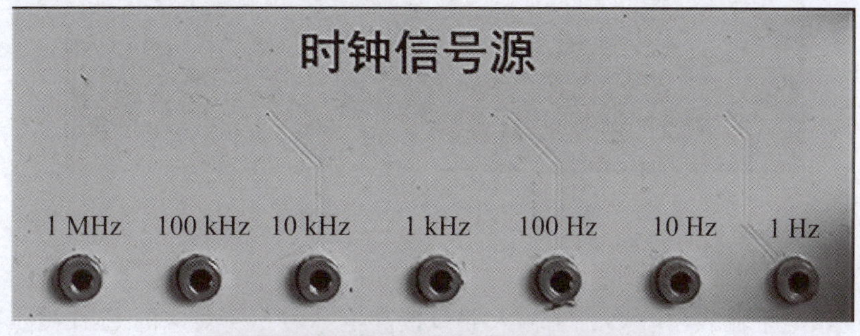

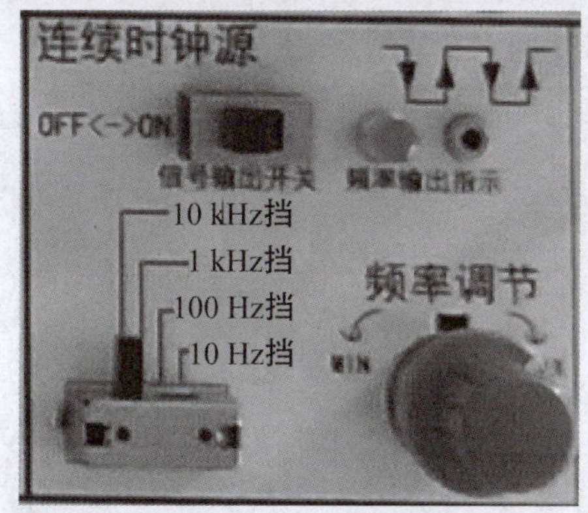

图 A. 23　连续脉冲源

2)单次脉冲源：每按一次单次脉冲按键，在其输出口“▼”和“▲”分别送出一个正、负单次脉冲信号，4 个输出口均有 LED 指示，如图 A. 24 所示。

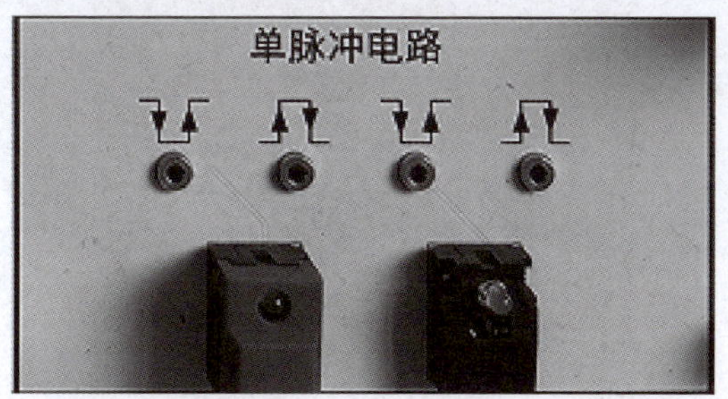

图 A. 24　单次脉冲源

(3)十六位开关电平输出。

十六位开关电平输出提供 16 只小型单刀双掷开关及与之对应的开关电平输出插口。当开关向上拨(即拨向高电平)时，与之相对应的输出插口输出高电平，LED 被点亮；当开关向下拨(即拨向低电平)时，与之相对应的输出插口输出低电平，LED 熄灭，如图 A. 25 所示。

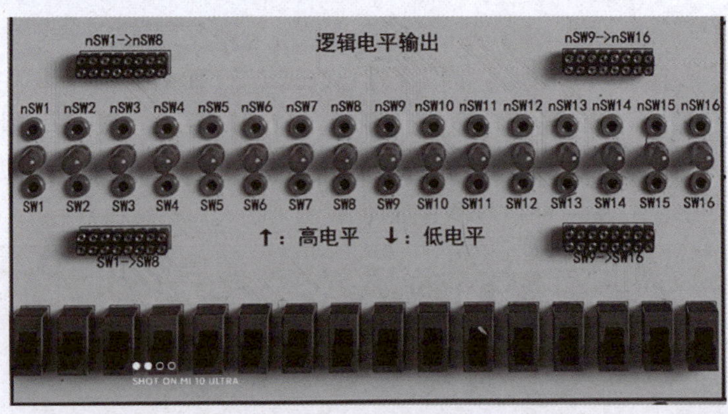

图 A.25　十六位开关电平输出

(4)十六位逻辑电平输入(指示)。

十六位逻辑电平输入(指示)，当输入插口接高电平时，所对应的 LED 被点亮；输入插口接低电平时，所对应的 LED 熄灭，如图 A.26 所示。

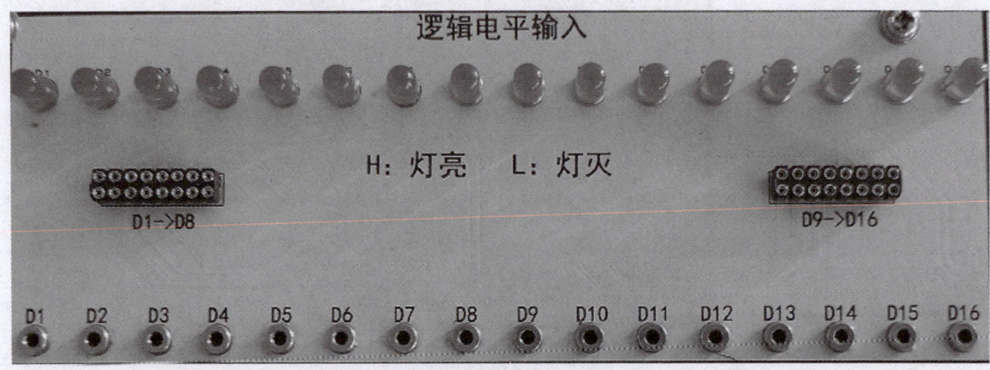

图 A.26　十六位逻辑电平输入(指示)

(5)动态扫描共阴极数码管如图 A.27 所示。

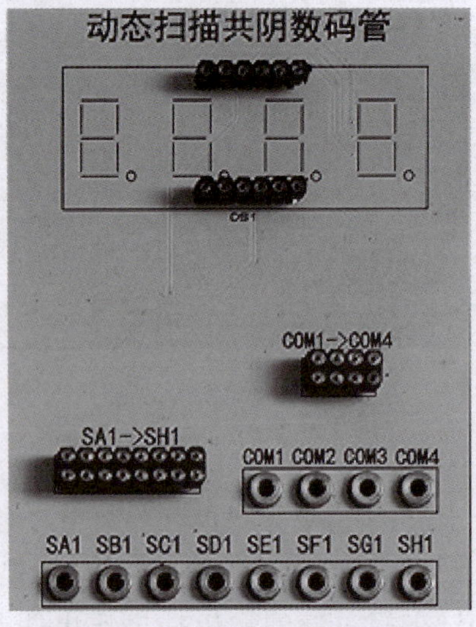

图 A.27　动态扫描共阴极数码管

(6)BCD 译码共阴显示如图 A. 28 所示。

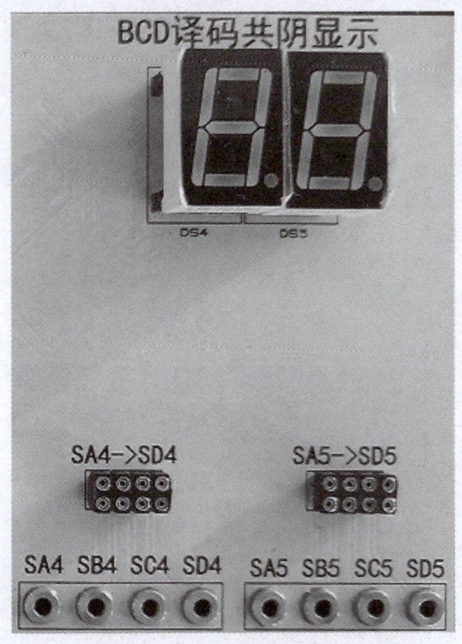

图 A. 28　BCD 译码共阴显示

(7)逻辑笔。

开启+5 V 直流稳压电源开关，用锁紧线从逻辑输入口接出，锁紧线的另一端可视为逻辑笔的笔尖，当笔尖点在电路中的某个测试点时，面板上的指示灯即可显示出该点的逻辑状态，绿色表示低电平、红色表示高电平、蓝色表示高阻态，如图 A. 29 所示。

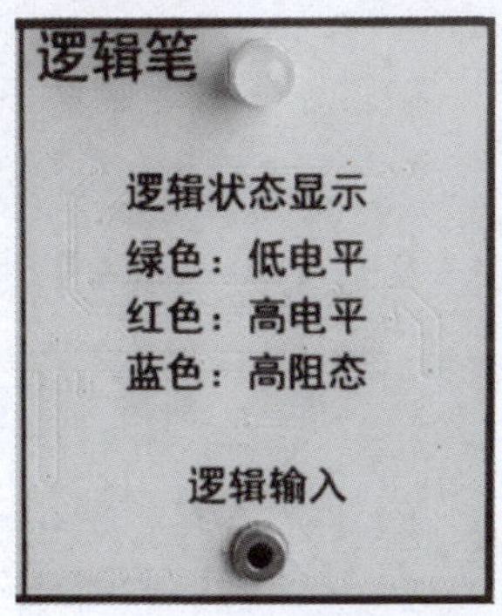

图 A. 29　逻辑笔

(8)接口转换区如图 A. 30 所示。

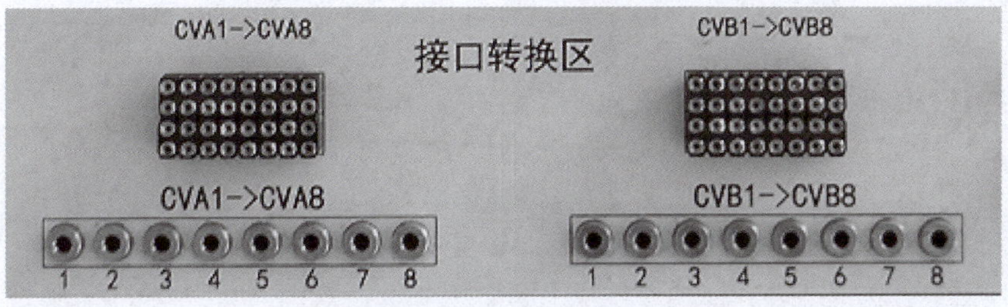

图 A. 30　接口转换区

(9)集成插座。

提供引脚 8、引脚 14、引脚 16 高性能双列直插式圆脚集成电路插座。

(10)用螺钉固定的面包板。

提供自由布线区，供开放实验使用。

(11)元器件区。

提供二极管、三极管、电阻、电容等常用元器件。

附录 B

B1 电阻器的识别与型号命名法

1. 固定电阻器

(1)电阻器的命名方法。

电阻器的型号命名方法如表 B.1 所示。

表 B.1 电阻器的型号命名方法

<table>
<tr><th colspan="2">第一部分：主称</th><th colspan="2">第二部分：材料</th><th colspan="3">第三部分：特征</th><th rowspan="2">第四部分：序号</th></tr>
<tr><th>符号</th><th>意义</th><th>符号</th><th>意义</th><th>符号</th><th>电阻器</th><th>电位器</th></tr>
<tr><td rowspan="18">R
W</td><td rowspan="18">电阻器
电位器</td><td>T</td><td>碳膜</td><td>1</td><td>普通</td><td>普通</td><td rowspan="18">对于主称、材料相同，仅性能指标、尺寸大小有区别，但基本不影响互换使用的产品，给同一序号；若性能指标、尺寸大小明显影响互换使用的产品，则在序号后面用大写字母作为区别代号</td></tr>
<tr><td>H</td><td>合成膜</td><td>2</td><td>普通</td><td>普通</td></tr>
<tr><td>S</td><td>有机实芯</td><td>3</td><td>超高频</td><td>—</td></tr>
<tr><td>N</td><td>无机实芯</td><td>4</td><td>高阻</td><td>—</td></tr>
<tr><td>J</td><td>金属膜</td><td>5</td><td>高温</td><td>—</td></tr>
<tr><td>Y</td><td>氧化膜</td><td>6</td><td>—</td><td>—</td></tr>
<tr><td>C</td><td>沉积膜</td><td>7</td><td>精密</td><td>精密</td></tr>
<tr><td>I</td><td>玻璃釉膜</td><td>8</td><td>高压</td><td>特殊函数</td></tr>
<tr><td>P</td><td>硼酸膜</td><td>9</td><td>特殊</td><td>特殊</td></tr>
<tr><td>U</td><td>硅酸膜</td><td>G</td><td>高功率</td><td>—</td></tr>
<tr><td>X</td><td>线绕</td><td>T</td><td>可调</td><td>—</td></tr>
<tr><td>M</td><td>压敏</td><td>W</td><td>—</td><td>微调</td></tr>
<tr><td>G</td><td>光敏</td><td>D</td><td>—</td><td>多圈</td></tr>
<tr><td rowspan="5">R</td><td rowspan="5">热敏</td><td>B</td><td>温度补偿用</td><td>—</td></tr>
<tr><td>C</td><td>温度测量用</td><td>—</td></tr>
<tr><td>P</td><td>旁热式</td><td>—</td></tr>
<tr><td>W</td><td>稳压式</td><td>—</td></tr>
<tr><td>Z</td><td>正温度系数</td><td>—</td></tr>
</table>

例如，一只 RJ73 的电阻，可以通过表格查出，主称 R 代表电阻器、材料 J 代表金属膜、特征 73 代表精密超高频，综合起来就是精密超高频金属膜电阻器。

(2)电阻器的阻值精度。

E 系列允许偏差及计算方法如表 B.2 所示。

表 B.2　E 系列允许偏差及计算方法

E 系列	允许误差/%	计算公式
E6	±20(M)	$\sqrt[6]{10n}$, $n = 1 \sim 6$
E12	±10(K)	$\sqrt[12]{10n}$, $n = 1 \sim 12$
E24	±5(J)	$\sqrt[24]{10n}$, $n = 1 \sim 24$
E48	±2(G)	$\sqrt[48]{10n}$, $n = 1 \sim 48$
E96	±1(F)	$\sqrt[96]{10n}$, $n = 1 \sim 96$

E 系列对应关系及数值如表 B.3 所示。

表 B.3　E 系列对应关系及数值

E6	E12	E24	E48	E96	E6	E12	E24	E48	E96	E6	E12	E24	E48	E96
10	10	10	100	100				215	215				464	464
				102	22	22	22		221	47	47	47		475
			105	105					226	226			487	487
				107					232					499
		11	110	110				237	237			51	511	511
				113			24		243					523
			115	115				249	249				536	536
				118					255					549
	12	12	121	121				261	261		56	56	562	562
				124					267					576
			127	127		27	27	274	274				590	590
		13		130					280					604
			133	133				287	287			62	619	619
				137					294					634
			140	140			30	301	301				649	649
				143					309					665
			147	147				316	316	68	68	68	681	681
15	15	15		150					324					698
			154	154	33	33	33	332	332				715	715
				158					340					732
		16	162	162				348	348			75	750	750
				165					357					768
			169	169			36	365	365				787	787
				174					374					806
			178	178				383	383		82	82	825	825

续表

E6	E12	E24	E48	E96	E6	E12	E24	E48	E96	E6	E12	E24	E48	E96
	18	18		182		39	39		392					845
			187	187				402	402				866	866
				191					412					887
			196	196				422	422			91	909	909
		20		200			43		432					931
			205	205				442	442				953	953
				210					453					976

(3)直标法。

电阻器的阻值是通过数字或字母数字混合的形式进行标注的，这种标注方法称为直标法。现在生产的贴片式电阻器一般采用这种标注方法，如电阻器标注 224，其中，22 表示标称值，4 表示权位(倍乘数)即 10^4。因此，224 所代表的阻值为 $22 \times 10^4\ \Omega = 220\ \mathrm{k\Omega}$。另外，直标法还有一种字母与数字混合标注形式，如标注为 220k 的电阻器也表示的是阻值为 220 kΩ 的电阻器。

常见的电阻器阻值允许偏差均采用字母作为标志符号，允许偏差与字母的对应关系如表 B. 4所示。

表 B. 4　允许偏差与字母的对应关系

允许偏差/%	标志符号	允许偏差/%	标志符号	允许偏差/%	标志符号
±0. 001	E	±0. 1	B	±10	K
±0. 002	Z	±0. 2	C	±20	M
±0. 005	Y	±0. 5	D	±30	N
±0. 01	H	±1	F		
±0. 02	U	±2	G		
±0. 05	W	±5	J		

(4)色标法。

现在的引脚式电阻器通常采用将不同颜色的色环涂在电阻器上来表示标称值及允许误差，带有 4 个色环的，其中，第一、二环分别代表阻值的前两位数；第三环代表倍乘数；第四环代表允许误差。带有 5 个色环的，其中，第一、二、三环分别代表阻值的前 3 位数；第四环代表倍乘数；第五环代表允许误差。固定电阻器色环标志读数识别规则如图 B. 1 所示，各种颜色所对应的数值如表 B. 5 所示。

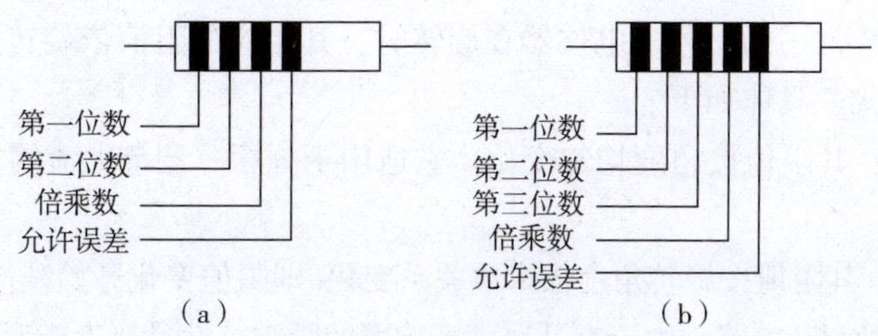

图 B. 1　固定电阻器色环标志读数识别规则

(a)一般电阻器；(b)精密电阻器

表 B.5 颜色数值对应关系

颜色	有效数字第一位数	有效数字第二位数	倍乘数	允许误差/%
棕	1	1	10^1	±1
红	2	2	10^2	±2
橙	3	3	10^3	—
黄	4	4	10^4	—
绿	5	5	10^5	±0.5
蓝	6	6	10^6	±0.2
紫	7	7	10^7	±0.1
灰	8	8	10^8	—
白	9	9	10^9	—
黑	0	0	10^0	—
金	—	—	10^{-1}	±5
银	—	—	10^{-2}	±10
无色	—	—	—	±20

(5)电阻器的额定功率。

电阻器的额定功率指电阻器在直流或交流电路中，长期连续工作所允许消耗的最大功率。有两种标志方法：对于 2 W 以上的电阻，直接用数字印在电阻体上；对于 2 W 以下的电阻，以自身体积大小来表示功率。在电路图上表示电阻器功率时，采用的电路表示符号如图 B.2 所示。

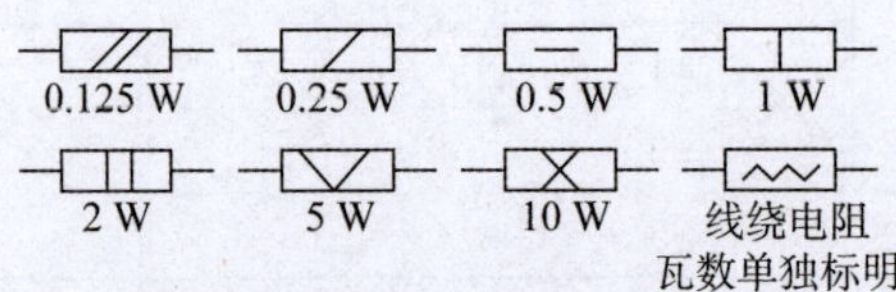

图 B.2 电阻器额定功率电路表示符号

2. 可调电阻器

可调电阻器一般称为电位器，从形状上划分有圆柱形、长方体形等多种形状；从结构上划分有直滑式、旋转式、带开关式、带紧锁装置式、多连式、多圈式、微调式和无接触式等多种结构；从材料上划分有碳膜、合成膜、有机导电体、金属玻璃釉和合金电阻丝等多种材料。碳膜电位器是较常用的一种。电位器在旋转时，其相应的阻值依旋转角度而变化。变化规律有 3 种不同形式，具体如下。

X 型为直线型，其阻值按角度均匀变化。它适用于分压、调节电流等。例如在电视机中作场频调整用。

Z 型为指数型，其阻值按旋转角度依指数关系变化(即阻值变化开始缓慢，而后变快)，这种形式普遍用于音量调节电路。由于人耳对声音响度的听觉特性是接近于对数关系的，在音量从零开始逐渐变大的过程中，人耳对音量变化的听觉最灵敏，当音量大到一定程度后，人耳听觉逐渐变迟钝。因此，音量调整一般采用指数式电位器，使声音变化听起来显得平稳、舒适。

D 型为对数型，其阻值按旋转角度依对数关系变化(即阻值变化开始快，而后缓慢)，这种形式多用于仪器设备的特殊调节。在电视机中采用这种电位器调整黑白对比度，可使对比度更加适宜。

在电路中进行一般调节时，宜采用价格低廉的碳膜电位器；在电路中进行精确调节时，宜采用多圈电位器或精密电位器。

B2　电容器的识别与型号命名法

1. 电容器的分类

电容器通常可以分为两大类：固定电容器和可调电容器。固定电容器又可以根据介质的不同分为陶瓷、云母、纸质、薄膜、电解等多种电容器。图 B.3 为一些常见类型电容器实物。

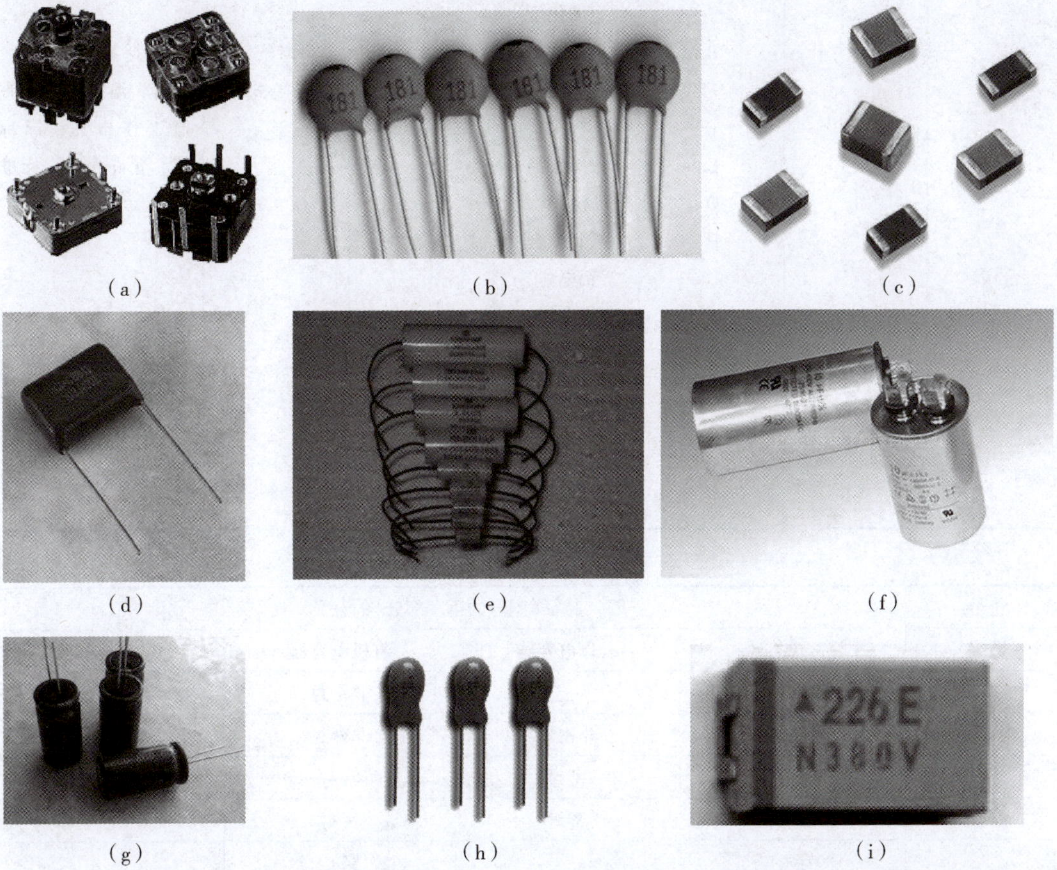

(a)　(b)　(c)

(d)　(e)　(f)

(g)　(h)　(i)

图 B.3　常见类型电容器实物

(a)常见用于收音机的可调电容器；(b)常见陶瓷介质电容器；(c)常见用于贴片封装的陶瓷电容器；(d)常见独石电容器；(e)云母电容器；(f)薄膜电容器；(g)铝电解电容器；(h)引脚式钽电解电容器；(i)贴片封装的钽电解电容器

2. 固定电容器

根据国家标准，国产电容器的型号一般由4部分组成：第一部分表示主称，用字母表示，电容器用C表示；第二部分表示电容器的制造材料，用字母表示；第三部分表示特征，用字母或数字表示；第四部分为产品序号，用数字表示，包括品种、尺寸、代号、温度特性、直流工作电压、标称值、允许误差、标准代号，详见表B.6和表B.7。

表 B.6 电容器命名规则

第一部分		第二部分		第三部分		第四部分
主称		材料		特征		序号
符号	意义	符号	意义	符号	意义	
C	电容器	C	瓷介	T	铁电	包括品种、尺寸、代号、温度特性、直流工作电压、标称值、允许误差、标准代号
		I	玻璃釉	W	微调	
		O	玻璃膜	J	金属化	
		Y	云母	X	小型	
		V	云母纸	S	独石	
		Z	纸介	D	低压	
		J	金属化纸	M	密封	
		B	聚苯乙烯	Y	高压	
		F	聚四氟乙烯	C	穿心式	
		L	涤纶			
		S	聚碳酸酯			
		Q	漆膜			
		H	纸膜复合			
		D	铝电解			
		A	钽电解			
		G	金属电解			
		N	铌电解			
		T	钛电解			
		M	压敏			
		E	其他材料			

表 B.7 数字特征的意义

符号	特征(型号的第三部分)的意义			
(数字)	瓷介电容器	云母电容器	有机电容器	电解电容器
1	圆片		非密封	箔式
2	管型	非密封	非密封	箔式
3	迭片	密封	密封	烧结粉液体
4	独石	密封	密封	烧结粉固体
5	穿心		穿心	
6				
7				无极性

续表

符号	特征(型号的第三部分)的意义			
8	高压	高压	高压	
9			特殊	特殊

3. 电容器容量的标注形式

(1)直标法，即用数字和单位符号直接表示容量，如 1 μF 表示 1 微法，有些电容器用 R 表示小数点，这并不是表示电阻，而是电容量的另一种直标方式，如 R56 表示电容器的容量为 0. 56 微法。

(2)文字符号法，即将数字和文字符号有规律的组合来表示容量，如 p10 表示 0. 1 pF、1p0 表示 1 pF、6p8 表示 6. 8 pF、2μ2 表示 2. 2 μF。值得注意的是，由于早期的印刷字符库缺少 μ 这个字符，因此，有些生产厂商经常用 u 来代替 μ，如 2u2 表示的也是 2. 2 μF。

(3)色标法，即用色环或色点表示电容器的主要参数。电容器的色标法与电阻器相同。

电容器不对称偏差标志符号：+100% ~ 0——H；+100% ~ +10%——R；+50% ~ +10%——T；+30% ~ +10%——Q；+50% ~ +20%——S；+80% ~ +20%——Z。

(4)数学计数法，和阻值的表示方法类似，需要注意的是，用这种方法表示的容量单位为 pF，如标值 272 的电容器，其容量就是 2 700 pF(计算方法 27×10^2 pF = 2 700 pF)；又如标值 473 的电容器，表示容量为 0. 047 μF 的电容器(计算方法 47×10^3 pF = 0. 047 μF)；再如标值 106 的电容器，表示容量为 10 μF 的电容器(计算方法 10×10^6 pF = 10 μF)。

B3 常用半导体器件型号命名法

1. 半导体分立器件命名法

由于三极管的组成材料也是半导体，国产的二极管和三极管的命名根据国家标准 GB/T 249—2017 有统一的规定，由 5 部分组成。第一部分用阿拉伯数字表示器件的电极数目；第二部分用汉语拼音字母表示器件的材料和极性；第三部分用汉语拼音字母表示器件的类型；第四部分用阿拉伯数字表示器件的序号；第五部分用汉语拼音字母表示器件的规格号。半导体器件的命名规则如图 B. 4 所示，国产半导体器件型号命名法如表 B. 8 所示。

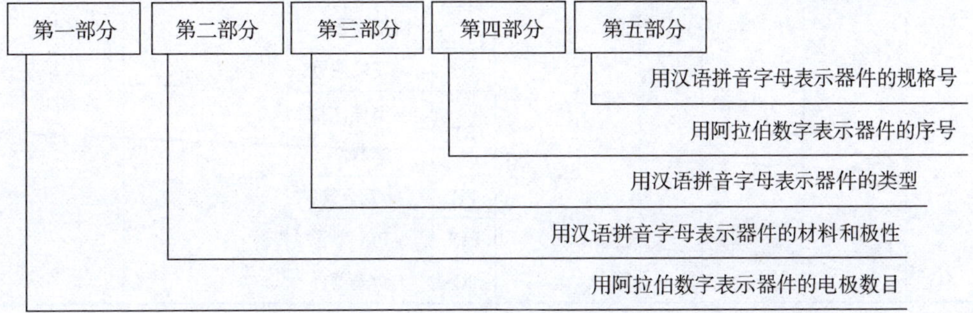

图 B. 4 半导体器件的命名规则

以 2CZ55A 为例，第一部分 2 代表了它是一个二极管，第二部分 C 代表了它是由 N 型硅材料基板制作的，第三部分 Z 说明它是整流管。

表 B.8 国产半导体器件型号命名法

型号组成	第一部分		第二部分		第三部分		第四部分	第五部分
	电极数目		材料和极性		类型			
	符号	意义	符号	意义	符号	意义		
符号及其意义	2	二极管	A	N 型锗材料	P	普通管	序号	规格号
			B	P 型锗材料	V	微波管		
			C	N 型硅材料	W	稳压管		
			D	P 型硅材料	C	参量管		
	3	三极管	A	PNP 型锗材料	Z	整流管		
			B	NPN 型锗材料	L	整流堆		
			C	PNP 型硅材料	S	隧道管		
			D	NPN 型硅材料	N	阻尼管		
			E	化合物材料	U	光电器件		
					K	开关管		
					X	低频小功率管 $f_\alpha < 3$ MHz， $P_c < 1$ W		
					G	高频小功率管 $f_\alpha \geqslant 3$ MHz， $P_c < 1$ W		
					D	低频大功率管 $f_\alpha < 3$ MHz， $P_c \geqslant 1$ W		
					A	高频大功率管 $f_\alpha \geqslant 3$ MHz， $P_c \geqslant 1$ W		
					T	可控整流管		
					Y	体效应器件		
					B	雪崩管		
					J	阶跃恢复管		
					CS	* 场效应管		
					BT	* 半导体特殊器件		
					FH	* 复合管		
					PIN	* PIN 型管		
					JG	* 激光器件		

注：“ * ”表示器件的型号命名只有第三、四、五部分。

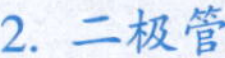

2. 二极管

(1)二极管符号。

常见二极管的电路符号如图 B.5 所示，其中，D_1 是普通二极管；D_2 是肖特基二极管；D_3 是隧道二极管；D_4 是变容二极管；D_5、D_6 是稳压二极管(齐纳二极管)；D_7 是发光二极管；D_8 是光电二极管。

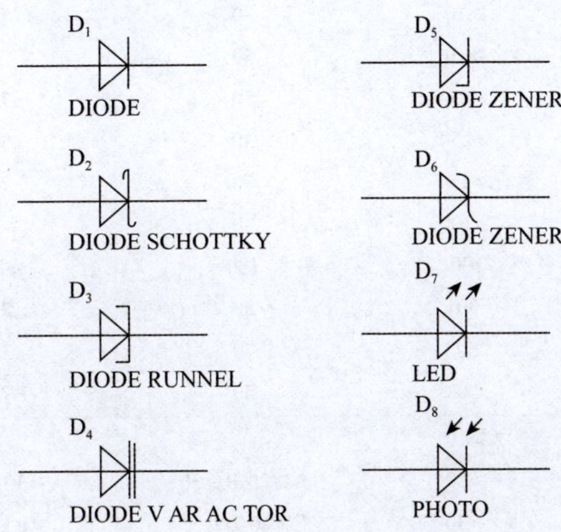

图 B.5　常见二极管的电路符号

(2)锗检波二极管。

几种常见锗检波二极管的主要参数如表 B.9 所示。

表 B.9　几种常见锗检波二极管的主要参数

型号	最大整流电流/mA	最高反向工作电压/V	反向击穿电压/V	最高工作频率/MHz
2AP1	16	20	≥40	150
2AP2	16	30	≥45	
2AP3	25	30	≥45	
2AP4	16	50	≥75	
2AP5	16	75	≥110	
2AP6	12	100	≥150	
2AP7	12	100	≥150	
2AP8	35	10	≥20	
2AP8A	35	15	≥20	
2AP9	5	10	≥20	100
2AP10	5	30	≥40	

(3) 开关二极管。

一些常见开关二极管的主要参数如表 B.10 所示。

表 B.10 一些常见开关二极管的主要参数

型号	正向压降/V	正向电流/mA	最高反向工作电压/V	反向击穿电压/V	反向恢复时间/ns
2AK1	≤1	≥100	10	≥30	≤200
2AK2	≤1	≥150	20	≥40	≤200
2AK3	≤0.9	≥200	30	≥50	≤150
2AK6	≤0.9	≥200	50	≥70	≤150
2AK7	≤1	≥10	30	50	≤150
2AK10	≤1	≥10	50	70	≤150
2AK14	≤0.7	≥250	50	70	≤150
2AK18	≤0.65	≥250	30	50	≤100
2AK20	≤0.65	≥250	50	70	≤100
2CK1	≤1	≥100	30	≥40	≤150
2CK6	≤1	100	180	≥210	≤150
2CK13	≤1	30	50	75	≤5
2CK20A	≤0.8	50	20	30	≤3
2CK20D	≤0.8	50	50	75	≤3
2CK70A～2CK70E	≤0.8	≥10			≤3
2CK71A～2CK71E	≤0.8	≥20	A≥20 B≥30	A≥30 B≥45	≤4
2CK72A～2CK72E	≤0.8	≥30	C≥40 D≥50	C≥60 D≥75	≤4
2CK73A～2CK73E	≤1	≥50	E≥60	E≥90	≤5
2CK76A～2CK76E	≤1	≥200			≤5

(4)硅整流二极管。

一些常见硅整流二极管的主要参数如表 B.11 所示。

表 B.11 一些常见硅整流二极管的主要参数

型号	最高反向工作电压（峰值）V_{RM}/V	最大整流电流 I_F/A	正向不重复峰值电流 I_{FSM}/A	正向压降 V_F/V	反向电流 I_R/μA
IN4001	50				
IN4002	100				
IN4003	200				
IN4004	400	1	30	≤1	<5
IN4005	600				
IN4006	800				
IN4007	1 000				
IN5400	50				
IN5401	100				
IN5402	200				
IN5403	300				
IN5404	400	3	150	≤0.8	<10
IN5405	500				
IN5406	600				
IN5407	800				
IN5408	1 000				

续表

型号	最高反向工作电压（峰值）V_{RM}/V	最大整流电流 I_F/A	正向不重复峰值电流 I_{FSM}/A	正向压降 V_F/V	反向电流 I_R/μA
2CZ55A～2CZ55X	25～3 000	1	20	≤1	<10
2CZ56A～2CZ56X	25～3 000	3	65	≤0.8	<20
2CZ57A～2CZ57X	25～3 000	5	100	≤0.8	<20

（5）稳压二极管。

一些常见硅稳压二极管的主要参数如表 B.12 所示。

表 B.12　一些常见硅稳压二极管的主要参数

		稳定电压 V_Z/V	稳定电流 I_Z/mA	额定电流 I_{ZM}/mA	额定功率 P_{ZM}/W	动态电阻 r_Z/Ω	正向压降 V_F/V
IN747-9	2CW52	3.2～4.5	10	55	0.25	≤70	≤1
IN750-1	2CW53	4～5.8		41		≤50	
IN752-3	2CW54	5.5～6.5		38		≤30	
IN754	2CW55	6.2～7.5		33		≤15	
IN755-6	2CW56	7～8.8	5	27		≤15	
IN757	2CW57	8.5～9.5		26		≤20	
IN758	2CW58	9.2～10.5		23		≤25	
IN962	2CW59	10～11.8		20		≤30	
IN963	2CW60	11.5～12.5		19		≤40	
IN964	2CW61	12.2～14	3	16		≤50	
IN965	2CW62	13.5～17		14		≤60	

（6）发光二极管。

发光二极管简称 LED，发光的颜色有红、绿、黄、白、蓝等，常见的 LED 如图 B.6 所示。

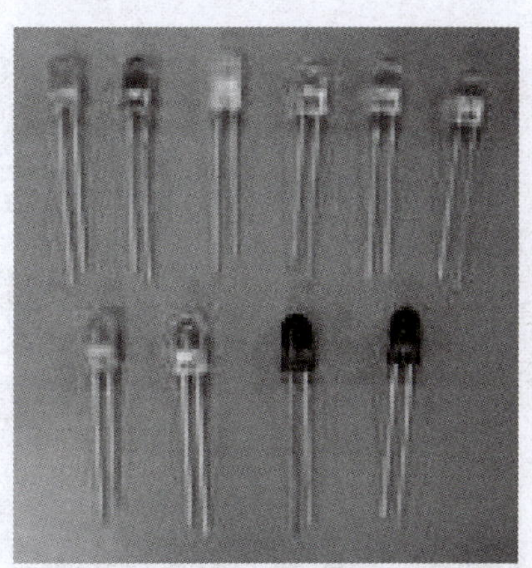

图 B.6　常见的 LED

几种常见红色 LED 的参数如表 B.13 所示。

表 B. 13　几种常见红色 LED 的参数

<table>
<tr><th rowspan="2">型号</th><th colspan="3">极限参数</th><th colspan="4">电参数</th></tr>
<tr><th>最大功率 P_M/mW</th><th>最大正向电流 I/mA</th><th>反向击穿电压 V/V</th><th>正向电流 I_F/mA</th><th>正向电压 V_F/V</th><th>反向电流 I_R/μA</th><th>结电容 C/pF</th></tr>
<tr><td>FG112001</td><td>100</td><td>50</td><td rowspan="4">≥5</td><td>10</td><td rowspan="4">≤2</td><td rowspan="4">≤100</td><td rowspan="4">≤100</td></tr>
<tr><td>FG112002</td><td>100</td><td>50</td><td>20</td></tr>
<tr><td>FG112004</td><td>30</td><td>20</td><td>5</td></tr>
<tr><td>FG112005</td><td>100</td><td>70</td><td>10</td></tr>
</table>

点阵式排列的 LED 称为 LED 点阵模块，如图 B. 7 所示，用来构成 LED 显示屏。

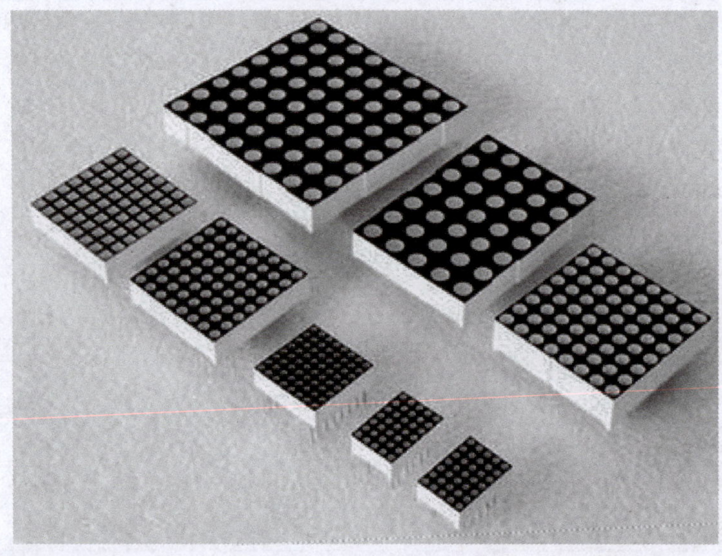

图 B. 7　LED 点阵模块

如果将这些 LED 按照数码的形式排列，则制作成的器件称为 LED 数码管，图 B. 8 是一些 LED 数码管的实物。

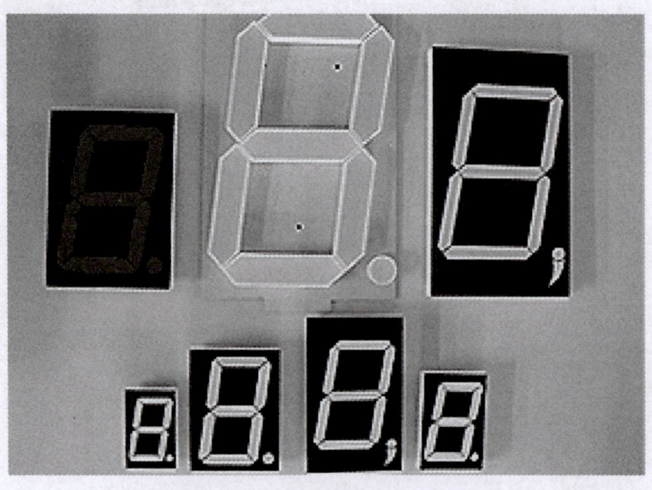

图 B. 8　一些 LED 数码管的实物

表 B. 14 列出了几种常见 LED 数码管的参数。

表 B. 14　几种常见 LED 数码管的参数

型号	起辉电流/mA	亮度/cd · m^{-2}	正向电压/V	反向耐压/V	极限电流/mA	材料
5EF31A	≤1	≥1 500	≤2	≥5	15	GaAsAl
5EF31B	≤1	≥3 000			15	
5EF32A	≤1. 5	≥1 500			30	
5EF32B	≤1. 5	≥3 000			30	
测试条件		$I_F = 1.5$ mA	$I_F = 10$ mA	$I_R = 50$ μA	每段	

(7)光敏二极管。

几种常见光敏二极管的参数如表 B. 15 所示。

表 B. 15　几种常见光敏二极管的参数

参数		最高工作电压/V	暗电流/μA	光电流/μA	灵敏度 μA/μW	峰值相应波长/μm	响应时间/s t_r	t_f	结电容/pF
型号	2CU1A	10	≤0. 2	≥80					
	2CU1B~2CU1E	20~50							
	2CU2A	10	≤0. 1	≥30	≥0. 5	0. 88	≤5	≤50	8
	2CU2B~2CU2E	20~50							
	2CU5	12	≤0. 1	≥5					
	2CUL1		<5		≥0. 5	1. 06	≤1	≤1	≤4
测试条件			无光照 $V=V_{RM}$	100lx $V=V_{RM}$	波长 0. 9 μm $V=V_{RM}$		$R_L = 50$ Ω $V=10$ V $f=300$ Hz		$V=V_{RM}$ $f<5$ MHz

(8)光电耦合器。

把发光器件和光敏器件按适当方式组合，就可以实现以光信号为媒介的电信号变换，采用这种组合方式制成的器件称为光电耦合器。光电耦合器大致分为 3 类：第一类是光隔离器，它是把发光器件和光敏器件对置在一起构成的，可以用它完成电信号的耦合和传递；第二类是光传感器，它有反光式和遮光式两种，用光传感器可以测量物体的有无、个数和移动距离等；第三类是光敏元件集成功能块，它是把发光器件、光敏器件和双极型集成电路组合在一起的集成功能块。

几种不同结构形式的光电耦合器如图 B. 9 所示。

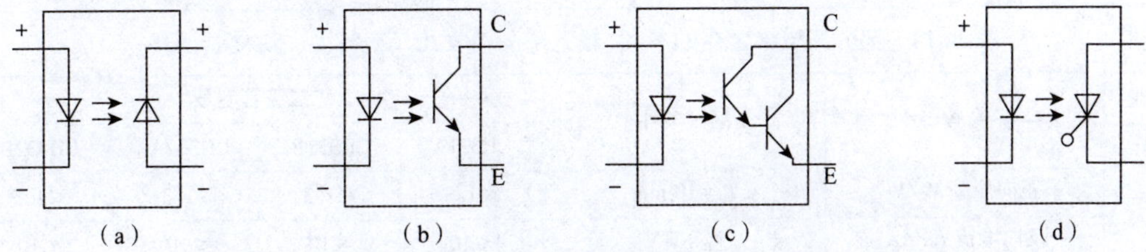

图 B. 9　几种不同结构形式的光电耦合器

(a)二极管型；(b)三极管型；(c)达林顿型；(d)晶闸管驱动型

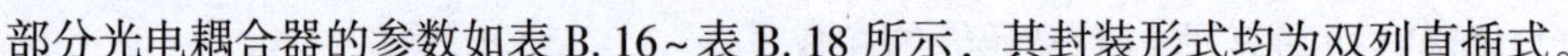

部分光电耦合器的参数如表 B. 16~表 B. 18 所示，其封装形式均为双列直插式。

表 B. 16　部分光电耦合器的参数(输入部分为发光二极管型、光敏二极管型)

特性描述	参数	测试条件	二级管型号			
			CH201A	CH201B	CH201C	CH201D
输入特性	正向压降 V_F/V	$I_F=10$ mA	≤1. 3	≤1. 3	≤1. 3	≤1. 3
	反向电流 I_R/μA	$V_R=5$ V	≤20	≤20	≤20	≤20
	最大工作电流 I_{FM}/mA		50	50	50	50
输出特性	暗电流 I_D/μA	$V_{CE}=V_R$	≤0. 1	≤0. 1	≤0. 1	≤0. 1
	最大反向工作电压 V_{RM}/V	$I=0.1$ μA	80	80	80	80
	反向击穿电压 V_{BE}/V	$I=1$ μA	≥100	≥100	≥100	≥100
传输特性	传输比 CTR/%	$I_F=10$ mA　$V=V_R$	0. 2~0. 5	0. 5~1	1~2	2~3
	响应时间 t_r/μs	$V_R=10$ V　$R_L=50$ Ω	≤5	≤5	≤5	≤5
	响应时间 t_f/μs	$f=300$ Hz	≤5	≤5	≤5	≤5
隔离特性	隔离阻抗/Ω	$V_R=10$ V	10^{10}	10^{10}	10^{10}	10^{10}
	输入输出耐压/V	直流	1 000	1 000	1 000	1 000
	输入输出电容/pF	$f=1$ MHz	≤1	≤1	≤1	≤1

表 B. 17　部分光电耦合器的参数(输入部分为发光二极管型、光敏三极管型)

特性描述	参数	测试条件	二级管型号		
			CH301	CH302	CH303
输入特性	正向压降 V_F/V	$I_F=10$ mA	≤1. 3	≤1. 3	≤1. 3
	反向电流 I_R/μA	$V_R=5$ V	≤20	≤20	≤20
	最大工作电流 I_{FM}/mA		50	50	50
输出特性	暗电流 I_{CEO}/μA	$V_{CE}=10$ V	≤0. 1	≤0. 1	≤0. 1
	击穿电压 $V_{(BR)CEO}$/V	$I_{CE}=1$ μA	≥15	≥30	≥50
	饱和压降 $V_{CE(SAT)}$/V	$I_F=20$ mA　$I_C=1$ mA	≤0. 4	≤0. 4	≤0. 4
传输特性	传输比 CTR/%	$I_F=10$ mA　$V_C=10$ V	10~150	10~150	10~150
	响应时间 t_r/μs	$V_{CE}=10$ V　$R_L=50$ Ω	≤3	≤3	≤3
	响应时间 t_f/μs	$I_F=25$ mA　$f=100$ Hz	≤3	≤3	≤3
隔离特性	隔离阻抗/Ω	$V_R=10$ V	≥ 10^{10}	≥ 10^{10}	≥ 10^{10}
	输入输出耐压/V	直流	1 000	1 000	1 000
	输入输出电容/pF	$f=1$ MHz	≤1	≤1	≤1

表 B. 18　部分光电耦合器的参数(输入部分为发光二极管型、达林顿型)

特性描述	参数	测试条件	二级管型号			
			CH331A	CH331B	CH332A	CH332B
输入特性	正向压降 V_F/V	$I_F=10$ mA	≤1. 3	≤1. 3	≤1. 3	≤1. 3
	反向电流 I_R/μA	$V_R=5$ V	≤10	≤10	≤10	≤10
	最大工作电流 I_{FM}/mA		40	40	40	40

续表

特性描述	参数	测试条件	二级管型号			
			CH331A	CH331B	CH332A	CH332B
输出特性	暗电流 I_D/μA	$V_{CE}=5$ V	≤1	≤1	≤1	≤1
	击穿电压 $V_{(BR)CEO}$/V	$I_{CE}=50$ μA	≥15	≥15	≥30	≥30
	饱和压降 $V_{CE(S-RT)}$/V	$I_F=10$ mA　$I_C=10$ mA	≥1.5	≥1.5	≥1.5	≥1.5
传输特性	传输比 CTR/%	$I_F=5$ mA　$V_C=5$ V	100~500	100~500	100~500	100~500
	响应时间 t_r/μs	$V_{CE}=10$ V　$R_L=50$ Ω	≤50	≤50	≤50	≤50
	响应时间 t_f/μs	$I_F=10$ mA　$\tau=0.5$ ms	≤50	≤50	≤50	≤50
隔离特性	隔离阻抗/Ω	$V_R=10$ V	≥ 10^{10}	≥ 10^{10}	≥ 10^{10}	≥ 10^{10}
	输入输出耐压/V	直流	1 000	1 000	1 000	1 000
	输入输出电容/pF	$f=1$ MHz	≤1	≤1	≤1	≤1

3. 双极结型三级管(Bipolar Junction Transistor，BJT)

一些常用小功率三极管的主要参数如表 B. 19 所示。

表 B. 19　一些常用小功率三极管的主要参数

型号	P_{CM}/mW	f_T/MHz	I_{CM}/mA	V_{CEO}/V	I_{CBO}/μA	h_{FE}/min	极性
3DG4A	300	200	30	0. 1	20	20	NPN
3DG4B	300	200	30	0. 1	20	20	NPN
3DG4C	300	200	30	0. 1	20	20	NPN
3DG4D	300	300	30	0. 1	30	30	NPN
3DG4E	300	300	30	0. 1	20	20	NPN
3DG4F	300	250	30	0. 1	30	30	NPN
3DG6	100	250	20	0. 01	25	25	NPN
3DG6B	300	200	30	0. 01	25	25	NPN
3DG6C	100	250	20	0. 01	20	20	NPN
3DG6D	100	300	20	0. 01	25	25	NPN
3DG6E	100	250	20	0. 01	60	60	NPN
3DG12B	700	200	300	1	20	20	NPN
3DG12C	700	200	300	1	30	30	NPN
3DG12D	700	300	300	1	30	30	NPN
3DG12E	700	300	300	1	40	40	NPN
2SC1815	400	80	150	0. 1	20~700	20~700	NPN
JE9011	400	150	30	0. 1	28~198	28~198	NPN
JE9013	500		625	0. 1	64~202	64~202	NPN
JE9014	450	150	100	0. 05	60~1 000	60~1 000	NPN
8085	800		800	0. 1	55	55	NPN
3CG14	100	200	15	0. 1	40	40	PNP
3CG14B	100	200	20	0. 1	30	30	PNP
3CG14C	100	200	15	0. 1	25	25	PNP

续表

型号	P_{CM}/mW	f_T/MHz	I_{CM}/mA	V_{CEO}/V	I_{CBO}/μA	h_{FE}/min	极性
3CG14D	100	200	15	0.1	30	30	PNP
3CG14E	100	200	20	0.1	30	30	PNP
3CG14F	100	200	20	0.1	30	30	PNP
2SA1015	400	80	150	0.1	70~400	70~400	PNP
JE9012	600		500	0.1	60	60	PNP
JE9015	450	100	450	0.05	60~600	60~600	PNP
3AX31A	100	0.5	100	12	40	40	PNP
3AX31B	100	0.5	100	12	40	40	PNP
3AX31C	100	0.5	100	12	40	40	PNP
3AX31D	100		100	12	25	25	PNP
3AX31E	100	0.015	100	12	25	25	PNP

部分国产光敏三极管的参数如表 B.20 所示。

表 B.20 部分国产光敏三极管的参数

型号	额定功耗/mW	最高工作电压/V	暗电流 I_D/μA	光电流/mA	相应波长/μm
2DU11	70	≥10	≤0.3	0.5~1	0.88
2DU12	50	≥30			
2DU13	100	≥50			
2DU14	100	≥100	≤0.2	0.5~1	
2DU21	30	≥10	≤0.3	1~2	
2DU22	50	≥30			
2DU23	100	≥50	≤0.3	≥2	
2DU31	70	≥10			
2DU32	50	≥30	≤0.2	≥0.5	
2DU33	100	≥50			
2DU51	30	≥10			
测试条件		$I_{CE}=I_D$	无光照 $V_{EC}=V_{CEM}$	1 000lx $V_{CE}=10$ V	

4. 金属－氧化物－半导体场效应晶体管（Metal－Oxide－Semiconductor Field－Effect Transistor，MOSFET）

几种常见场效应管的参数如表 B.21 所示。

表 B.21 几种常见场效应管的参数

型号	类型	I_{DSS}/mA	$V_{GS(off)}$或$V_{GS(th)}$/V	g_m/mS	C_{GS}/pF	C_{GD}/pF	$V_{(BR)DS}$/V	$V_{(BR)GS}$/V	P_{DM}/mW	I_{DM}/mA
CS4868	NJFET	1~3	−3~−1	1~3	<25	<5	40	−40	300	
CS187	NDMOS	5~30	−4~−0.5	>7	4~8.5	<0.03	20	6.5~12	330	50
3C01	PEMOS		−6~−2	0.5~3			15	20	100	15
3DJ6H	NJFET	6~10	<9	>1	≤5	≤2	≥20	≥20	100	15

B4 常用模拟集成电路简介

1. 通用运算放大器 μA741

(1)引脚。

μA741 的引脚如图 B.10 所示。

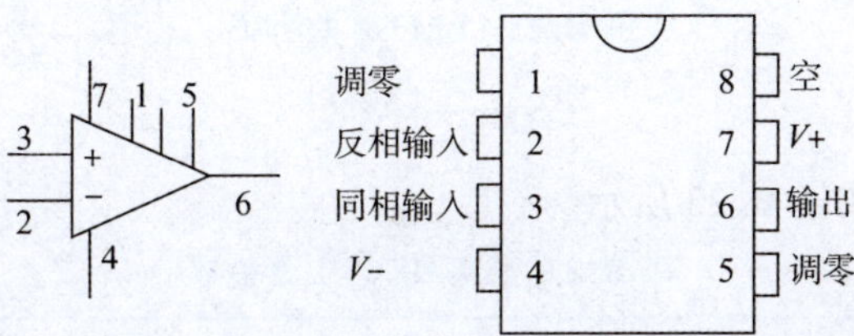

图 B.10 μA741 的引脚

(2)参数规范。

μA741 的主要参数如表 B.22 所示。

表 B.22 μA741 的主要参数

符号	参数	条件	最小值	典型值	最大值	单位
V_{IO}	输入失调电压			2	6	mV
I_{IO}	输入失调电流			20	200	nA
I_B	输入偏置电流			80	500	nA
R_i	输入电阻		0.3	2.0		MΩ
R_{INCM}	输入电容			1.4		pF
V_{IOR}	失调电压调整范围			±15		mV
V_{ICR}	失调输入电压范围			±12.0	±13.0	V
CMRR	共模抑制比	V_{CM} ±13 V	70	90		dB
PSRR	电源抑制比	V_s = ±3～±18 V		30	150	μV/V
V_o	输出电压摆幅	$R_L \geqslant 10$ kΩ $R_L \geqslant 2$ kΩ	±12.0 ±10.0	±14.0 ±13.0		V
SR	摆率	$R_L \geqslant 2$ kΩ		0.5		V/μs
R_o	输出电阻	$V_o = 0$，$I_o = 0$		75		Ω
I_{os}	输出短路电流			25		mA
I_S	电源电流			1.7	2.8	mA
P_d	功耗	V_S = ±15 V，无负载		50	85	mW

测试条件：$T = 25$℃，$V_{CC} = V_{EE} = 15$ V。

2. 高速运算放大器 LM318

(1)引脚。

LM318 的引脚如图 B.11 所示。

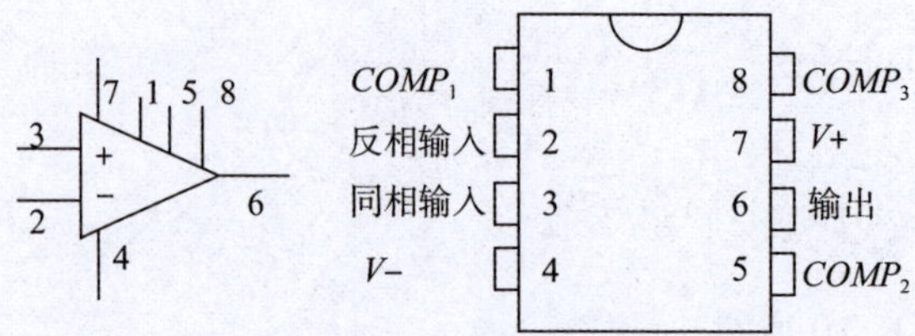

图 B. 11　LM318 的引脚

(2)参数规范。

LM318 的主要参数如表 B. 23 所示。

表 B. 23　LM318 的主要参数

符号	参数	条件	最小值	典型值	最大值	单位
V_{IO}	输入失调电压			4	10	mV
I_{IO}	输入失调电流			30	200	nA
I_B	输入偏置电流				750	nA
R_i	输入电阻		0. 5	3. 0		MΩ
V_{IDR}	差模输入电压范围		±11. 5			V
CMRR	共模抑制比	$V_{CM}=\pm13$ V	70	100		dB
PSRR	电源抑制比	$V_S=\pm3\sim\pm18$ V	65	65	80	dB
A_{VO}	开环电压增益	$R_L\geqslant2$ kΩ, $V_o=\pm10$ V	25	200		V/mV
V_o	输出电压摆幅	$R_L\geqslant10$ kΩ $R_L\geqslant2$ kΩ	±12. 0 ±10. 0	±14. 0 ±13. 0		V
SR	摆率	$R_L\geqslant2$ kΩ	50	70		V/μs
GB	单位增益带宽			15		MHz
I_S	电源电流			5	10	mA
P_d	功耗	$V_S=\pm15$ V，无负载		50	85	mW

测试条件：$T=25$℃，$V_{CC}=V_{EE}=15$ V。

3. 四通用运算放大器 μA348 和四通用单电源运算放大器 μA324

(1)引脚。

μA348 和 μA324 的引脚如图 B. 12 所示。

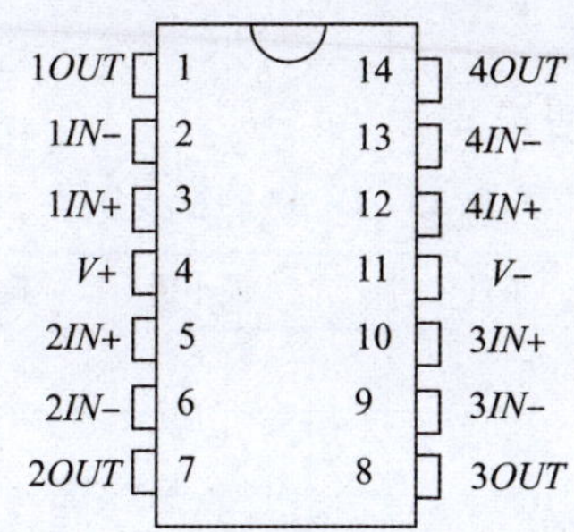

图 B. 12 μA348 和 μA324 的引脚

(2)参数规范。

μA348 和 μA324 的主要参数如表 B. 24 所示。

表 B. 24 μA348 和 μA324 的主要参数

符号	参数	条件	μA348			μA324			单位
			最小值	典型值	最大值	最小值	典型值	最大值	
V_{IO}	输入失调电压			1	6		2	7	mV
I_{IO}	输入失调电流			4	50		5	50	nA
I_B	输入偏置电流			30	200		45	250	nA
R_i	输入电阻		0. 8	2. 5					MΩ
V_{ICR}	共模输入电压范围		±12. 0						V
CMRR	共模抑制比	$V_{CM}=\pm13$ V	70	90		65	70		dB
PSRR	电源抑制比	$V_S=\pm3\sim\pm18$ V	77	96		65	100		mV/V
A_{VO}	开环电压增益	$R_L\geqslant2$ kΩ，$V_o=\pm10$ V	25	160		25	100		V/mV
V_o	输出电压摆幅	$R_L\geqslant10$ kΩ $R_L\geqslant2$ kΩ	±12. 0 ±10. 0	±13. 0 ±12. 0		±13			V
SR	摆率	$R_L\geqslant2$ kΩ		0. 5					V/μs
R_o	输出电阻	$V_o=0$，$I_o=0$							Ω
I_{os}	输出短路电流			25		10	20		mA

4. 低失调、低温漂运算放大器 OP07

(1)引脚。

OP07 的引脚如图 B. 13 所示。

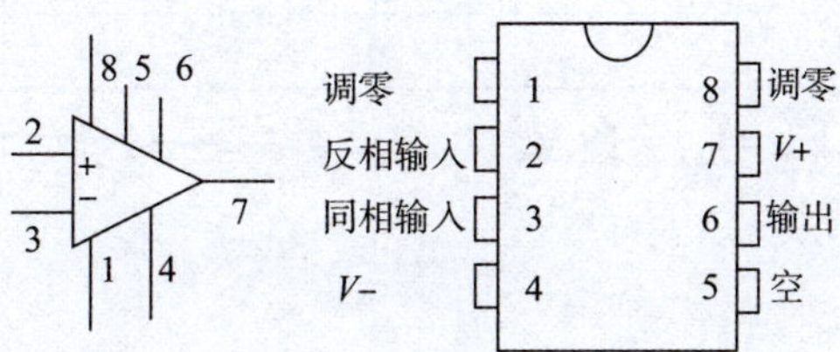

图 B. 13 OP07 的引脚

(2)参数规范。

OP07 的主要参数如表 B. 25 所示。

表 B. 25　OP07 的主要参数

符号	参数	条件	最小值	典型值	最大值	单位
V_{IO}	输入失调电压			30	75	μV
$\Delta V_{IO}/t$	失调电压温漂			0. 2	1. 0	mV/℃
I_{IO}	输入失调电流			0. 4	2. 8	nA
I_B	输入偏置电流			±1. 0	±3. 0	nA
e_{nP-P}	输入噪声电压	0. 1~10 Hz		0. 35	0. 6	μV_{P-P}
e_n	输入噪声电压密度	f_0 = 10 Hz f_0 = 100 Hz f_0 = 1 000 Hz		10. 3 10. 0 9. 6	18. 0 13. 0 11. 0	nV/ $\sqrt{Hz}$
i_{nP-P}	输入噪声电流	0. 1~10 Hz		14	30	pA_{P-P}
i_n	输入噪声电流密度	f_0 = 10 Hz f_0 = 100 Hz f_0 = 1 000 Hz		0. 32 0. 14 0. 12	0. 80 0. 23 0. 17	pA/ $\sqrt{Hz}$
R_i	差模输入电阻			20	60	MΩ
R_{INCM}	共模输入电阻			200		GΩ
IVR	输入电压范围		±13. 0	±14. 0		V
CMRR	共模抑制比	V_{CM} = ±13 V	110	126		dB
PSRR	电源抑制比	V_S = ±18 V	4	10		mV/V
A_{VO}	开环电压增益	$R_L \geqslant 2$ kΩ，V_o = ±10 V	200	500		V/mV
V_o	输出电压摆幅	$R_L \geqslant 10$ kΩ $R_L \geqslant 2$ kΩ $R_L \geqslant 1$ kΩ	±12. 5 ±12. 0 ±10. 5	±13. 0 ±12. 8 ±12. 0		V
SR	摆率	$R_L \geqslant 2$ kΩ	0. 1	0. 3		V/μs
BW	闭环带宽	A_{VCL} = ±1	0. 4	0. 6	MHz	
R_o	开环输出电阻	V_o = 0，I_o = 0		60		Ω
P_d	功耗	V_S = ±15 V，无负载 V_S = ±3 V，无负载		75 4	120 6	mV
	失调电压调整范围			±4		mV

测试条件：T = 25℃，$V_{CC} = V_{EE}$ = 15 V。

5. 四 JFET 输入运算放大器 CF347

(1)引脚。

CF347 的引脚如图 B. 14 所示。

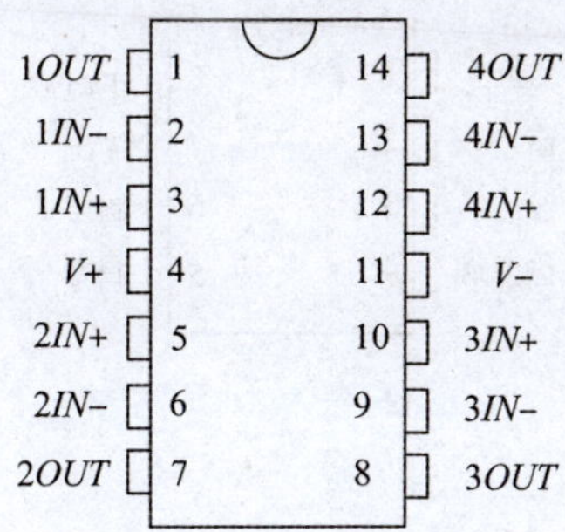

图 B.14　CF347 的引脚

(2)参数规范。

CF347 的主要参数如表 B.26 所示。

表 B.26　CF347 的主要参数

符号	参数	条件	最小值	典型值	最大值	单位
V_{IO}	输入失调电压			5	10	μV
$\Delta V_{IO}/t$	失调电压温漂			10	1.0	μV/℃
I_{IO}	输入失调电流			25	100	pA
I_B	输入偏置电流			50	200	pA
R_i	差模输入电阻			10^{12}		Ω
V_{IDR}	输入电压范围		±11.0	+15 −12		V
CMRR	共模抑制比	$V_{CM}=\pm13$ V	110	100		dB
PSRR	电源抑制比	$V_S=\pm3\sim\pm18$ V		100		dB
A_{VO}	开环电压增益	$R_L\geqslant2$ kΩ，$V_o=\pm10$ V	25	100		V/mV
V_o	输出电压摆幅	$R_L\geqslant10$ kΩ $R_L\geqslant2$ kΩ $R_L\geqslant1$ kΩ	±12.5 ±12.0 ±10.5	±13.0 ±12.8 ±12.0		V
SR	摆率	$R_L\geqslant2$ kΩ		13		V/μs
BW	闭环带宽	$A_{VCL}=\pm1$		4		MHz
R_o	开环输出电阻	$V_o=0$，$I_o=0$		60		Ω
P_d	功耗	$V_S=\pm15$ V，无负载 $V_S=\pm3$ V，无负载		75 4	120 6	mW
e_n	输入噪声电压密度	$f_0=1\ 000$ Hz		20		nV/$\sqrt{\text{Hz}}$
i_{nP-P}	输入噪声电流	$f_0=1\ 000$ Hz		0.01		PA/$\sqrt{\text{Hz}}$

6. 电压比较器 LM311

(1)引脚。

LM311 的引脚如图 B.15 所示。

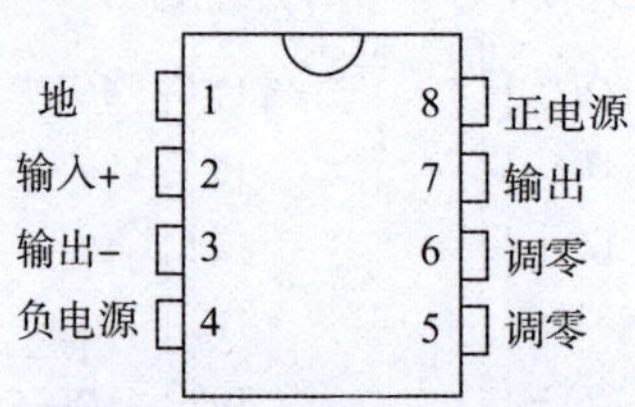

图 B.15 LM311 的引脚

(2)参数规范。

LM311 的主要参数如表 B.27 所示。

表 B.27 LM311 的主要参数

符号	参数	条件	最小值	典型值	最大值	单位
V_{IO}	输入失调电压	$T_h=25℃$，$R_S \leqslant 50\ k\Omega$		2.0	7.5	mV
I_{IO}	输入失调电流	$T_h=25℃$		6.0	50	nA
I_{IB}	输入偏置电流	$T_h=25℃$		100	250	nA
A_V	电压增益	$T_h=25℃$	40	200		V/mV
t_q	响应时间	$T_h=25℃$		200		ns
V_{OL}	饱和电压	$V_{IS} \leqslant -10\ mV$，$I_o=50\ mA$		0.75	1.5	V
I_S	选通开关电流	$T_h=25℃$	1.5	3.0		mA
I_{os}	输出电流	$V_i \geqslant -10\ mV$，$V_o=35\ V$ $T_h=25℃$，$I_{STROBE}=3\ mA$ $V_-=V_{CRND}=-5\ V$		0.2	50	nA
V_{ICR}	输入电压范围		-14.5	13.8，-14.7	13.0	V

7. 音频功率放大器 LM386

(1)引脚。

LM386 的引脚如图 B.16 所示。

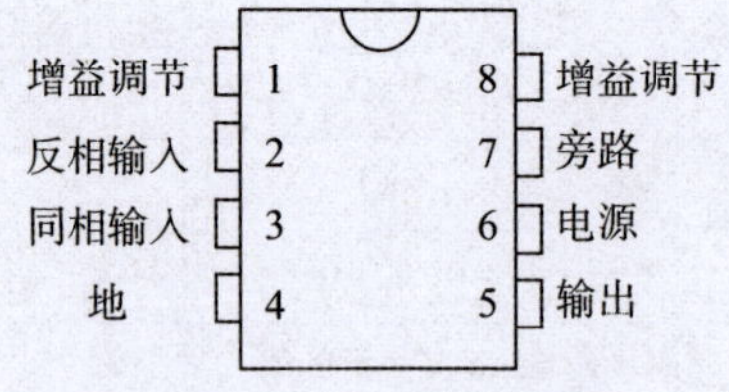

图 B.16 LM386 的引脚

(2)参数规范。

LM386 的主要参数如表 B.28 所示。

表 B.28 LM386 的主要参数

符号	参数	条件	最小值	典型值	最大值	单位
V_S	工作电压		4		12	V
I_Q	表态电流	$V_S=6\ V$，$V_i=0$		4	8	nA

续表

符号	参数	条件	最小值	典型值	最大值	单位
P_o	输出功率	$V_S=6$ V，$R_L=8$ Ω，$THD=10\%$ $V_S=9$ V，$R_L=8$ Ω，$THD=10\%$	250 500	350 700		mW
A_V	电压增益	$V_S=6$ V，$f=1$ kHz 1~8 端接 10μF 电容		26 46		dB
BW	带宽	$V_S=6$ V，1~8 端开路		300		kHz
THD	总谐波失真	$V_S=6$ V，$R_L=8$ Ω，$P_o=125$ mW $f=1$ kHz，1~8 端开路		0.2		%
PSRR	电源抑制比	$V_S=6$ V，$R_L=8$ Ω，$G_{STFAGG}=10$ μF $f=1$ kHz，1~8 端开路		50		dB
R_i	输入电阻	$V_S=6$ V，2~3 端开路		50		kΩ
I_{BIAS}	输入偏置电流	$V_S=6$ V，2~3 端开路		250		nA

测试条件：$T=25$℃。

8. 音频功率放大器 LM388

(1)引脚。

LM388 的引脚如图 B.17 所示。

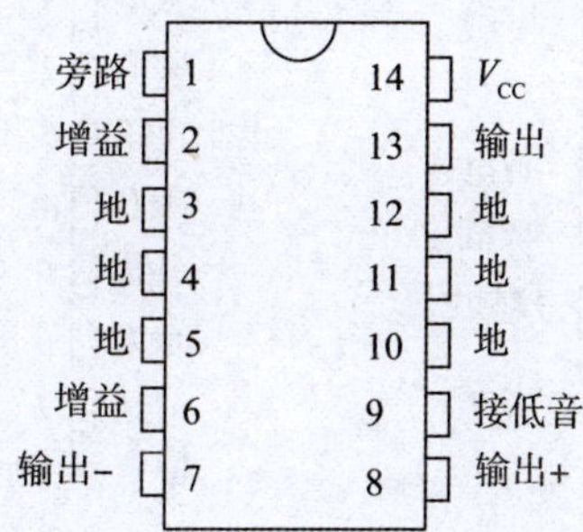

图 B.17　LM388 的引脚

(2)参数规范。

LM388 的主要参数如表 B.29 所示。

表 B.29　LM388 的主要参数

符号	参数	测试条件	最小值	典型值	最大值	单位
V_S	工作电源电压			4	12	V
I_Q	静态电流	$V_i=0$ $V_S=12$ V		16	23	mA
P_o	输出功率	$R_1=R_2=180$ Ω，THD=10% $V_S=12$ V，$R_L=8$ Ω $V_S=6$ V，$R_L=4$ Ω	1.5 0.6	2.2 0.8		W W

续表

符号	参数	测试条件	最小值	典型值	最大值	单位
A_V	电压增益	$V_S=12$ V，$f=1$ kHz 引脚 2~6 接 10 μF 电容	23	26 46	30	dB dB
BW	带宽	$V_S=12$ V，引脚 2~6 开路		300		kHz
TBD	总谐波失真	$V_S=12$ V，$R_L=8$ Ω， $P_o=500$ mW，$f=1$ kHz， 引脚 2~6 开路		0.1	1	%
PSRR	电源抑制比	$V_S=12$ V，$f=1$ kHz，$C_{HYPASS}=10$ μF 引脚 2~6 开路		50		dB
R_i	输入电阻		10	50		kΩ
I_{BISE}	输入偏置电流	$V_S=12$ V，引脚 7~8 开路		250		nA

测试条件：$T=25$℃。

9. 555、556 定时器电路

(1)引脚。

555、556 定时器电路的引脚如图 B.18 所示。

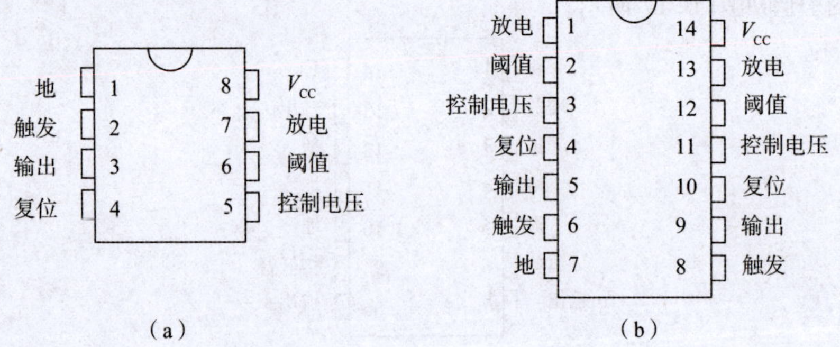

图 B.18 555 、556 定时器电路的引脚

(a)555；(b)556

(2)参数规范。

555、556 定时器电路的主要参数如表 B.30 所示。

表 B.30 555 、556 定时器电路的主要参数

符号	参数名称	测试条件	最小值	典型值	最大值	单位
V_{CC}	电源电压		4.5		16	V
I_{CC}	电源电流	$V_{CC}=5$ V，$R_L=\infty$ $V_{CC}=15$ V，$R_L=\infty$		3 10	6 14	mA
σ	定时误差单稳态多谐			0.75 2.25		% %
V_{tri}	输出三角波电压	$V_{CC}=15$ V $V_{CC}=5$ V	4.5 1.25	5 1.67	5.5 2	V

续表

符号	参数名称	测试条件	最小值	典型值	最大值	单位
V_{OH}	输出高电平	$V_{CC}=5$ V	2.75	3.3		V
V_{OL}	输出低电平	$V_{CC}=5$ V		0.25	0.35	V
t_r	上升时间			100		ns
t_f	下降时间			100		ns
S_T	温度稳定性			±10		10^{-6}/℃

测试条件：$T=25$℃。

10. 集成三端稳压器电路

目前常见的三端稳压器按输出电压的极性可分为正电压稳压器产品和负电压稳压器产品。每个系列里又有小功率、中功率和大功率之分。

(1)引脚。

78、79 系列三端稳压器的引脚如图 B.19 所示。

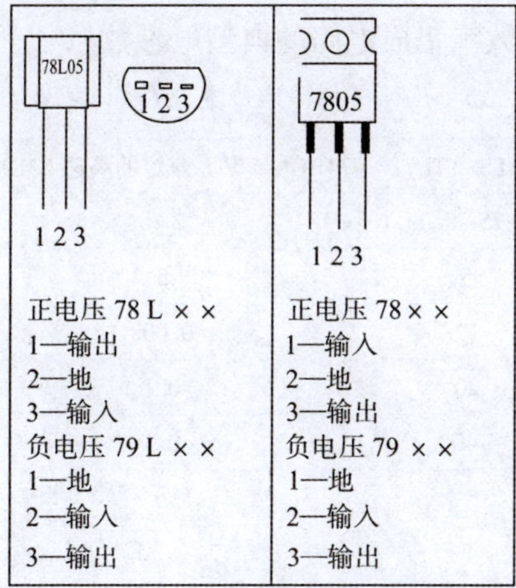

图 B.19 78、79 系列三端稳压器的引脚

(2)参数规范。

78、79 系列三端稳压器的主要参数如表 B.31 所示。

表 B.31 78、79 系列三端稳压器的的主要参数

输出电压/V	偏差/V	最大电流/mA	产品型号	
			正输出	负输出
3	±0.15	100		79L03AC
	±0.3	100		79L03C
5	±0.25	100	78L05AC	79L05AC
	±0.5	100	75L05C	79L05C
	±0.25	500	78M05C	
	±0.2	1 500	7805AC	7905AC
	±0.25	1 500	7805C	7905C
6	±0.3	500	78M06C	

续表

输出电压/V	偏差/V	最大电流/mA	产品型号	
			正输出	负输出
	±0.24	1 500	7806AC	7906AC
	±0.3	1 500	7806C	7906C
12	±0.6	100	78L12AC	79L12AC
	±1.2	100	78L12C	79L12C
	±0.6	500	78M12C	
	±0.5	1 500	7812AC	7912AC
	±0.6	1 500	7812C	7912C

B5 常用数字集成电路简介

1. 几种常用数字集成电路的典型电参数

表 B.32 列出了几种常用数字集成电路的典型电参数。

表 B.32 几种常用数字集成电路的典型电参数

符号	参数	74LS(TTL)	74HC(与 TTL 兼容的高速 CMOS)	4000 系列 CMOS 电路	单位
V_S	电源电压范围	4.75~5.25	2~6	3~18	V
V_{CC}	电源电压	5	5		V
I_{CC}	电源电流	12	0.008	0.004	mA
I_{IH}	高电平输入电流	20	0.1	0.1	μA
I_{IL}	低电平输入电流	-400	0.1	0.1	μA
V_{IH}	高电平输入电压	2	3.15	3.5($V_{DD}=5$) 7($V_{DD}=10$) 11($V_{DD}=15$)	V
V_{IL}	低电平输入电压	0.7	1.35	1.5($V_{DD}=5$) 3($V_{DD}=10$) 4($V_{DD}=15$)	V
V_{OH}	高电平输出电压	2.7	3.98	4.95($V_{DD}=5$) 9.95($V_{DD}=10$) 14.95($V_{DD}=15$)	V
V_{OL}	低电平输出电压	0.4	0.26	0.05 ($V_{DD}=5$, 10, 15)	V
I_{OH}	高电平输出电流	-0.4	5.2	1.3	mA
I_{OL}	低电平输出电流	8	5.2	1.3	mA
t_{pd}	平均传输延迟时间	10	30	150	ns

2. 几种常用的数字集成电路引脚

几种常用的数字集成电路引脚如图 B.20~图 B.22 所示。

(1)74LS 系列。

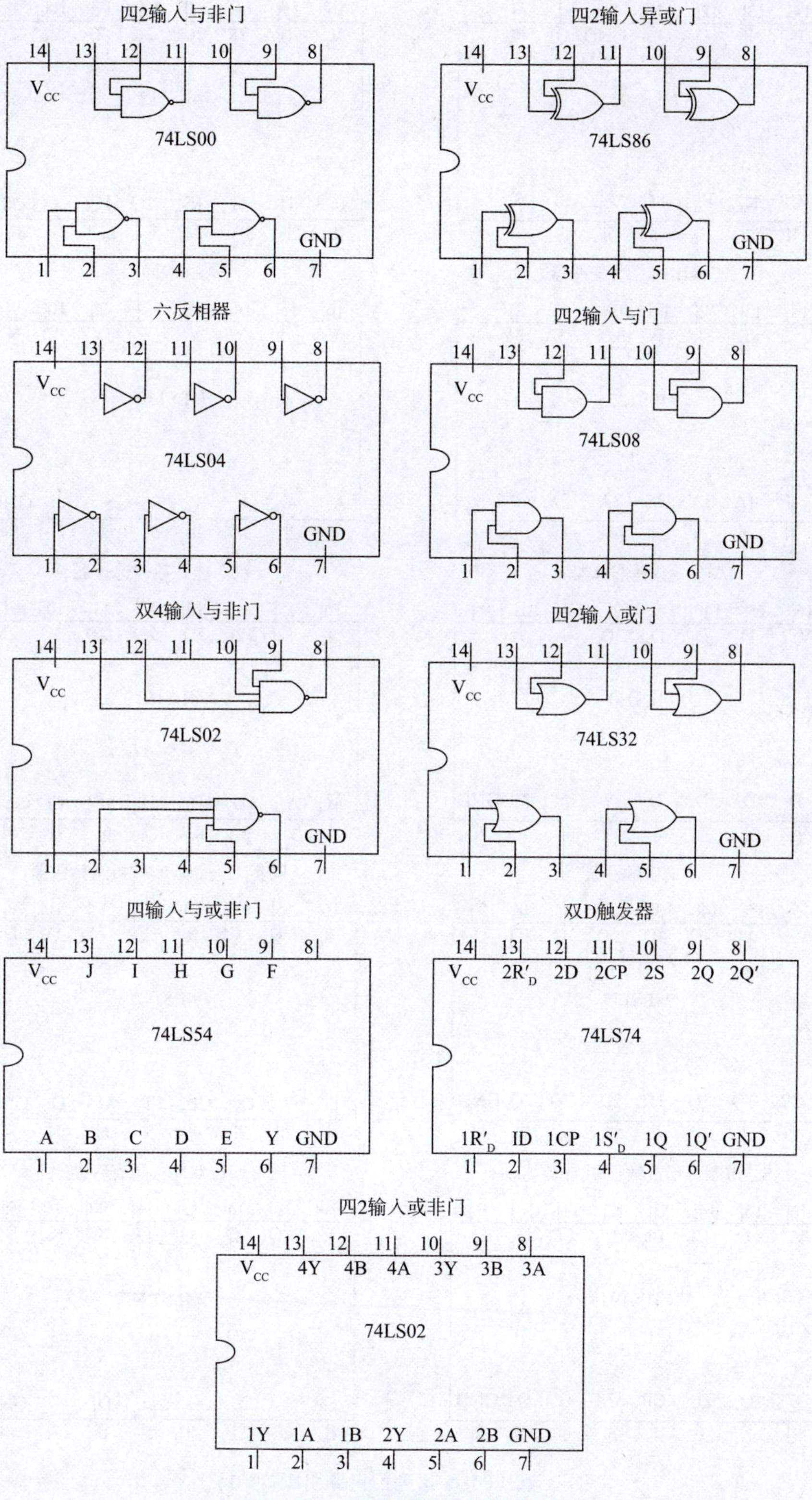

四2输入与非门

14 13 12 11 10 9 8
V_{CC}
74LS00
GND
1 2 3 4 5 6 7

四2输入异或门

14 13 12 11 10 9 8
V_{CC}
74LS86
GND
1 2 3 4 5 6 7

六反相器

14 13 12 11 10 9 8
V_{CC}
74LS04
GND
1 2 3 4 5 6 7

四2输入与门

14 13 12 11 10 9 8
V_{CC}
74LS08
GND
1 2 3 4 5 6 7

双4输入与非门

14 13 12 11 10 9 8
V_{CC}
74LS02
GND
1 2 3 4 5 6 7

四2输入或门

14 13 12 11 10 9 8
V_{CC}
74LS32
GND
1 2 3 4 5 6 7

四输入与或非门

14 13 12 11 10 9 8
V_{CC} J I H G F
74LS54
A B C D E Y GND
1 2 3 4 5 6 7

双D触发器

14 13 12 11 10 9 8
V_{CC} $2R'_D$ 2D 2CP 2S 2Q 2Q′
74LS74
$1R'_D$ ID 1CP $1S'_D$ 1Q 1Q′ GND
1 2 3 4 5 6 7

四2输入或非门

14 13 12 11 10 9 8
V_{CC} 4Y 4B 4A 3Y 3B 3A
74LS02
1Y 1A 1B 2Y 2A 2B GND
1 2 3 4 5 6 7

图 B. 20　74LS 系列门电路引脚

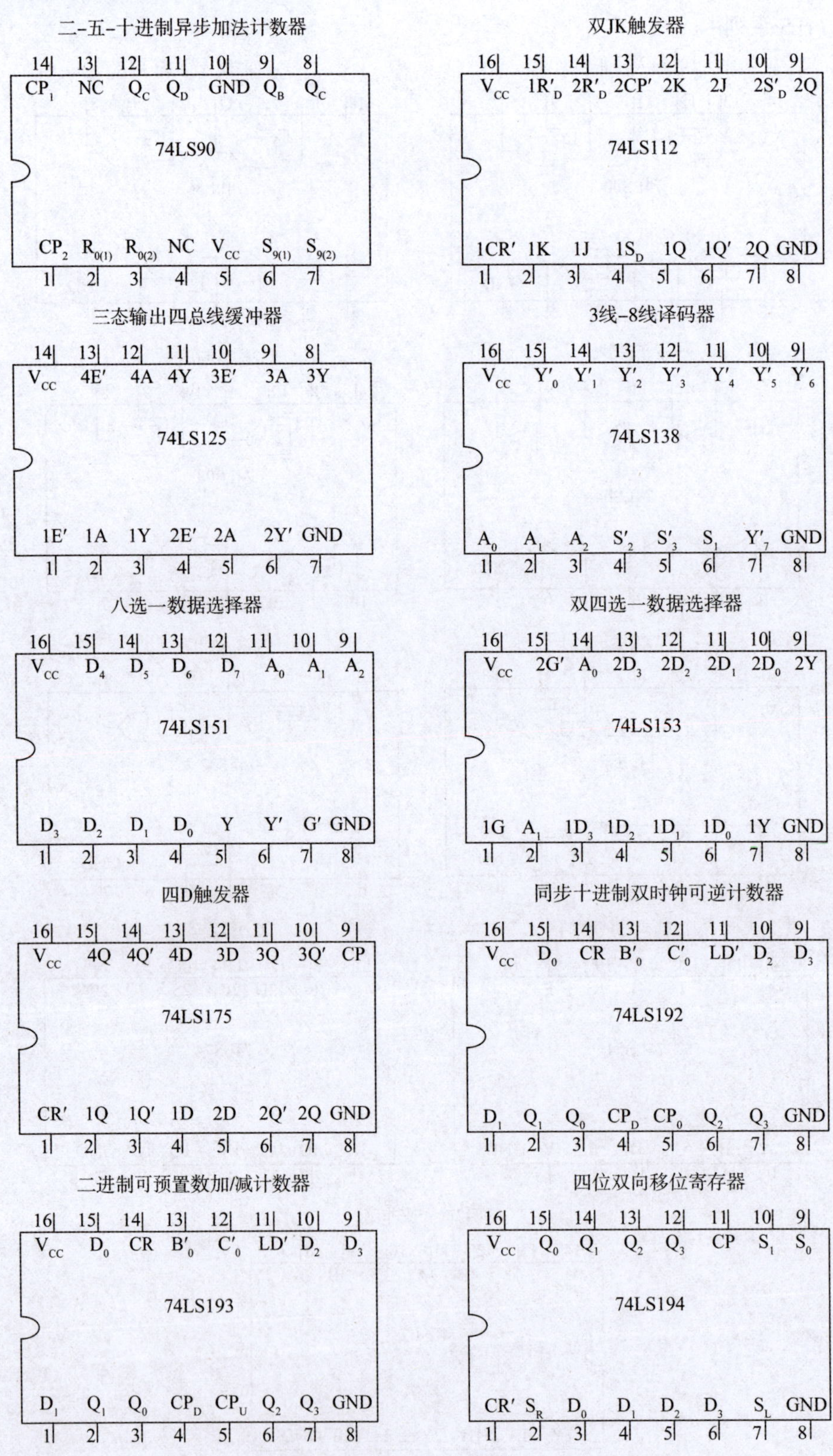

图 B.20　74LS 系列门电路引脚(续 1)

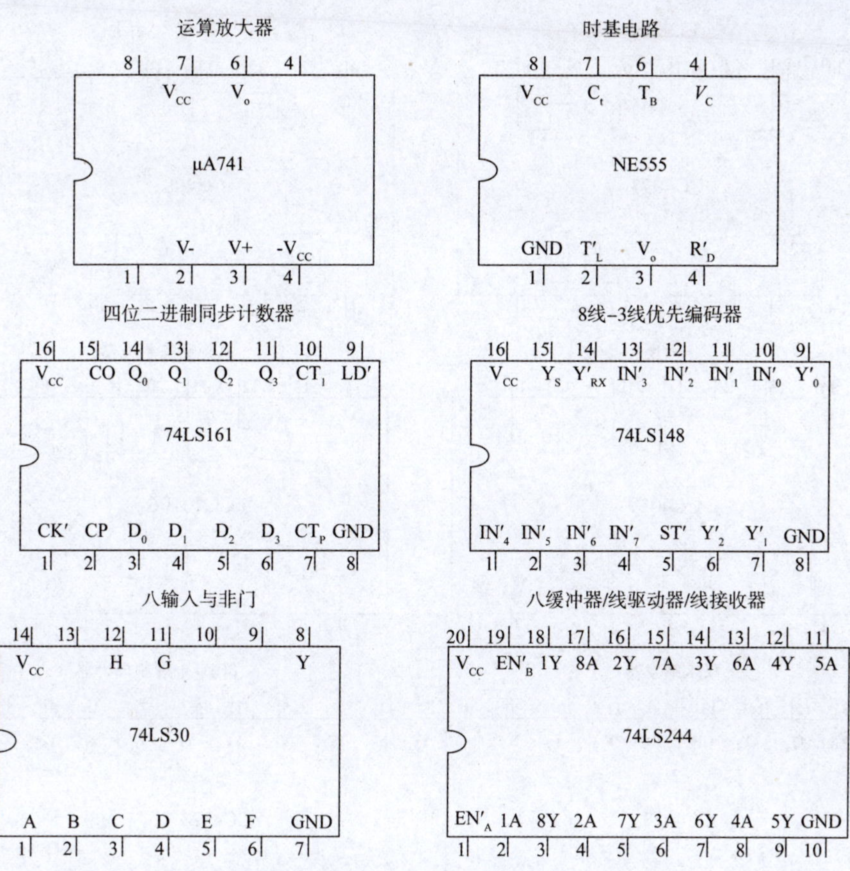

图 B.20　74LS 系列门电路引脚(续 2)

(2)CC4000 系列。

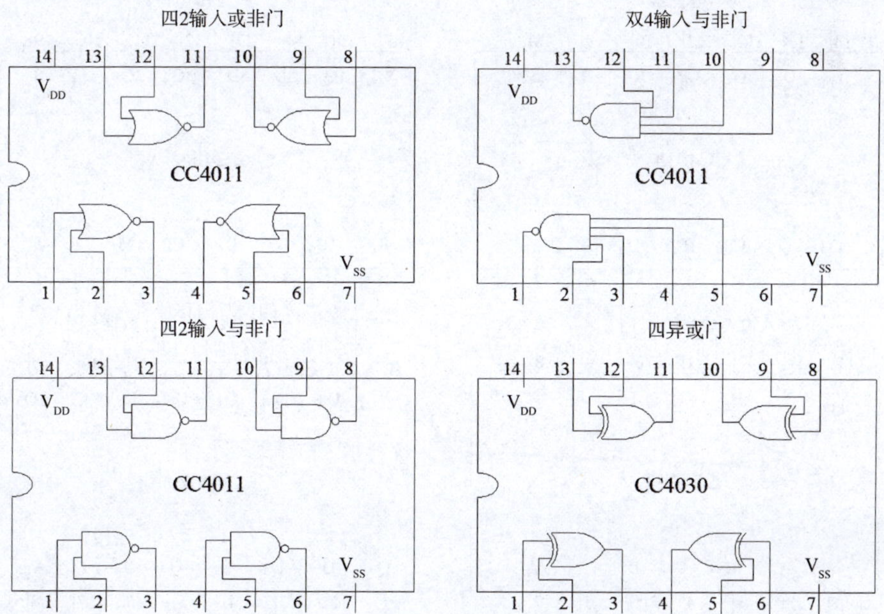

图 B.21　CC4000 系列门电路引脚

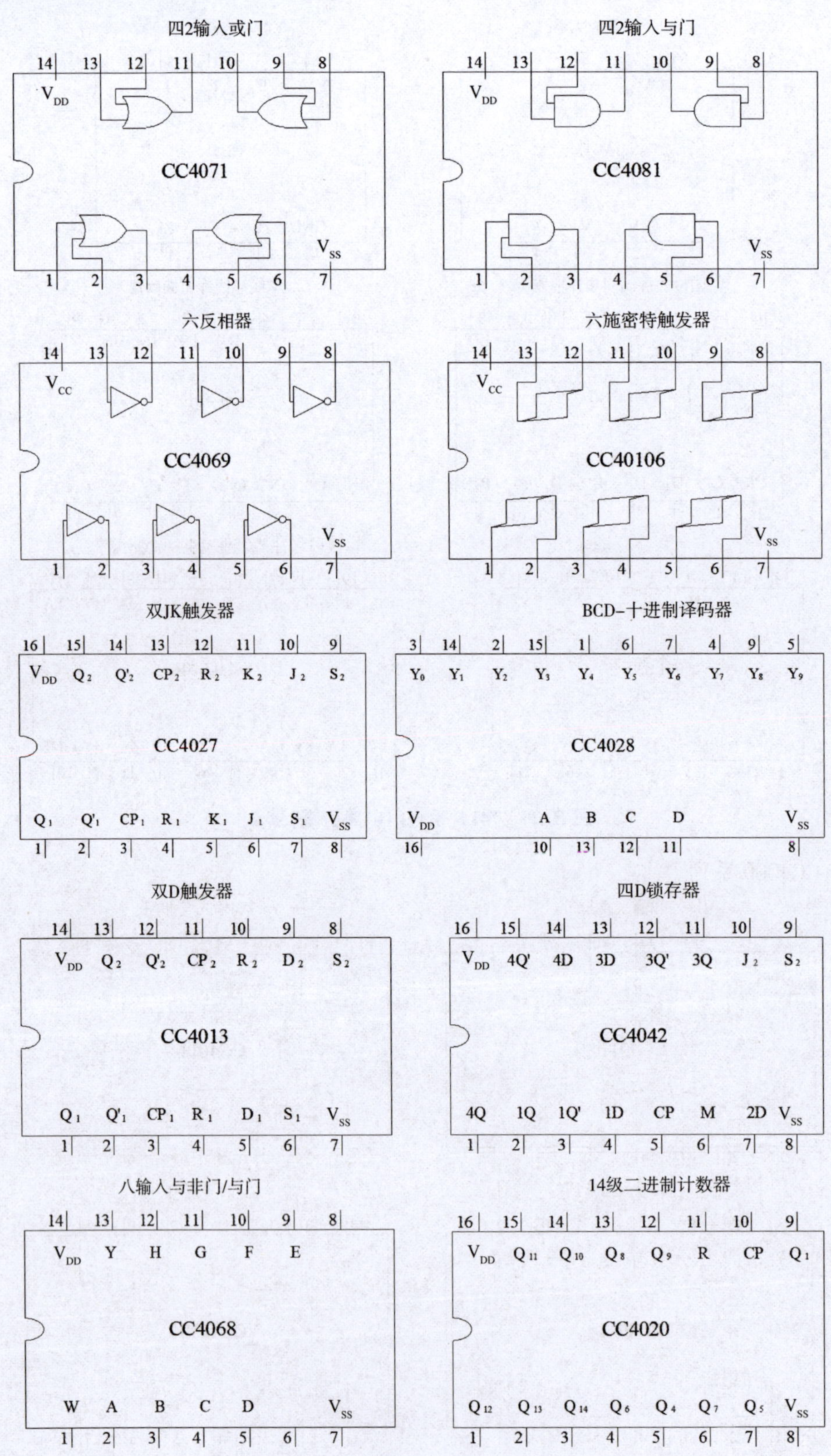

图 B.21　CC4000 系列门电路引脚(续 1)

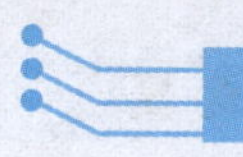

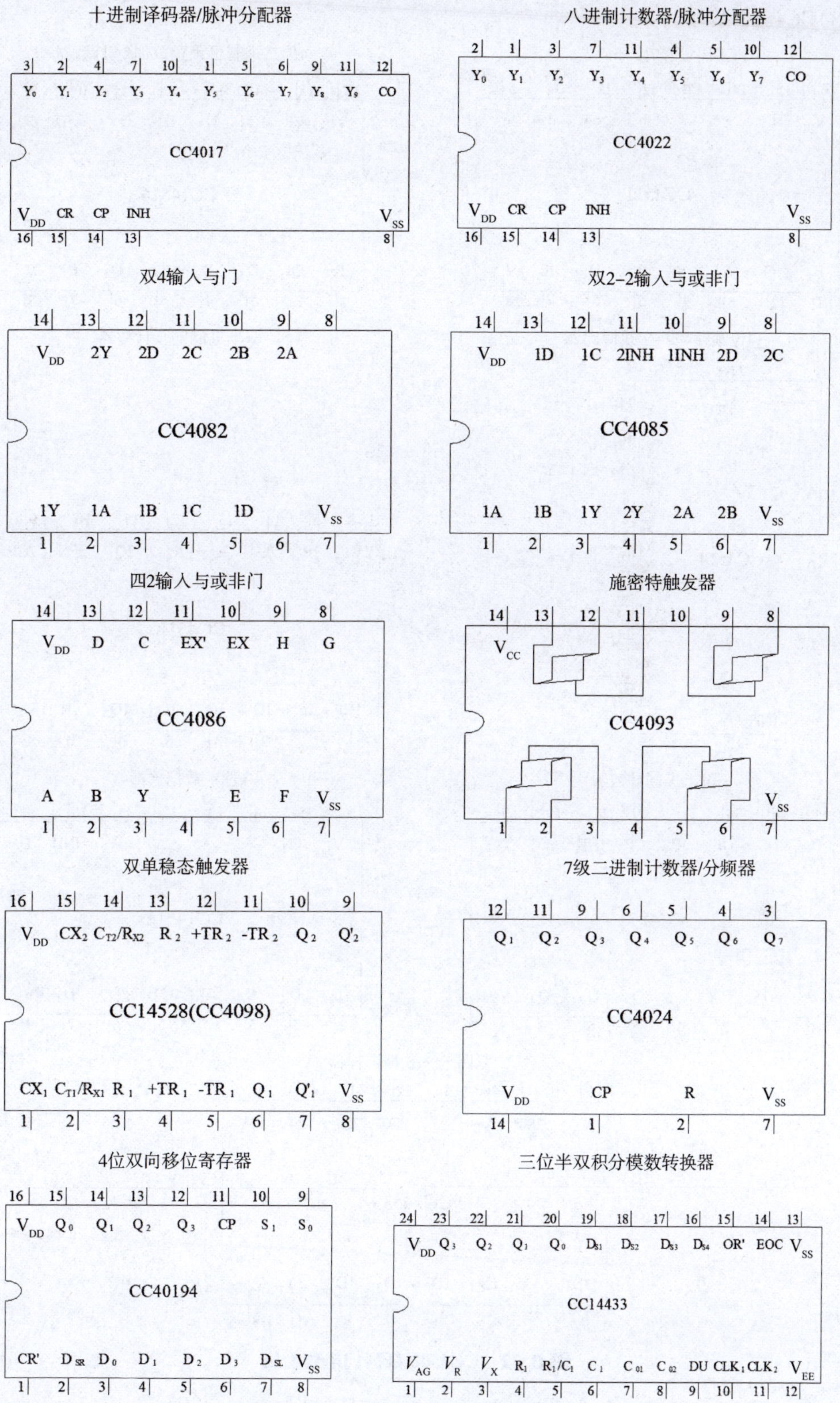

十进制译码器/脉冲分配器

八进制计数器/脉冲分配器

双4输入与门

双2-2输入与或非门

四2输入与或非门

施密特触发器

双单稳态触发器

7级二进制计数器/分频器

4位双向移位寄存器

三位半双积分模数转换器

图 B.21 CC4000 系列门电路引脚(续 2)

(3) CC4500 系列。

BCD码锁存7段译码器

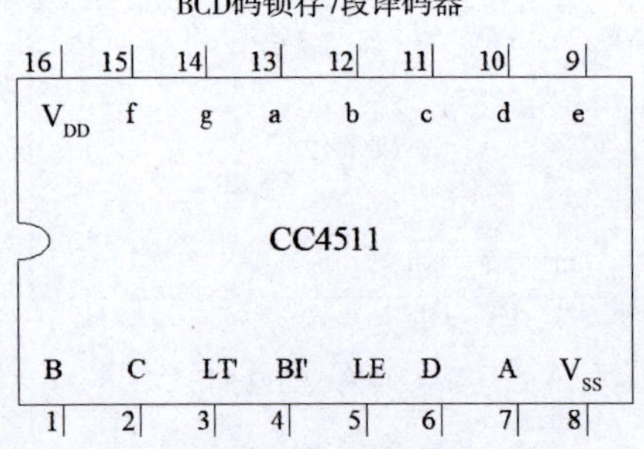

4位二进制可预置数加/减计数器

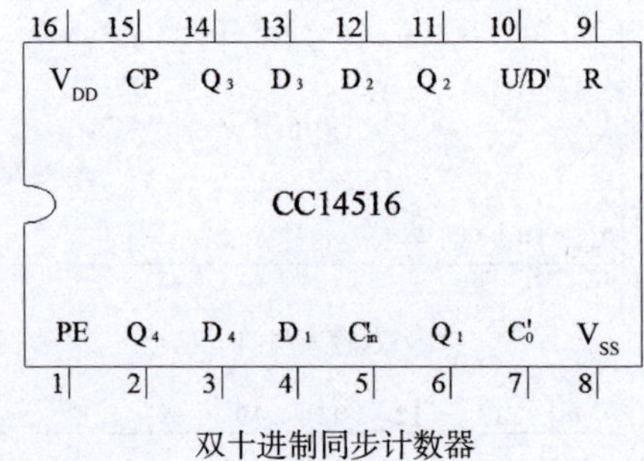

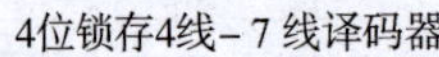

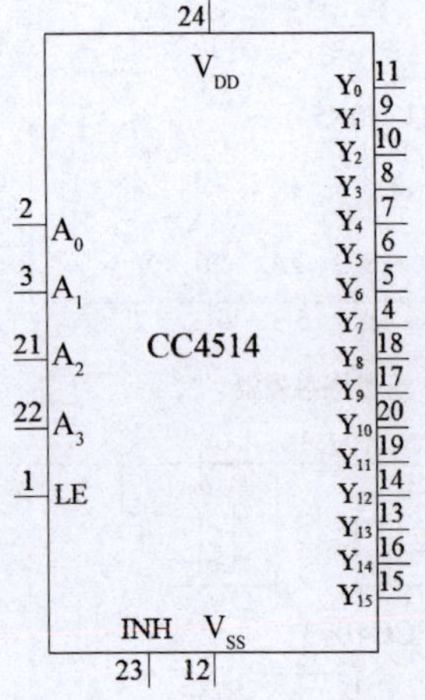

双十进制同步计数器

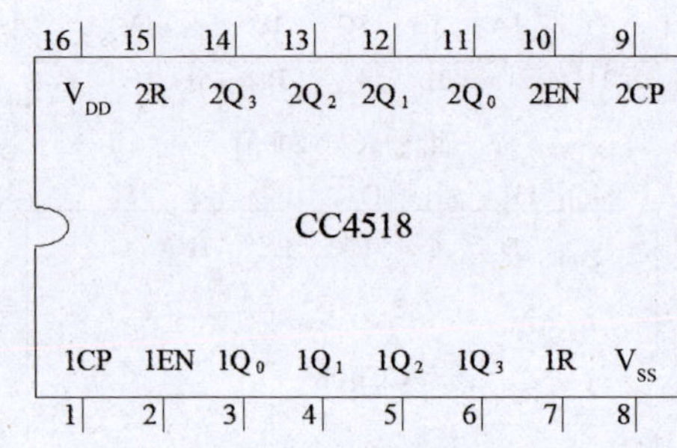

三位十进制计数器

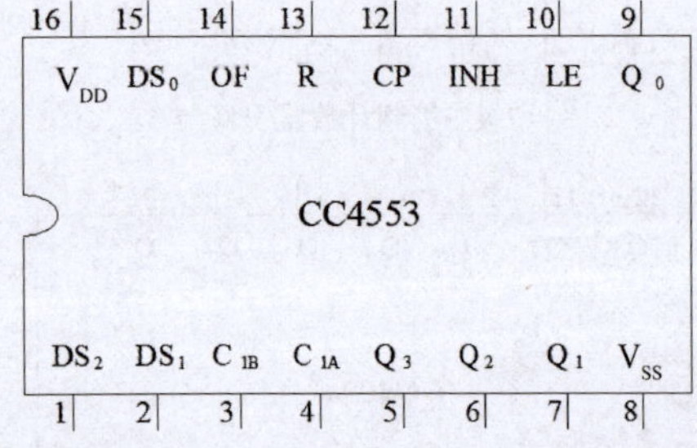

八选一数据选择器

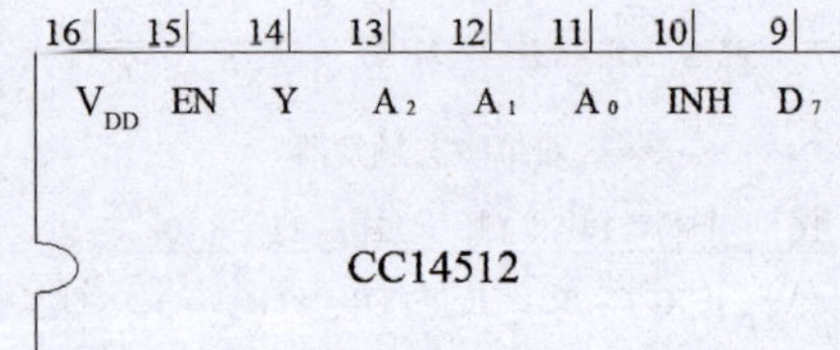

双四选一数据选择器

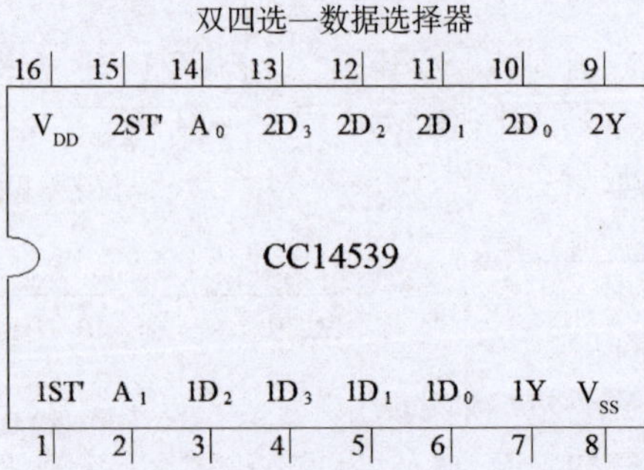

图 B. 22　CC4500 系列门电路引脚

3. A/D 转换器和 D/A 转换器

(1) A/D 转换器。

A/D 转换器 ADC0809 的引脚如图 B. 23 所示。

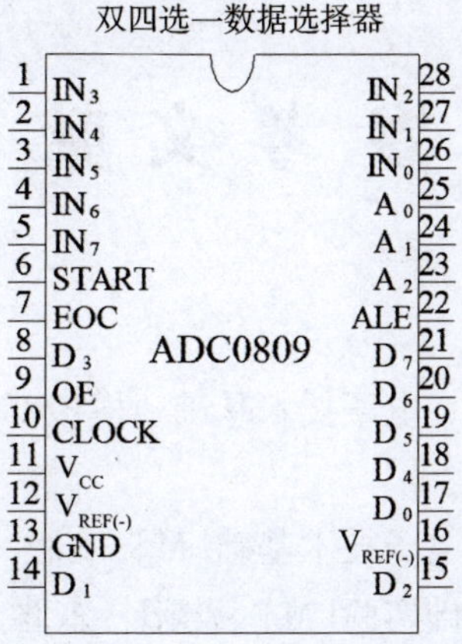

图 B. 23　ADC0809 的引脚

(2) D/A 转换器。

D/A 转换器 DAC0832 的引脚如图 B. 24 所示。

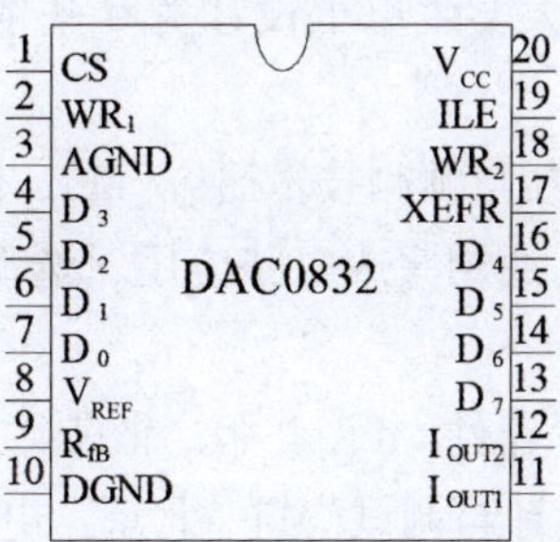

图 B. 24　DAC0832 的引脚

参 考 文 献

[1]华中科技大学电子技术课程组. 电子技术基础：模拟部分[M]. 7版. 北京：高等教育出版社，2021.

[2]清华大学电子学教研组. 数字电子技术基础[M]. 6版. 北京：高等教育出版社，2016.

[3]鲁宝春，王景利. 电子技术基础实验[M]. 沈阳：东北大学出版社，2011.

[4]赵建华. 电子技术实验教程[M]. 北京：中国电力出版社，2017.

[5]宋万年. 模拟与数字电路实验[M]. 上海：复旦大学出版社，2006.

[6]沈小丰，余琼蓉. 电子线路实验——模拟电路实验[M]. 北京：清华大学出版社，2008.

[7]王振红，张斯伟. 电子电路综合设计实例集萃[M]. 北京：化学工业出版社，2008.

[8]宁武，唐晓宇，闫晓金. 全国大学生电子设计竞赛基本技能指导[M]. 北京：电子工业出版社，2009.

[9]潘启勇. 电力电子电路故障诊断与预测技术研究[M]. 长春：吉林大学出版社，2020.

[10]陈永真，王亚君，宁武，等. 通用集成电路应用、选型与代换[M]. 北京：中国电力出版社，2007.

[11]门宏. 怎样识别和检测电子元器件[M]. 2版. 北京：人民邮电出版社，2019.

[12]王进君，丁镇生. 电子电路设计与调试[M]. 北京：电子工业出版社，2018.

[13]张建强，赵颖娟，王聪敏. 电子电路设计与实践[M]. 西安：西安电子科技大学出版社，2019.

[14]陈永真，宁武，蓝和慧. 新编全国大学生电子设计竞赛试题精解选[M]. 北京：电子工业出版社，2009.

[15]王亚君. 电子技术基础课程设计指导教程[M]. 北京：北京理工大学出版社，2023.

[16]罗杰，谢自美. 电子线路设计 · 实验 · 测试[M]. 4版. 北京：电子工业出版社，2008.

[17]王建新，吴少琴，刘光祖，等. 电子线路实验教程[M]. 北京：电子工业出版社，2015.

[18]李金平，沈明山，姜余祥. 电子系统设计[M]. 2版. 北京：电子工业出版社，2012.